明
室
Lucida

照亮阅读的人

为了你好

Am Anfang war
Erziehung
★
Alice Miller

[瑞士]
爱丽丝·米勒 著

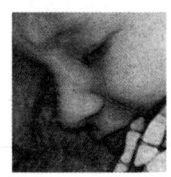

余凤霞 郑世彦 译

目 录

2002年版序言：隐匿的真相 / i

美国版序言 / xi

第一版序言 / xvii

第一部分
教养如何压制了自发的情感：
对传统教养的一瞥 / 001

第1章　有毒教育 / 003
第2章　是否存在无害的教育学？ / 104

第二部分
无声戏剧的最后一幕：
世界以恐惧回应 / 115

引言 / 117

第 1 章　消灭自我的战争 / 119

第 2 章　希特勒的童年：从隐秘到恐怖 / 157

第 3 章　于尔根·巴尔奇：回首往事看人生 / 219

第三部分
走上和解之路：
焦虑、愤怒和悲伤——但不要内疚感 / 271

后　记 / 301

第二版后记（1984 年）/ 305

参考文献 / 309

2002年版序言：隐匿的真相

这本书出版于二十二年之前，当时虐童还不是热点问题。人们对我描述的"有毒教育"感到震惊。他们原以为，儿童遭遇这种虐待、谎言、虚伪和操纵的情况，只发生在德国，而且发生在一百年前。但之后，媒体也开始曝光其他国家的儿童如今面临的骇人现实。新出现的图书作品表明，"有毒教育"甚至在当代美国也开始出现。[1]

从那时起，我们越来越意识到自己的童年时代发生过什么，并开始了解生命最初几年产生的终生影响。在介绍我的近期作品《真相会让你自由》(*The Truth Will Set You Free*)中的一章时，社会学家卢西恩·隆巴尔多写道："童年不是我们生命中最短的时期，而是最长的时期，因为它一直伴随着我们，直至我们死亡。"在某种程度上，他是对的：源于童年时期的非理性情绪，

---

[1] 特别参见菲利普·格雷文（Philip Greven），《救救孩子》(*Spare the Child*)，克诺夫出版社，1991。——本书注释未标明出处者均为作者原注

如恐惧和愤怒，如果我们不关照它们，不关心它们的源头，就可能导致犯罪或终生的痛苦。幸运的是，今天的我们能够影响我们的无意识，并克服我们的恐惧。如果不否认造成自身困境的原因，我们就能够实现情绪健康。令人惊讶的是，一旦我们知道在生命之初发生过什么，并能有意识地接近曾经作为孩子的自己，我们就能更真切地活着。

另一方面，有些人竭力消除所有记忆，回避那个曾经遭受折磨与羞辱的孩子，以至于他们在肉体死亡之前，精神就早已死去；有时，代价则是他们自己的孩子以及他人。当然，如果伤痛达到我们无法承受的地步，这种逃避与否认——通常在药物的帮助下实现——就可以理解。但事实并非如此。只有对那些为了活下去而不得不去否认的幼童来说，伤痛才是无法承受的。成年人可以接受真相。而幼童为自己的否认付出的代价则可能过于高昂。

对好心好意的父母来说，最大的障碍在于他们对自身童年遭受的屈辱的无知。作为世界上最文明和文化最丰富的国家之一，法国最近开展了一项关于体罚儿童的调查，100位背景不同的年轻母亲被问及她们觉得自己的第一个孩子在几岁时该被打屁股。89%的女性回答说，当孩子开始走路或爬行，并伸手去拿危险的东西时，就需要打屁股来教他们守规矩。剩下11%的人记不起孩子被打屁股的确切年龄。没有一位母亲说她从未打过孩子的屁股。

这项调查的结果并不令我惊讶。当然，我知道有些人从不打孩子。但这些父母是例外，大概只占全世界父母总数的3%。[1]

---

[1] 参见奥利维耶·莫雷尔（Olivier Maurel），《打屁股》（*La Fessée*），海浪出版社，2001。

在两百多年来一直宣扬平等和手足情谊的国家中，调查结果都如此叫人悲观，那么，那些刚刚才获知有关童年时期的重要信息的国家，我们对它们还能有什么期待呢？在集体层面，我们对暴力的根源仍然极度无知。

有些人可能会问，虐待和剥削儿童的形式还有很多，为什么我要特别关注体罚的问题。为什么这成了我的主要事业？

首先，体罚的危害在全世界都被大大低估了。今天，没有人会"为了孩子好"而刻意建议对孩子施加语言羞辱、操纵和剥削，但很多人都坚信"打屁股"对孩子有好处。殊不知体罚有着与所有其他形式的虐待相同的后果：摧残孩子的自信、尊严以及对现实的感知。最后，我之所以关注体罚，是因为在向下一代传递信息方面，身体起着重要的作用。从受孕那一刻起，身体就在细胞里储存着它所经受的一切，奥利维耶·莫雷尔非常清楚地解释了这一现象。身体的记忆是强迫性重复之谜的肇因，特别是许多成年人强迫自己的孩子重复他们早年经历过但不记得的事情。

我们不愿意去承认，我们身体的记忆以及我们的情感体验并不受控于我们的思想和意识。我们无法控制这种记忆的运作方式。但是，仅仅是接受这些现象的存在本身，就可以帮助我们提防它们的影响。典型的"不由自主"扇孩子耳光的母亲，并没有意识到是她的身体记忆促使她这么做的。但她可以逐渐理解这一点，理解意味着能够去应对，而不是无休止地、不受控制地重复伤害他人。

过去两个世纪的教师和家长一再强调（我在本书中引用了其中一些人的观点），服从与"身体训诫"的教育，应该在孩子很小的时候就开始，这样，传递的信息就能影响他们一生。前面提到的法国调查表明，人们仍然遵循这一建议：孩子要打，最好在对他们影响最大的时候。在生命的头三年，孩子的大脑发育得非常快，这个时期接受的暴力教训不易消散。为了活下去，孩子们不得不否认痛苦，但这种策略会导致他们在长大后陷入情绪上的盲目，进而导致作为父母和教育者的他们采取荒谬的态度。否认自身遭受过的暴力，会导致对他人或自身的暴力。

当然，我也不例外，我花了很长时间才让自己摆脱了这种否认。1973年，我开始绘画，这唤醒了我的情感和记忆，促使我去观察不同文化中的不同童年。通过这项研究，我了解到邪恶是如何来到这个世上的，以及我们又是如何反复地在下一代身上制造邪恶的。我遇到的"有毒教育"让我明白，我母亲在我小时候对我做了什么，她是如何成功地把我变成一个听话的孩子，像她后来说的，我从来没有给她带去任何麻烦。为了许多人所谓的"良好教养"，我付出了代价：在很长一段时间里，我与自己的真实情感、真实自我相疏离。

开始绘画六年后，我在三年内写了我的前三本书——《天才儿童的悲剧》(The Drama of the Gifted Child)、《为了你好》和《你不该知道》(Thou Shalt Not Be Aware)，在这些书中，我试图解释被否认的童年痛苦与成年暴力之间的关系。对希特勒和其他独裁者的研究，让我看到了大多数人忽略或遗漏的知识来源。在我看来，它揭示了真相。

在那之后，我研究了几个连环杀手的童年，总是发现相同的模式：极端的虐待，缺少能提供帮助的目击者，美化暴力，强迫性地精确重复早年所遭受的一切。最近，在乔纳森·平卡斯的《基本本能：连环杀手为何杀人》(Base Instincts: What Makes Serial

Killers Kill，Norton，2001）中，我的假设得到了确认，即连环杀手在童年早期遭受了严重的虐待，并且他们大多数人都否认自己曾受到虐待。少数不否认的人，我相信他们将受虐待归咎于自己，并称其为管教、矫正或适当的严厉。由于这个原因，由于这种困惑，他们变成了杀手。

要摆脱这种恶性循环，我们必须面对真相。我们可以做到这一点。我们曾是被羞辱的孩子；父母的无知、父母的过往、父母童年留下的无意识伤疤使我们成为受害者。那时我们别无选择，只能否认真相。

但与孩子不同，我们成年人有其他更健康的选择。我们可以选择认识和觉察，而不是强迫和恐惧。不幸的是，很多人还没有意识到这个选择。

有了我们现在掌握的知识，我们可以发展出不同的观点和解决方案，而不是遵从暴力、惩罚和报复的千年传统，这些传统是由软弱、无知和恐惧所维持的。为了治愈创伤，我们最终需要两位"知情见证者"——治疗师以及我们的身体，他们的语言会在我们抛弃真相的那一刻警告我们。我们必须学会尊重这些信息。如果一位治疗师分析过自己的故事，并毫不犹豫地分享它，这对病人来说非常有帮助，因为这创造了信任、理解和共鸣。

在大多数社会中，童年经历对成年人生活的重要性仍然被忽视。但时代变迁，社会也在进步，例如，一些欧洲国家采取措施，将殴打儿童定为违法行为。而互联网的发展，使人们可以获得不久前还是禁忌的信息。下面摘录的这封信就是一个例子，我在网站上发现了它。在二十年前，像这样的信很可能不会问世，因此我深受感动，要把它收录在此书的最新版本中：

我记得我坐在父亲的腿上（好吧，现在我的心怦怦直跳）。我不确定我当时几岁，但他的手伸进了我的裤子里。我想我刚刚洗过澡，穿着睡衣，但我不能确定……我不停地扭动身体，试图挣脱，同时努力表现得很小心，这样他就不会意识到我不舒服。我太在乎他的感受了……

也许我怕惹他生气。我猜我那时不知道该如何理解自己的感受。因为他会随时让我脱下裤子光腿站着，用他的皮带抽打我，所以我以为我的身体是他的，他可以随意处置，我没有隐私……

父亲强迫我进食的时候，有时会威胁说，要是我再哭他就会打我。你应该知道他会怎么说："别哭了，再哭我让你哭个够。"我非常害怕父亲。他站在卧室门口盯着我的时候，我就假装睡着了。那就是我的生活。父亲让我脱下裤子，露出屁股，这样他就能看到皮带抽打在我的皮肤上，这总是让我很难堪。事实上，甚至在我很小的时候，我就认识到那是对我惩罚的一部分——被暴露、被羞辱，是为了显示我有多么渺小，多么不值得被尊重；是为了让我明白如果我没做好应该做的事，就会遭受何种肆意的处置。最终，我开始透过浴室的小圆镜看他留下的伤痕。看到他努力的结果，父亲一定很满足吧。我猜他想让我明白……是的，我真的汲取了教训。他的皮带抽打在我皮肤上的声音，我永远都不会忘记。"把手拿开"这句话让我永生难忘。

直到今天，"皮带"这个词本身仍然让我无比尴尬和羞耻。我受过多么深的羞辱！我相信父亲真的很享受行使这种权力。如果他在过程中产生快感，我也不会惊讶。这种尴尬变成了羞耻，一直困扰着我。我感到被侵犯了。我确实被侵犯了。

他真的认为我罪有应得吗？他真的相信这是最好的办法吗？还是说，他只是出于愤怒，屈从于自己的需要，要把他儿时受到的羞辱传递下去？他小时候真的遭受过这样的羞辱吗？是因为他缺乏教育或智慧吗？也许他很懒惰，不想学习或尝试任何其他的养育方式。也许他的控制欲压倒了一切。也许他享受残忍。我不知道该如何原谅他。我甚至都不想原谅他。在我看来，原谅他就像说"没关系"。

可这"有关系"！

他剥去了我的衣服，我的尊严和自我价值也一道被剥去了。我不知道该怎么原谅他。当然，他从未请求过我的原谅。我只能猜测他相信自己是个好父亲。我还是不敢和他谈论这个话题，虽然我现在和他没有任何联系，但还是害怕他会嘲笑我。

这就是羞耻对一个人的影响。它让人衰弱，让人无法面对自己的恐惧。当我一边乖乖把皮带递给他，一边为将要发生的事抽泣的时候，他常常嘲笑我。他会笑着说："你哭什么？我还没碰你呢！"要是我止不住哭泣或呜咽，就会挨打。我该怎么办呢？我从来不知道什么时候会挨打，那些威胁让我战战兢兢。

哦，那些威胁。真了不起。"要我把你屁股打开花是吧？想吃皮带吗？是不是要我打你一顿？要我打爆你的尾椎骨吗？你想挨揍吗？"我从来不知道如何躲开。我只能按照我唯一知道的方式生活，觉得自己一定很坏，一定是不够聪明，才会一直犯同样的错……

现在我有了自己的孩子,我竭力去打破这种羞辱性和控制性的教养链条。我不断认识到童年对我的影响有多深,并努力用我知道的美好、得体和合乎逻辑的东西来取代我从经验中了解到的东西。全赖上帝的帮助和我自身的坚强意志,我打破了链条。不幸的是,我仍然被锁链束缚着,但我是链条的最后一环。我的孩子们并没有成为这根有害链条上的一环,也就不会被它束缚。他们是自由的,感谢上帝……

爸爸,

我相信你是个虐待狂。记忆让我一直被践踏和羞辱;就这样,我还是个小女孩时所受的惩罚,与我终生相伴。

我相信你内心的一部分已经死了,限制了你对他人的痛苦感同身受的能力。我对你既鄙视又同情。黑暗和无知包围着你。我意识到,出于上帝的爱,我应该原谅你,但这一关我现在还过不去。

嗯,我终于表达了我的真实感受,至少是其中的一些。我告诉你这些事情,是为了让自己摆脱你造成的情感创伤,而不是为了再跟你取得联系。这封信是写给我自己的,并不是给你的。

帕梅拉

有些人可能在诗歌或小说中听到过像帕梅拉这样的诉说。但是,当这些话被成年人编辑成文学作品时,孩子的声音被隐藏了。帕梅拉的信让我特别感动的是,她让内心的孩子自己说话。

自从这本书首次出版以来,我收到了许多类似的信息。我收到的这些信件，让我想到用英语、德语和法语创建名为"我们的童年"的网络论坛，让受虐待的幸存者得以分享他们的经历。这三个论坛都能从我的网站访问。意识到发生在自己身上的事情，可以帮我们打破暴力的链条。如果不准备了解童年暴力的根源，只是口头上谈论和平，就像是一边掩盖和忽视巨大的脓肿，一边想着治疗病人。脓肿必须被看见，并且妥善处理，才能够被治愈。

第一次，曾经的受害者可以在公开的论坛上，谈论他们在童年遭受的羞辱和痛苦；第一次，他们可以得到其他有着相同遭遇的人的支持。在接受现实的过程中，他们可以感受到被他人理解。随着时间的推移，他们可以让自己摆脱羞耻和内疚，摆脱这些由他人行为灌输给他们的感受。这样的进展让人希望治疗师们也能下定决心回到过去。接纳自身的真相并得到治愈之后，他们会鼓励病人也这样做。

今天，我认为重要的区别不在于一个人是否曾经受到虐待，而在于他是无意识的受害者还是有意识的幸存者。因为我们大多数人都是"教育性"暴力的受害者。不幸的是，在世上许多地方（包括美国），这种暴力仍然备受推崇。现如今，只有儿童被剥夺了人权。

美国版序言

这本书在德国首次出版约两年半后，现在要与美国读者见面了；此前这本书没在美国出版也许是件好事。如果它提前面世，美国读者很可能会问："我们为什么还要为希特勒操心？那些都是陈年旧事了。"或者会问："这个克里斯蒂亚娜又是谁？"但是现在，在关于德国吸毒少女克里斯蒂亚娜的电影和书中，许多美国年轻人看到了自己的悲剧，加上过去几年媒体都在讨论核战争的危险，这样我选择希特勒和克里斯蒂亚娜，分别代表世界历史规模的极端破坏性和个人自我的极端破坏性，应该不再令人奇怪了。

自第二次世界大战结束以来，我一直被这样一个问题所困扰：是什么使一个人想出用毒气杀死数百万人的计划，又如何让另外数百万人拥护并协助他实施这一计划？在不久前，我才发现这个谜题的答案，这也是我在本书中试图呈现的。读者对我作品的反应使我相信，其他人也认为这个问题很重要，而全世界可怕的核武器储备则以一种更尖锐的形式提出了同样的问题：是什么促使一个人滥用权力，毫无顾忌地利用蛊惑人心的意识形态，造成人类的毁灭（这种行为在今天完全可以想象）？试图揭露希特勒那漫无边际的、永不满足的仇恨的根源，很难被当作无用的学术研究；这项调查对我们所有人来说都是生死攸关的大事，因为在今天，我们比以往任何时候都更容易成为这种仇恨的受害者。

历史学家、社会学家、心理学家和精神分析学家写过大量关于希特勒的文章。我在接下来的篇幅中将展示，他所有的传记作者都试图为他的父母（尤其是他的父亲）开脱罪责，从而拒绝探究这个人在童年时期的真实经历、他内心储藏的经历，以及他学习到的对待他人的方式。

一旦我能够超越与"良好教养"（本书中称为"有毒教育"）相关的扭曲观点，并说明希特勒的童年如何预示了后来建立的集中营，无数读者就会对我为自己的观点提供的令人信服的证据感到惊讶。然而，与此同时，他们在来信中也表达了困惑："基本上，我的童年与希特勒的童年没有什么不同；我也受过非常严格的家教，遭到殴打和虐待。那为什么我没有成为大屠杀的凶手，而是成了科学家、律师、政治家或作家？"

事实上，尽管经常遭到忽视，但这本书为此提供了明确的答案：就拿希特勒来说，他从来没有遇到一个可以向其吐露心声的人；他不仅受到了虐待，还被阻止体验和表达他的痛苦；他没有任何子女可以作为发泄仇恨的对象；最后，由于缺乏教育和引导，他无法用理智的方式来消解仇恨。这些因素如果有一个稍作改变，或许他就不会成为头号罪犯。

另一方面，希特勒当然不是一个孤立的现象。如果那些人没有同样的成长经历，他就不会有数百万追随者。当我提出这个论点时（我确信这是正确的），我预期公众会有很大的抵触情绪，可我惊讶地发现，许多读者（无论老少）都同意我的观点。他们的成长背景各不相同，但对我描述的内容很熟悉。我不需要引述详细的论据；我需要做的，就是描述希特勒的童年，让其成为一面镜子，而德国人即刻便在镜中看到了自己的影子。

对书中所举的三个案例，读者的回应颇具个性，正是这种个性，使许多人得以超越纯粹的理智层面去理解——每一种残忍的行为，无论多么野蛮骇人，都能在犯罪者的过往经历中追溯到前因。读者对本书的反应不尽相同，有明显的"顿悟"体验，也有愤怒的拒斥。在后一种情况下，就像上面我指出的那样，人们经常会这样反驳："我就是活生生的证据，可以证明打孩子（或打屁股）不一定有害，因为尽管挨了打，我还是成了一个正派的人。"

尽管人们倾向于区分"打屁股"和"打孩子"，认为前者的手段不如后者严重，但它们之间的界限是很微妙的。我在一家美国广播电台听到一则报道，说一个男人——西弗吉尼亚州一个基督教基要派成员——打他儿子的屁股，打了两个小时，结果小男孩死了。就算"打屁股"是一种温和的身体暴力，但精神上遭受的痛苦和羞辱以及对这些感受的压抑，与更为严厉的惩罚是一样的。指出这一点很重要，这样，那些被打屁股或打孩子屁股的读者，就不会认为自己或子女可以免于本书讨论的殴打孩子的后果。

也许，我们大多数人都属于"曾挨过打的正派人"，因为在过去几代人中，这样对待孩子是理所当然的事。尽管如此，在某种程度上，我们都可以算作"有毒教育"的幸存者。然而，从幸存这一事实推断童年遭遇没有给我们造成伤害，就像坚持认为有限核战争是无害的（因为战争结束时还有人类幸存），无疑是错误的。这种观点不仅暴露出对受害者的轻率态度，而且没有考虑到核战争幸存者将不得不面对后遗症的问题。这种情况与"有毒教育"类似，作为童年受辱的幸存者，我们太容易将童年的经历轻描淡写，即使我们没有自杀或杀人，没有吸毒或犯罪，并且足够幸运，没有把自己童年经历过的荒唐事传递给孩子，让他们患上精神病，但我们仍然可能成为危险的感染携带者。只要我们声称这种教养是无害的，就会继续用"有毒教育"的病毒感染下一代。如此一来，我们会体验到幸存者的有害影响。只有贴上明确的标签，我们才能保护自己远离毒药；如果把它和冰激凌混在一起，贴上"为了你好"的广告，那将适得其反。面对这样的标签，我们的孩子会感到很无助。如果儿时被殴打或体罚过的人试图以自己为榜样来淡化其后果，甚至声称这对他们有好处，他们就会拒绝认真对待自己的童年悲剧，从而不可避免地延续世界上的残酷行为。一旦采取这种态度，子女、中小学生和大学生，就会视父母、老师和教授为权威，反过来殴打自己的孩子。童年遭受虐待的后果，不正是在这种思维中得到了最悲惨的体现吗？

尽管公众开始明白，这种痛苦通过所谓"为了你好"的教养方式传递给了孩子，但在美国，与我交谈过的许多人仍然认为，宽容的教养方式给了孩子"太多"自由；他们认为正是这种宽容，而不是"有毒教育"，导致了犯罪和吸毒人数大量增加。甚至连动画片和笑话都取笑那些宽容和支持孩子的父母，强调父母允许自己被孩子支配的危险性。所罗门王[1]的错误信念（孩子不打不成器）在今天仍被尊奉，并传承给下一代。这些态度虽然现在采取了更微妙和隐蔽的形式，但与本书中为说明教养方式的有害影响而列举的态度相差无几。他们的观念并没有为我多年的经验所证实。从理论上讲，我可以设想有一天，我们将不再把孩子看作可以操纵或改变的造物，而是把他们视为信使，来自我们曾深刻了解但早已遗忘的世界，他们会向我们揭示生命真正的秘密，揭示我们自己的生活，在这些方面我们的父母远不及他们。我们不需要别人告诉我们对孩子该严格还是宽容。我们需要的是尊重他们的需求、他们的感受、他们的个性，以及尊重我们自己。

我在书中提到的三个人都没有自己的孩子，这绝非偶然。一位读者写信给我说："谁知道呢，如果希特勒有五个儿子，可以让他为父亲的所作所为复仇，也许犹太人就不会被送进焚尸炉了。"由于第四诫条[2]，我们无法对抗父母的专横行为，转而惩罚自己的孩子。我发现，如果我们愿意承认发生在自己身上的事情，不声称被虐待是"为了自己好"，不回避对过去的痛苦反应，就没那么容易成为这种强迫性重复的受害者。然而，我们越是把过去理想化，拒绝承认我们的童年苦难，就越会无意识地把它们传递给下一代。由于这个原因，我试图在本书中指出一些潜在的联系，希望能打破这种恶性循环。人们之所以在孩子（通常还是婴儿的时候）身上报复自己的父母，是因为父母通过强制手段，也

---

[1] 所罗门王，古希伯来统一王国第二任国王，相传他得到了上帝赐予的智慧。——译者注
[2] 根据天主教会"天主十诫"的内容，第四诫条为"孝敬父母"。——译者注

即通过第四诫条和他们采用的教养方法,获得了无罪和不可侵犯的地位;而只要我们停止这么做,我们的文化就会发生决定性的变化。

在最近一次美国之行中,我遇到了许多从真知中发现力量的人,尤其是女性。他们毫不避讳地指出虚假信息的毒害性,尽管几千年来它一直被隐藏在神圣而好意的教育学标签背后。在美国的谈话支持了我个人的经验,即勇气可以像恐惧一样具有感染力。如果我们有足够的勇气去面对真相,世界就会改变,因为长期以来一直支配我们的"有毒教育"的力量,建立在我们的恐惧、困惑和幼稚的轻信之上;一旦暴露在真理的光芒下,它必然会消散。

爱丽丝·米勒
1982 年 11 月

第一版序言

一种典型的指责认为,精神分析能做的最多也就是帮助少数特权者,而且范围非常有限。如果从分析中获益仍然是少数特权者的专属权利,这当然是一种合理的抱怨。但情况不必如此。

读者对我第一本书《童年的囚徒:天才儿童的悲剧和寻找真实的自我》[1](*The Drama of the Gifted Child–The Search for the True Self*)的反应,使我确信公众对我所讲内容的抵制并不比业内人士更激烈——事实上,年轻一代的非专业读者对我的看法可能比专业人员表现得更开放。反思这一点,我意识到,把通过分析少数人获得的深刻见解提供给广大读者,而不是将这些见解藏在落满灰尘的图书馆书架上,是多么重要的事情。因此,我决定在接下来几年里,将生命投入写作之中。

---

[1] 精装版《童年的囚徒》由纽约基本书局(Basic Books)1981年出版;现在可以买到平装本,采用了原始书名《天才儿童的悲剧》,翻译自德语版。《童年的囚徒》也是英国版所采用的书名。

我的主要兴趣是描述发生在精神分析环境之外的日常情况，不过，如果从精神分析的角度来看，可以更充分地理解这些情况。这不是说将现成的理论应用于社会层面，因为我相信，只有倾听并感受他人对我说的话，而不是将自己隐藏在理论背后，我才能真正理解他。深层心理学既在他人也在自己身上实践，为我们分析师提供了对人类心理的洞察，这些洞察伴随着我们的生活，提高了我们在咨询室内的敏感性。

另一方面，公众还远远没有意识到，我们的童年经历最终将影响整个社会；精神病、吸毒和犯罪，都是这些经历的一种隐晦表达。这一事实通常只在理智层面被质疑或接受。但由于理智无法影响情感领域，现实世界（政治、法律或精神病学）继续被中世纪的观念（将恶行视作内心邪恶的向外投射）所支配。一本书能帮助我们获得感性的知识吗？我不知道答案，但只要我的著作至少能让某些读者内心涌动，我就有充分的理由去尝试。

《童年的囚徒》的读者给我写了大量信件，尽管我对它们怀有极大的兴趣，但我无法一一回复。因此，我写了这本书。我不能直接回复我的读者，部分是因为我事务繁忙，但我也很快意识到，因为没有成体系的文献可以参考，如果要介绍我近年来的想法和经验，我就得巨细无遗。根据同事们的专业问题和广大读者的一般问题（两者并不相互排斥），两个清晰的议题脱颖而出：一是我对童年早期性质的解释在多大程度上偏离了精神分析的驱力[1]理论；二是需要更清楚地区分内疚感和悲伤感。与后一个

---

[1] 作者更喜欢将弗洛伊德的"Trieb"译为"drive"（驱力），而非"instinct"（本能，此为弗洛伊德的官方英译本中斯特雷奇的用词），她认为这是一种误导。——英译本注

议题相关的是，忧心忡忡的父母们经常提出的一个紧迫的问题：一旦意识到自己是强迫性重复的受害者，我们还能为孩子做些什么吗？

至少在涉及无意识行为时，我不相信提供处方和建议有什么效果，因此，我的任务不是告诫父母以他们做不到的方式来对待孩子。相反，我认为，我的角色是把生动而感性的信息传递给成年人内心中的小孩。只要这个内心中的小孩不被允许意识到自己身上发生了什么，他的情感生活的一部分就仍然被冻结着，对童年遭受的羞辱的敏感也因此变得迟钝。

同情和理解是至关重要的先决条件，如果缺少了它们，那么所有对爱、团结和怜悯的呼吁都将是徒劳。

这一事实对受训的心理学家有特殊的意义，因为没有共情，无论他们在病人身上投入多少时间，他们也不能以有益的方式应用自己的专业知识。这同样适用于父母，即使他们受过高等教育，有足够的时间陪孩子，但只要他们仍在情感上与自己的童年苦难保持距离，就无法理解自己的孩子。另一方面，对一个工作繁忙的母亲来说，只要她的内心足够开放和自由，就有可能立即理解孩子的处境。

因此，我认为，我的任务是使公众认识到童年早期的苦难。对于成年读者内心中的小孩，我试图以两种不同的途径来实现这一点。在本书的第一部分，我描述了"有毒教育"，即在我们父母和祖父母的成长时期被采用的教养方法。也许很多读者会对第一部分产生愤怒的感觉，这可能会带来很好的治疗效果。在第二部分，我讲述了一个吸毒者、一个国家元首和一个男童杀手的童年，他们在童年都遭受到了严重的羞辱和虐待。在其中两个案例中，我特别引用了他们自己对童年和后来命运的描述，试图让读者通过分析师的耳朵来倾听他们极具冲击性的证词。这三段童年都见证了教养的毁灭性作用——它对生命力的破坏，以及对社会的危害。甚至在精神分析学中，特别是在其驱力理论中，我们也发现了传统教育学的痕迹。我最初打算用一章来讨论这个主题，但由于其范围太广，我不得不把它作为另一部即将出版的作品的主题。[1]在那本书中，我比以前更清楚地强调了我的观点与具体的精神分析理论和模型之间的区别。

这本书是我与《童年的囚徒》的读者进行内心对话的产物，可以被理解为前一部作品的姊妹篇。在不了解前作的情况下，也可以阅读这本书，但如果这里讨论的主题唤起了读者的内疚而不是悲伤，那么最好也读一下前一部作品。在阅读这本书的时候，一定要记住，当我谈到父母和孩子时，我并不是指特定的某些人，而是指关系到我们所有人的某些状况、情境或问题，这很重要也很有帮助，因为所有父母都曾经是孩子，而今天是孩子的大多数人有一天也会成为父母。

最后，我要向以下人士表示感谢，没有他们的帮助，这本书就不可能完成，至少不可能像现在这样呈现在读者面前。

我第一次完全意识到教育学的本质，是在我接受第二次精神分析时，那时我体验到了与教育学完全相反的方法。因此，我要特别感谢我的第二位精神分析师格特鲁德·博勒尔-施温，她写了一本非凡的书，讲述了她与精神病住院患者的经历，名为《通

---

[1] 此书（即 *Du sollst nicht merken*）于1981年在德国出版，即将出版的美国版书名为《你不该知道》。

往精神病患者灵魂之路》(*A Way to the Soul of the Mentally Ill*)。对她来说,"存在"总是比"行为"更重要;她从未试图"训练"或指导我,无论是直接这么做还是通过"暗示"。由于这段经历,我能够以我自己的方式学到很多东西,并对我们周围的教育气氛变得敏感。

在这个学习过程中,我和儿子马丁·米勒的无数次谈话,也起到了同样重要的作用。他一次又一次地使我觉察到自己无意识的强迫状态,这些状态在童年时期就已内化,源于我们这一代人共同的成长环境。他对自身经历完整而清晰的描述,在一定程度上促使我从这些强迫状态中解脱出来,而这种解脱只有在我对教育方法中复杂而细微的差别有了觉察之后才能实现。在写下这里提出的许多观点之前,我和儿子都做过详细的讨论。

莉丝贝特·布伦纳在完成手稿方面对我的帮助是无价的。她不仅敲打出书稿中的文字,而且对每一章都产生了兴趣和共鸣,因此她成了我的第一位读者。

最终,我有幸遇上了苏尔坎普出版社的弗里德黑尔姆·赫博特,这位编辑深刻理解我关心的问题。他从不认为我的书稿需要大刀阔斧地修改,只建议在保留原意的情况下做一些文字调整。他对我书稿的谨慎态度,以及对他人观点的理解和尊重,在编辑我的第一本书时给我留下了深刻印象。能够得到这种不同寻常的待遇,我觉得非常幸运。

由于西格弗里德·翁泽尔德[1]对《天才儿童的悲剧》(《童年的

---

1 西格弗里德·翁泽尔德(Siegfried Unseld,1924—2002),德国知名出版家,从1959年到2002年去世,他一直是苏尔坎普出版社的负责人。——译者注

囚徒》）的热情回应，以及他为我所做的积极努力，我的作品才没有在专业出版社的名单上消失，而是能够接触到更广泛的"病人"圈子——它们实际上就是为那些遭受苦难的人而写。德国专业期刊《心理》（*Psyche*）的编辑拒绝了《童年的囚徒》三篇研究报告中的第一篇，而且当时其他出版商对我的作品也不是特别感兴趣，正因为苏尔坎普出版社同情地接受了我的作品，它才有可能在德国出版。

爱丽丝·米勒

摇篮里的孩子既刁蛮任性又感情丰富；他的身体虽小，却有一颗邪恶的心，一心想着恶事……如果这火花燃烧起来，就会肆虐，烧毁整座房子。我们并非生来就会转变向善，而是靠教育……因此，父母必须小心谨慎，当孩子说坏话或做坏事时，必须纠正并严厉斥责。

罗伯特·克利弗和约翰·多德，
《一种神圣的家庭管理形式》
(*A Godly Form of Household Government*，1621)

母亲的棍杖非常温柔，它既不会打断骨头，也不会损伤皮肤。然而，借着上帝的祝福和明智的应用，它将化心灵的腐朽为神奇……你不可不管教孩子，因为你若杖打他，他必不至死；你若杖打他，将救他的灵魂免下地狱。

约翰·埃利奥特，《论四福音的和谐》
(*The Harmony of the Gospels*，1678)

孩子的灵魂想要有自己的意志，这是很自然的；在头两年没有做好的事情，以后就很难纠正了。早期的优势之一就是可以使用武力和强迫；随着时间的推移，孩子会忘记童年早期发生过的一切。如果能在此时破坏他们的意志，他们以后永远不会想起自己曾经拥有过意志，正因如此，必需的严厉教育不会产生任何严重后果。

J. 祖尔策，《论儿童的教育与指导》
(*Versuch von der Erziehung und Unterweisung der Kinder*，1748)

这种不服从无异于向你宣战。你的儿子正试图篡夺你的权力,而你有理由用武力回击,以确保他对你的尊重,否则你将无法驯服他。你对他的打击不应该仅仅是开玩笑,而应该让他相信你是他的主人。

J. G. 克吕格尔,《关于儿童教育的一些想法》
(*Gedanken von der Erziehung der Kinder*,1752)

我不断强烈地意识到:我必须毫不迟疑地服从父母、老师和神父,乃至包括仆人在内的所有成年人的意愿和命令,任何事都不能让我偏离这一职责。他们说什么都是对的。

我在成长过程中所遵循的这些基本原则,成了我的第二天性。

鲁道夫·霍斯,奥斯维辛集中营指挥官

对那些当权者来说,民众不思考是多么好的运气。

阿道夫·希特勒

第一部分

教养如何压制了自发的情感

对传统教养的一瞥

第 1 章
有毒教育

  随之而来的是大规模的惩罚。整整十天，时间长得不合理，父亲用鞭条"祝福"他那四岁的孩子伸开的手掌，每只手每天抽打七下，就这样打了不下一百四十下。这结束了一个孩子的童真。无论在天堂里发生了什么——亚当，夏娃，莉莉丝，蛇和苹果，《圣经》中史前的雷霆霹雳，全能上帝的咆哮和他那象征驱逐的手指——我对这一切一无所知，是我父亲把我赶出了天堂。

克里斯托夫·梅克尔[1]

  凡是探究我们童年的人，都想了解我们的灵魂。如果他不只是为了修辞而提问，而是有耐心地去倾听，他就会逐渐意识到，我们怀着恐惧去爱，又怀着无法解释的爱去恨那些

---

[1] 克里斯托夫·梅克尔（Christoph Meckel，1935—2020），德国作家和艺术家。——译者注

曾给我们带来最大痛苦和困难的东西。

埃丽卡·布尔卡特[1]

引　言

任何做过父母的人，只要完全诚实，就能从经验中知道接受自己孩子的某些方面有多么困难。如果我们真的爱孩子，想要尊重他的个性但又做不到，那么承认这一点尤为痛苦。拥有知识并不保证就能做到理解和宽容。如果我们从来不曾有意识地去重温童年时经历过的拒绝，并自我修复，那么我们就会把这种拒绝传递给我们的孩子。如果孩子的行为不符合我们的期望或需求，更有甚者，如果它对我们的防御机制构成威胁，那么仅仅拥有儿童发展规律的知识，并不能让我们免于恼火或愤怒。

而孩子们的情况就完全不同了：他们没有过去经历的妨碍，因而对父母的宽容是无止境的。也正是孩子对父母的爱，使得父母有意或无意的精神虐待行为不被发现。在最近有关儿童史的著作中，随处可见可以对孩子做什么而不用担心报复的描述。[2]

以前在身体上残害、剥削和虐待儿童的做法，在当下似乎已逐渐被一种精神虐待所取代，而这种精神虐待又被"教养"（child-rearing）这个体面的词所掩饰。在许多文化中，教养训练

---

[1] 埃丽卡·布尔卡特（Erika Burkart，1922—2010），瑞士作家和诗人。——译者注
[2] 可参见菲利普·阿利埃斯（Philippe Ariès）、劳埃德·德莫斯（Lloyd DeMause）、莫顿·沙茨曼（Morton Schatzman）、雷·E. 黑尔费尔（Ray E. Helfer）和 C. 亨利·肯佩（C. Henry Kempe）（见参考文献）。

始于婴儿期，始于母亲和婴儿之间最初的共生关系，所以这种早期的调教使得孩子几乎不可能发现自己身上究竟发生过什么。孩子对父母之爱的依赖，也使得他们在往后的岁月里不可能意识到这些创伤的存在，这些创伤隐藏在对父母的早期理想化背后，往往会持续一生。

19世纪中期，一个名叫施雷伯的人，也就是弗洛伊德的一位偏执狂患者的父亲，写了一系列关于育儿的书。这些书在德国非常受欢迎，其中一些甚至被加印了四十次，并被翻译成多种语言。在这些作品中，作者一再强调，如果要使土壤"不生有害杂草"，儿童就应该尽早开始接受训练，甚至在五个月大时就要开始。我在许多父母的信件和日记中也发现过类似观点，这些信件和日记，让外人清楚地看到了他们的孩子出现严重疾病的根本原因，这些孩子后来成了我的病人。但在一开始，这些病人并不能从这些日记中获益，必须经过长时间的深入分析，他们才能开始看到其中的真相。首先，他们必须脱离父母，发展自己的个性。

"父母永远是正确的，任何残忍的行为，不管是有意识的还是无意识的，都是他们爱的表达。"这种信念在人类心中根深蒂固，因为它基于在生命头几个月发生的内化过程，也就是说，产生在孩童与主要照顾者分离之前的时期。

在施雷伯医生1858年写给为人父母者的建议中，有两段话阐明了当时盛行的教养方法：

> 小孩子发脾气的表现，比如无故尖叫或哭泣，应该被视为对你的精神和教育原则的最初测试……一旦你确定孩子没

有真正的问题——没有生病,没有悲伤,没有痛苦,那么你就可以放心,他的尖叫只不过是脾气的爆发,是心血来潮,是任性的最初表现。现在,你不应该再像一开始那样单纯地等待它过去,而应该采取更积极的措施,比如:迅速转移孩子的注意力,使用严厉的话语、威胁的手势,敲打床板……或者,如果这些都无济于事,还可以时不时采取适当的、温和的体罚手段,直到孩子安静下来或睡着……

这个过程只需做一次,最多两次,然后,你就可以永远成为孩子的主人。从现在开始,一个眼神,一句话,一个威胁的手势,就足以控制孩子。请记住,这对你的孩子是最有利的,因为这将使他免于许多对他成长无益的躁动,将他从那些内心折磨中解脱出来;此外,这些折磨很容易导致有害性格特征的扩散,而且这些性格特征会越来越难以克服。[1]

施雷伯医生并没有意识到,实际上,他试图抑制的恰恰是他自己内心的冲动;毫无疑问,在他看来,他主张行使父母的权力,纯粹是为了孩子好:

如果父母在这方面始终如一,作为回报,他们很快就会得到理想的情况:父母只需要眼神的一瞥,就可以完全控制孩子。

在这种方式下抚养长大的孩子,即使到了一定年龄,往往

---

[1] 引自莫顿·沙茨曼,《灵魂谋杀》(*Soul Murder*)。

也不会注意到有人在利用他们,只要那个人使用"友好"的语气。

经常有人问我,为什么在《童年的囚徒》一书中,我总是提到母亲,而很少提到父亲。我将孩子出生后第一年里最重要的照顾者称为"母亲"。这个人不一定是亲生母亲,甚至也不一定是女性。在《童年的囚徒》中,我极力指出,对婴儿展示不赞同和拒绝的表情,会导致其成年后出现严重的精神紊乱,包括变态和强迫性神经症。在施雷伯家,用"眼神"来"控制"两个年幼儿子的不是母亲,而是父亲。(两个儿子后来都患上了精神疾病,并伴有被迫害妄想。)然而,在过去几十年里,越来越多的父亲承担起了积极的母性功能,给予孩子温柔和温暖,并对他们的需求充满同理心。与父权制家庭时代相比,我们正处在一个对性别角色进行健康实验的阶段,饶是如此,在谈论父与母的"社会角色"时,我还是很难不诉诸过时的规范范畴。我只能说,每个小孩都需要一个有同理心的人,而不是一个"控制欲强"的人作为照顾者,无论这个人是父亲还是母亲。

在孩子出生后的头两年,养育者可以对他们做很多事:塑造、控制、教导、责骂、惩罚,而且不用担心会有任何恶果,反正孩子也不会报复。只有当孩子成功地为自己辩护时,也就是说,如果他被允许表达自己的痛苦和愤怒,他才能克服所遭受的不公正教养的严重后果。如果父母不能容忍他的反应(哭泣、悲伤和愤怒),并通过眼神或其他教育方法来阻止他的反应,那么他将学会沉默。这种沉默表明了教养原则的"有效性",但同时,它也是预示未来病态发展的危险信号。如果完全不能对伤害、羞辱和胁迫做出适当反应,那么这些经历就不能整合到人格当中去。它们唤起的感觉被压抑了,表达它们的需求得不到满足,而且没有任何被满足的希望。我们希望通过相关感受来表达被压抑的创伤，而这种希望的缺失，往往会导致严重的心理问题。我们已经知道，神经症是压抑的结果，而不是事件本身的结果。我还将试图证明，神经症不是压抑造成的唯一悲惨后果。

因为这个过程不是在成年后开始的，它始于生命的最初几天，并往往是"好意的"父母努力的结果，所以在以后的生活中，如果没有他人的帮助，个人将很难找到这种压抑的根源。这就像有人在他后背打上了印记，如果没有镜子，他永远都看不见。心理治疗的功能之一就是为来访者提供这面镜子。

诚然，心理治疗仍然是少数人的特权，而且其效用常常受到质疑。但是，在一个又一个案例中，我见证了当残酷教养的结果被消解之后，受害人释放出来的力量；也看到了这些力量如果得不到释放，将会如何在其他方面被唤起，进而破坏患者自身以及他人身上必不可少的自发性，因为这种自发性从小就被当作坏品质和威胁。因此，我想向社会传达我在治疗过程中学到的东西。在可能的范围内，社会有权利知道心理分析过程中到底发生了什么，因为其间发生的，不仅仅是少数病人或精神失常者的私事，它关系到我们所有人。

仇恨的温床

两个世纪以来的教养指南

长期以来，我一直在问自己，如何才能以生动而非纯粹理智的方式，描绘许多儿童在幼年经历的事情，以及这些事情对社会的影响。我常常在想，怎样才能以最适宜的方式告诉别人，在经历了漫长而艰苦的重建过程之后，关于自身生命的起点，人们究竟有什么发现？除了呈现这些材料的困难之外，还有一个旧有的困境：一方面，我要遵守职业保密原则；另一方面，我坚信在这里起作用的一些法则，不应只是少数业内人士的专有知识。此外，我也意识到那些没有经历过心理分析的读者可能会有抵触情绪，意识到讨论残忍的虐待行为会让他们心生内疚，意识到他们的追思之路仍然受阻。那么，面对知识储备上的匮乏，我们该何去何从？

我们习惯于用道德规则与条例来感知我们听到的一切，有时即使是纯粹的信息也可能被解读为指责，从而无法被真正理解。如果我们年幼时就经常被强加道德要求，那么拒绝新的规劝就情有可原。爱邻人、利他主义、甘愿牺牲——这些话听起来多么美好，但其中可能隐藏着何等的残酷，原因很简单，因为在它们被强加给一个孩子时，利他主义的先决条件绝无存在的可能。通过胁迫，这些先决条件的发展往往被扼杀在萌芽状态，而后留下的就是终生的紧绷状态。这就好比太坚硬的土壤无法长出任何东西，一个孩子被要求去爱，为了强行产生这种爱，他唯一可能的指望，就是在养育自己孩子的过程中，以同样无情的方式向他们索求爱。

由于这个原因，我不打算进行任何说教。我绝对不想说某人应该或不应该做这个或那个（例如，不应该去恨），因为我认为这类格言是无用的。相反，我认为我的任务是揭露仇恨鲜为人知的根源，并探究为什么知道这一点的人如此之少。

当我认真思考这些问题的时候，偶然发现了卡塔琳娜·鲁奇基主编的《黑色教育》(*Schwarze Pädagogik*)，这是一本 1977 年在德国出版的育儿书籍节选集。这些文章描述了各式各样的"育儿技巧"——我在本书中称之为"有毒教育"，这些技巧被用在很小的孩子身上，使他们意识不到自己到底经受了什么；在具体层面上，它们为我在长期分析工作中得出的推测性重建提供了明确的佐证。这使我产生了一个想法，从这本优秀但非常冗长的书中，将某些段落整合起来，以便读者能够在它们的帮助下，根据自身情况回答我提出的以下问题：我们的父母是怎样长大的？他们是如何被允许——乃至被迫——这样对待我们的？作为小孩，我们如何才能意识到这一点？我们如何能以不同的方式对待自己的孩子呢？这个恶性循环能被打破吗？最后，如果对这种情况视而不见，我们的内疚感就会减轻吗？

也许，我借助这些文章试图获得的东西，要么根本不可能得到，要么就完全多余。因为只要你不被允许看到某些东西，你就别无选择，只能忽视它，误解它，以各种方式保护自己不受它的伤害。但如果你自己已经意识到这一点，那就不再需要我来告诉你了。话虽如此，但我仍然不想放弃尝试，就算目前只有少数读者可能会从中受益，我也感觉值得。

我相信，我节选的文章将会揭露一些教养方法，这些方法被用来训练儿童，使他们意识不到父母对他们做了什么——这里说的可不仅是"某些儿童"，它几乎涉及我们所有人（包括我们的父母和祖先）。我在这里使用了"揭露"这个词，尽管这些著作并不隐秘：它们广为传播，并多次出版。但我们这一代人可以从中了解一些与我们个人有关的东西，这些东西对我们的父母而言仍然是秘密。阅读这些著作，我们可能会有揭开谜底的感觉，会觉得发现了一些新的但同时又早已熟悉的东西，它们直到现在还笼罩并决定着我们的生活。这就是我读鲁奇基关于"有毒教育"现象的著作时的亲身感受。突然间，我更加敏锐地意识到，在精神分析理论、政治以及日常生活里无数的强迫行为中，处处可以发现"有毒教育"的踪迹。

那些教养孩子的人，总是很难处理孩子的"顽固"、任性、叛逆和旺盛的情绪。他们一再被提醒，教导孩子服从得越早越好。1748年，J.祖尔策写的几段话可以作为例证：

> 就任性而言，在最稚嫩的童年时期，一旦孩子能够通过手势表达他们对某种事物的渴望，它就会成为一种自然的求助方式。当他们看到自己想要却无法拥有的东西时，就会愤怒、哭泣、闹腾。如果他们得到了不喜欢的东西，就会把它扔到一边，开始哭泣。这些都是危险的缺点，会阻碍儿童的整个教育，助长其不良的品质。如果不及时驱除任性和邪恶，就不可能给儿童良好的教育。当这些缺点出现在儿童身上，正是时候该去抵制这种罪恶，这样它就不会因习惯而变得根深蒂固，孩子也不会因此彻底堕落。
>
> 因此，我奉劝所有教育儿童的人，把驱除任性和邪恶作为他们的主要工作，并坚持下去，直到达成目标。我在前面提到，和小孩子讲道理是不可能的；因此，必须以一种有条不紊的方式驱除任性，为了达到这个目的，除了向儿童表明自己的坚定态度外，别无他法。如果父母对儿童的任性让步一次，第二次任性就会更加明显，更加难以驱除。一旦儿童了解到愤怒和眼泪可以让他们为所欲为，他们就会不断使用

这种方式。儿童最终会成为父母和保姆的主人，并且会发展出一种坏的、任性的、令人难以忍受的脾气，从此以后，他们会用这种坏脾气来折磨父母和照料者——作为"良好"教养应得的回报。但是，如果父母有幸从一开始就利用责骂和棍棒驱除任性，就会拥有听话、温顺、善良的孩子，继而可以为他们提供良好的教育。如果要为教育打下良好的基础，那么父母就需不懈努力，直到看到所有任性都消失，绝不留任何余地。在消除这两个主要缺点之前，任何人都不要误以为能获得什么好结果。他将徒劳无功。在一开始就必须打好基础。

　　因此，这就是孩子在一岁前必须注意的最重要的两件事。当他超过一岁，开始能听懂并说出一些话的时候，我们还需要关注其他事情，但始终要明白，"任性"的消除必须是我们努力的主要方向，直到完全达成目标。我们的目标是把孩子培养成正直、品德优秀的人；作为父母，一定要牢记这一点，不要错过任何管教孩子的机会。父母还必须在脑海中时刻保持一种崇尚美德的形象，以便知道具体要做些什么。第一件事就是，培养孩子对秩序的热爱，这是踏上美德之路所需的第一步。然而，在前三年里——就像教孩子做的所有事情一样——这只能以一种相当机械的方式去实现。一切都必须遵守秩序和规则。吃、喝、穿、睡，甚至孩子的整个小世界都必须井然有序，决不能为了迎合他们的任性或异想天开而有丝毫动摇，如此他们在幼儿期才能学会严格遵守秩序规则。坚持遵守秩序，将对人的思想产生毋庸置疑的影响。如果孩子在很小的时候就习惯了秩序，他们以后就会认为这完全是自然的，而不会意识到这是被巧妙灌输给自己的。如果出于"宽容"，每当孩子"心血来潮"时，就随心所欲地改变孩子小世界的秩序，那么孩子就会认为秩序并不重要，重要的是要顺应内心的"心血来潮"。这种错误的想法会对道德生活造成广泛的损害，而这一点，从我上面谈论秩序的内容中很容易推断出来。当孩子到了可以理性思考的年纪，就应该利用一切机会向他们展示秩序神圣而不可侵犯。如果他们想做违反秩序的事情，父母就应该对他们说：我亲爱的孩子，这是不可以的，这违反了秩序，而秩序是绝不容破坏的，如此等等。

从第二年和第三年开始，孩子必须完全投入的第二件大事，则是严格服从父母和长者，无条件信任和接受他们所做的一切。这些品质不仅是儿童教育成功的必要前提，而且对整个教育都有很强的影响。它们之所以如此重要，是因为它们赋予了人们心灵本质上的秩序和服从律法的精神。一个习惯于服从父母的孩子，一旦独立自主，成为自己的主人，也会心甘情愿地服从理性的律法和规则，因为他已经习惯了不按自己的意志行事。服从是如此重要，实际上，所有的教育无非是学习如何服从。那些身份高贵、注定要统治国家的人，在学会统治的艺术之前，必须先学会服从，这是一条公认的原则。"不懂得如何服从的人就不懂得如何指挥"（Qui nescit obedire, nescit imperare）：因为服从教导一个人积极遵守法律，而这是统治者的首要品质。因此，当父母驱除孩子的"任性"之后，进一步努力的目标就必然是"服从"。然而，要让孩子服从并非易事。孩子的灵魂想要有自己的意志；这是自然的；在头两年没有做好的事情，以后就很难纠正了。早期的优势之一就是可以使用武力和强迫；随着时间的推移，孩子会忘记童年早期曾发生过的一切。如果能在此时破坏他们的意志，他们以后永远不会想起自己曾经拥有过意志，正因如此，必需的严厉教育并不会产生任何严重后果。

在儿童刚刚形成意识时，必须通过言语和行为向他们表明孩子必须服从父母的意志。"服从"要求孩子：（1）心甘情愿地听从吩咐，（2）心甘情愿地不去做被禁止的事情，（3）接受为他们所制定的所有规则。[1]

令人惊讶的是，在二百多年前，这位教育学家竟有如此深刻的心理学见解。事实上，随着年龄的增长，孩子们会忘记童年早期发生的一切。"他们以后永远不会想起自己曾经拥有过意志"——这一点是可以肯定的。但不幸的是，这句话的其余部分——"必需的严厉教育并不会产生任何严重后果"——是不正确的。

情况恰恰相反：在他们的整个职业生涯中，律师、政客、精神病学家、医生和狱警都必须处理这些"严重后果"，并且常常不清楚它们的肇因。心理治疗可能需要数年时间的细致工作，才能找到问题的根源；而一旦成功，它确实能缓解症状。

非专业人士一再提出反对意见，认为有些人的童年显然很艰难，但并没有患上神经症；而有些人在明显有利的环境中长大，却患上了精神疾病。这被当成先天因素致病的证明，从而驳斥了

---

[1] J. 祖尔策，《论儿童的教育与指导》，引自鲁奇基。

父母教养的重要性。

祖尔策所说的几段话，帮助我们理解了这种错误是如何在社会各阶层中产生的（甚至是故意让其产生的？）。神经症和精神病不是实际挫折的直接后果，而是被压抑的创伤的表达。如果我们的主要目的是"教育"孩子，使孩子不知道父母对他们做了什么或从他们那里拿走了什么，不知道自己在这个过程中失去了什么，不知道自己本来会成为什么样的人，不知道自己实际上是什么样的人；而且如果这种做法开始得足够早，那么成年之后，不管他们的智力如何，他们都会把别人的意志当成自己的意志。既然从未获准表达自己的意志，他们怎么知道自己的意志被破坏了呢？然而，一个人没有意识到的东西仍然会使人生病。另一方面，假使孩子经历了饥饿、空袭乃至失去家园等情况，但如果他们能感受到作为个体的自己得到了父母的重视和尊重，那么他们就不会因为这些现实的创伤而生病。他们甚至有可能会记住这些经历（因为他们得到了忠实的依恋对象的支持），并因此丰富自己的内心世界。

下面这段由 J. G. 克吕格尔所说的话，揭露了为什么大力打击"顽固"对教育者来说分外重要（现在仍然如此）：

> 我的观点是，假如孩子因为软弱或缺点而犯错，人们不应该因此体罚他们。唯一值得打击的恶习是"顽固"。因此，在课堂上打孩子是错误的，在孩子跌倒时打他们是错误的，在他们无意中造成伤害时打他们是错误的，因为他们哭泣而打他们是错误的。但如果他们是出于邪恶而犯下这些错误，哪怕是一些微不足道的错误，那么体罚他们则是正确和恰当

的。如果你的儿子认为学习是你的意愿而不想学习，如果他哭是为了违抗你，如果他做坏事是为了冒犯你，总之，如果他固执己见，那就狠狠地抽打他，直到他哭喊："哦，不，爸爸，哦，不！"

这种不服从无异于向你宣战。你的儿子正试图篡夺你的权力，而你有理由用武力回击，以确保他对你的尊重，否则你将无法驯服他。你对他的打击不应该仅仅是开玩笑，而应该让他相信你是他的主人。因此，直到他完成先前出于邪恶而拒绝做的事情，你绝不能停手。如果你不注意这一点，你将使他陷入一场战斗，使他邪恶的心因胜利而膨胀，使他下定决心继续无视你的打击，这样他就不必屈从于父母的管教。然而，如果他看到自己第一次就被击败了，不得不在你面前卑躬屈膝，这就会剥夺他重新反抗的勇气。但你必须特别注意，在惩罚他的时候，不能让自己被愤怒冲昏头脑。因为孩子会敏锐地察觉到你的软弱，并将本应奉为正义裁决的惩罚视为愤怒的结果。如果你在这方面无法保持冷静，那么就请另一个人来执行惩罚，但一定要让这个人明白，在孩子完成父亲的意愿并请求你宽恕之前，不要停手。如洛克所言，你不应该完全拒绝宽恕，而是应该让宽恕难以实现。在他以完全的顺从来弥补先前的过失，并证明他决心成为父母忠实的臣民之前，不要再次展示完全的认可。如果孩子在年幼时就受到审慎的教育，那么很少有必要采取这种强力的措施。然而，如果在孩子已经形成自己的意志之后，再把他们接过来抚养，就难免要这样做了。但有时候，尤其当孩子天性骄傲时，即便在严重违逆的情况下，也用不着殴打他们，可以让他们光脚、挨饿，在餐桌边服务之类，也可以狠戳他们的痛处。[1]

在鲁奇基的书中，一切都是公开的。而在现代育儿图书中，作者们小心翼翼地掩饰着他们对控制孩子的重要性的强调。多年来，人们提出了一系列复杂的证据，以证明体罚都是为了孩子好。然而，在18世纪，人们仍然自由地谈论"篡夺权力""忠实的臣民"之类的话题，这种语言本身就揭示了可悲的真相；不幸的是，今天仍然如此。因为今天父母的动机和那时并无二致：他们打孩子，是为了夺回自己曾经被父母夺走的权力。在孩子身上，他们第一次看到了自己儿时的脆弱，但他们无法回忆起来这些（参见祖尔策）。直到这个时候，一个比他们更弱的人卷了进来，他们才终于还击了，而且往往相当激烈。至今，仍有无数合理化的解释，在为父母的行为辩护。尽管父母总是由于心理原因，即出于自身的需要而虐待孩子，但我们的社会有一个基本假设，那就是这样做都是为了孩子好。最后同样重要的是，为捍卫这一假设所承受的痛苦暴露了它可疑的本质。这些论据与我们获得的每一个心理学洞见都相矛盾，但它们却代代相传。

这种现象一定能被解释，并且能够在我们所有人的情感之中找到根源。一个人不可能长期宣扬违背自然法则的"真理"而不显得可笑（比如宣称孩子冬天穿泳衣、夏天穿皮大衣到处跑对健康有益）。但是一边谈论殴打、羞辱儿童并剥夺他们自主权的必要性，一边使用诸如"严惩、教养和引导他们走上正确道路"

---

[1]《关于儿童教育的一些想法》，引自鲁奇基。

这样冠冕堂皇的词句，似乎再正常不过。下面从《黑色教育》中摘录的内容表明了，从这样的意识形态中，父母隐秘而不被承认的需求可以获益多少。它还解释了在接受和整合近几十年间建立起来的关于心理学原理的无可争议的知识体系时，为什么竟存在着如此巨大的阻力。

有很多优秀的著作描述了传统教养方法有害和残忍的一面。[1]但是，为什么这些信息几乎没怎么改变公众的态度呢？我曾经试图指出教养产生的问题的诸多个体原因，但我现在认为，这里涉及一种必须加以揭示的普遍心理现象：也就是说，成年人对孩子行使权力的方式，是一种隐匿的、不受惩罚的方式。从表面上看，揭露这一普遍机制并不符合我们每个人的最佳利益，因为谁愿意舍弃释放被压抑情感的机会？谁又愿意放弃让我们问心无愧的合理化？然而，为了子孙后代，让我们行为的"暗流"为人所知至关重要。越是容易通过技术手段按一下按钮就能摧毁人类生命，公众就越需要了解为何有人竟想毁灭数百万人的生命。殴打是虐待的一种形式，它总是有辱人格的，因为孩子不仅无法保护自己，而且还应当反过来对父母表示尊重和感谢。除了体罚之外，还有一系列"为了孩子好"的巧妙措施，这些措施对孩子来说难以理解，也正因如此，它们往往会对孩子以后的生活产生毁灭性的影响。例如，在尝试共情按照维尧姆推荐的方法养大的孩子时，作为成年人的我们会做何反应？

---

1 例如，埃克哈德·冯·布劳恩米尔（Ekkehard von Braunmühl）、劳埃德·德莫斯、卡塔琳娜·鲁奇基、莫顿·沙茨曼和卡塔琳娜·齐默尔（Katharina Zimmer）等人的著作。

如果一个孩子被抓了现行,那么哄他招供并不难。我们可以很容易地对他说"有人看到你做了这个或那个"。然而,我更喜欢绕个弯子,而且绕弯子的方式多种多样。

你已经质疑过孩子苍白的神情,你甚至让他承认了你向他描述的某些痛苦。我会接着说:

"你看,我的孩子,我知道你现在的病痛,我甚至已经列举出来了。那么,你看,我知道你的现状,我还知道更多。我知道你将会遭受怎样的痛苦,我会一一告诉你,听着:你的脸皮会皱缩,你的头发会变灰,你的手会颤抖,你的脸会布满脓包,你的眼睛会暗淡无光,你的记忆力会变弱,你的大脑会变得迟钝,你将变得无精打采,无法入睡,没有胃口,等等。"

很少有孩子能不为此感到惊慌失措。我继续说道:

"现在我要告诉你另一些事情。注意!你知道你痛苦的原因是什么吗?你可能不知道,但我知道。你自作自受!——我现在就要说你暗地里做的好事……"

如果这样孩子都不泪流满面地忏悔,那他一定极其顽固。

这里还有通往真理的另一条道路!我从《教学论》(*Pedagogical Discourses*)中摘取了下面的话:

我把海因里希叫到我身边。"听着,海因里希,我对你的发作相当担心。"(海因里希曾有过几次癫痫发作。)"我一直在脑海里寻找可能的原因,但什么也想不出来。你自己想想看,你知道些什么吗?"

海因里希:"不,我什么都不知道。"(他几乎什么都不知道,因为孩子在这种情况下多半不知道自己在做什么。无论如何,这个问题只是为了引出下面的问题。)

"这确实很奇怪!你是不是太热了,然后喝东西喝得太快了?"

海因里希:"没有,你知道,我很久没出过门了,除非你带着我一起。"

"我有点不明白——但我知道一个十二岁左右(那正是海因里希的年龄)的男孩的悲伤故事。他最后死了。"

(现在,这个作者向海因里希本人进行描述,但换了个名字,这让小男孩感到很害怕。——维尧姆)

"他也会毫无征兆地发作,就像你一样,他说好像有人在猛烈地挠他痒痒。"

海因里希:"哦,天啦!我不会死吧?我也有这种感觉。"

"有时候,那种痒痒的感觉,似乎要使他窒息。"

海因里希:"我也是这样,你没注意到吗?"(由此可见,这个可怜的孩子真的不知道他痛苦的原因是什么。)

"然后,他开始放声大笑。"

海因里希:"不,我现在很害怕,我不知道该怎么办。"

(作者编造了笑声,也许是为了掩盖他的意图。我认为坚持事实会更好些。——维尧姆)

"这一切持续了一段时间,直到他最终受不了如此强烈、迅猛和无法控制的笑声,窒息而死。"

(我极其平静地叙述着这一切,没有理会他的回答。我努力让自己的面部表情和手势看起来亲切友好。)

海因里希:"他是笑死的?真的有人会笑死吗?"

"是的,确实,这就是我要告诉你的。难道你没有笑得很厉害的时候吗?你的胸闷得厉害,眼泪夺眶而出。"

海因里希:"是的,我有过这样的经历。"

"好,那么,想象一下,如果这种情况持续了很长一段时间,你能忍受得了吗?你能够停止大笑,是因为让你大笑的原因不再对你产生影响,或者是因为它看起来不再那么好笑了。但是,我们这个可怜的小男孩,并没有任何外部环境使他发笑;令他发笑的是他神经的骚动,他没办法靠意志力来阻止。只要这种骚动持续,他就会大笑不止,最终导致了他的死亡。"

海因里希:"这个可怜的小男孩!——他叫什么名字?"

"他的名字叫海因里希。"

海因里希:"海因里希!"(他惊愕地看着我。)

(若无其事地)"是的!他是一个莱比锡商人的儿子。"

海因里希:"哦!但这是怎么发生的呢?"

(我一直在等待这个问题,在此之前,我一直在房间里走来走去,现在我停下来,直视他的眼睛,以便更仔细地观察他。)

"你怎么看,海因里希?"

海因里希:"我不知道。"

"我来告诉你是什么原因。"(我用缓慢而坚定的语气接着说。)"这个男孩曾看到有人伤害他身体上最脆弱的神经,同时还做出奇怪的动作。小男孩不知道这会伤害到他,就模仿他看到的动作。他非常喜欢这样做,他的行动引起了身体神经罕见的躁动,因此损害了它们,导致了他的死亡。"(海因里希涨红了脸,显然很尴尬。)"怎么了,海因里希?"

海因里希:"哦,没什么!"

"你觉得你又要发作了吗?"

海因里希:"哦,不!你能允许我离开吗?"

"为什么?海因里希?难道你不喜欢和我在一起吗?"

海因里希:"哦,不!但是……"

"怎么了?"

海因里希:"哦,没什么!"

"听着,海因里希,我是你的朋友,是不是?说实话吧,在听到那个可怜男孩不幸早逝的故事时,你为什么会脸红?是什么让你如此不安?"

海因里希:"脸红?哦,我不知道,我只是为他难过。"

"就这些吗?不,海因里希,一定还有别的原因。你的表情出卖了你。你变得越来越不安了。说实话,海因里希,你若为人诚实,就可以在上帝和众人面前得到悦纳。"

海因里希:"哦,天啊……"(他开始大哭起来,如此可怜,我也流下了眼泪——他看到了,抓住我的手,激动地吻了一下。)

"好吧,海因里希,你为什么哭?"

海因里希:"哦,天啊。"

"要不要我宽恕你的忏悔?难道你没有做过那个不幸小男孩所做的事吗?"

海因里希:"哦,天啊!是的。"

如果面对的是性格温和、敏感的孩子,第二种方法也许比第一种方法更好。第一种方法有一些严厉,因为它几乎是在攻击孩子。[1]

---

[1] 维尧姆(1787),引自鲁奇基。

面对这种狡诈的操纵方式,孩子并不会感到怨恨和愤怒,因为他还没有识破花招。最多,他会经历焦虑、羞愧、不安和无助,这些感觉可能很快就被遗忘,尤其是当孩子找到下一个受害者为自己所用时。和其他教育学家一样,维尧姆也煞费苦心地让自己的方法不被人看穿:

> 我们必须密切观察孩子,但要以一种不会被注意到的方式,否则他就会遮遮掩掩、疑神疑鬼,这样就没办法接近他了。由于羞耻感总是迫使孩子尝试掩饰自己的过失,所以我们处理的不是一件容易的事情。
>
> 如果我们经常窥视孩子,特别是在秘密的场所,很可能会抓个现行。让孩子早点睡觉。当他们刚刚入睡时,轻轻拉开毯子,看看他们的手在哪里,或者是否能发现其他迹象。早晨,在他们完全清醒之前,再做一次。孩子在成年人面前会羞怯和闪烁其词,尤其当他们感觉或怀疑自己的"秘密行为"很邪恶时。由于这个原因,我会把观察孩子的任务交给他的一位朋友。如果是女孩,就交给她的一位女性朋友或忠实的女仆。不用说,这些观察者一定早已熟悉这种"秘密行为",或者他们的年龄与品格足以将这种披露视作无害之举。这些人现在会在友谊的幌子下进行观察(这确实是一种伟大的友谊行为)。如果你很相信他们,而且出于观察任务的需要,我建议让观察者和孩子睡在同一张床上。在床上,羞耻和猜疑很容易消除。无论如何,用不了多久,这些小家伙就会通过言行出卖自己。

有意识地使用羞辱（其作用是为了满足父母的需要），会破坏孩子的自信，使他没有安全感，变得拘谨。尽管如此，这种方法却被认为是有益的：

> 不用说，教师也经常愚蠢地强调孩子的优点，从而唤醒并助长孩子的自负，因为教育者往往也只是个大孩子，充满着同样的自负……因此，消除这种自负尤为重要。毋庸置疑，自负是一种错误，如果不及时修正，它会变得根深蒂固，并与其他以自我为中心的特质相结合，对道德生活可能极其危险。况且，自负到了过分骄傲的程度会让人感到无礼或荒谬。此外，自负常常妨碍教师的教学效果；自负的学生认为自己具备了教师教导和期望的优秀品质，或者至少认为这些品质很容易获得。在他看来，警告只是夸大恐惧的表现，责难的话语则是暴躁的迹象。在这种情况下，只有羞辱能帮上忙。但应该如何去"羞辱"呢？最重要的是，不要用太多的话语。言语当然不是建立和发展道德行为的方式，也不是根除和消除不道德行为的方式。它们只有在更通透的程序中才有效。详细而直接的指示和冗长的说教、刻薄的讽刺与辛辣的嘲弄，是达到目标的最低效的途径，前者催生厌烦和冷漠，后者催生痛苦和低落。生活本身永远是最有说服力的老师。自负的学生应该被引导进入这样的情境——教师一言不发，就能让他意识到自己的不完美。那些对自己的成就过分骄傲的人，应该被分配远远超出其能力的任务；如果他试图承担超出自身能力范围的事情，也不应该劝阻。在这些尝试中，不应该容忍三心二意和浅尝辄止的做法。如果一个自诩勤奋的人在

课堂上有所懈怠，应该严厉而简要地指出这一点，甚至应该提醒他注意书面作业中缺失或错误的单词，不过要确保这个学生不会怀疑你有什么特殊意图。如果教师经常把孩子带到伟大和高尚的人或事物面前，效果也会很好。给有天赋的孩子举一些现世或历史人物的例子，这些人比他更有才华，并用他们的才华完成了令人钦佩的壮举；或者举一些特别缺乏聪明才智的人作为例子，这些人通过持续的铁腕训练，取得的成就远远超过了那些有些天赋的人——当然，这里不需要你明确指出，他会自觉私下进行比较。最后，偶尔举出适当的例子来提醒人们注意世事无常，也是有用的：相比反复警告和指责，让他们看到一具年轻的尸体或读到一间商行的倒闭，更能令他们产生谦卑的效果。[1]

假装友好，更有助于掩盖这种残酷的对待：

> 有一次，我问一位校长，他是如何做到不需要鞭打就让孩子服从的，他回答说："我尝试用行为举止来说服学生，我对他们很友善。我通过例子向他们证明，不服从我，会对他们不利。此外，我奖励在课堂上最顺从、最听话、最勤奋的学生，更加偏爱他；我喊他回答问题的次数最多，我允许他在课前朗读自己的作文，我让他在黑板上做板书。通过这种方式，我唤醒了孩子们的热情，让每个人都希望出人头地，

1　K.G.赫冈（K.G. Hergang）主编，《教育学百科全书》（*Pädagogische Realenzyklopädie*, 1851），引自鲁奇基。

受到青睐。当某个学生偶尔做了理应受罚的事情时,我就降低他在班上的地位,我不喊他回答问题,也不让他朗读,我会表现得好像他根本不在场一样。这会让孩子非常痛苦,那些受惩罚的人哭得稀里哗啦。有时,如果有人无法用这种温和手段来教育,那么,我当然就有必要鞭打他。然而,为了执行鞭打,我会做一些漫长的准备,这给他的影响比鞭打本身还要大。我不会在他该受罚的时刻就鞭打他,而是推迟到第二天或之后的某天。这样做有两个好处:首先,在此期间,我会逐渐冷静下来,有时间考虑如何最好地处理这件事;其次,这个'小罪人'会感受到十倍强烈的'惩罚',因为他不得不一直想着此事。

"清算的日子到来时,在晨祷之后,我直接向所有学生发表感伤的演讲,告诉他们这对我来说是非常悲伤的一天,因为一个亲爱的学生不听话,让我不得不鞭打他。不单是要受罚的学生,还有他的同学们,都开始流泪。演讲结束后,我让孩子们先坐好,然后开始上课。直到放学时,我才让这个'小罪人'上前,然后宣布我的判决,并问他是否知道自己做了什么而受到这样的惩罚。在他正确回答后,我当着所有学生的面鞭打他,然后转向观众,告诉他们,我衷心希望这是我最后一次被迫鞭打孩子。"[1]

出于自我保护,只有大人的友好态度会留存在孩子的记忆中,同时"小罪人"会慢慢变得顺从,自发感受的能力也逐渐丧失。

---

[1] C. G. 扎尔茨曼(C. G. Salzmann, 1796),引自鲁奇基。

有些父母和教师明智地教育孩子，他们的忠告就像命令一样有力，他们很少有必要做出真正的惩罚；偶尔，撤回某些令人愉快但不必要的东西，把孩子从自己身边赶走，跟他们渴望得到其认可的人说他们不听话，这些恐怕已经是最严厉的惩罚了。然而，很少有父母如此幸运。大多数父母还必须偶尔采取更严厉的措施。但如果想通过这样做向孩子灌输真正的服从，惩罚时的态度和言语就必须严肃，不能是残忍或敌意的。

　　一个人应该冷静严肃，宣布惩罚，执行惩罚，不再多说什么，直到行为完成；之后"小罪人"就会再次准备好接受忠告和命令……

　　如果惩罚后疼痛持续，立即禁止孩子哭泣和呻吟是不近人情的。但如果受罚者用这些恼人的声音作为报复手段，那么第一步就应该通过指派一些小任务或活动来分散他们的注意力。如果这样做没有用，则可以勒令其停止哭泣，如果哭个不停，就再次惩罚他们，直到他们停下来。[1]

哭泣，作为对疼痛的自然反应，在此通过反复殴打被抑制。为了抑制孩子的情感，还可以使用各种技巧：

　　现在，让我们来看看练习如何有助于完全抑制情感。我们知道根深蒂固的习惯的力量，也知道为了打破习惯，需要自我控制和不懈努力。情感恰如根深蒂固的习惯。一

---

[1] J. B. 巴泽多（J. B. Basedow），《家庭与国家的父母手册》（*Methodenbuch für Väter und Mütter der Familien und Völker*，1773），引自鲁奇基。

一般来说,一个人的性格越是坚忍,越有耐心,在特定的情况下,克服某种倾向或坏习惯的效率就越高。因此,所有教导孩子自我控制、使他们更有耐心和毅力的练习,都有助于抑制不良倾向。因而,在儿童教育中,所有这类练习都值得特别关注,应被视为最重要的环节之一,尽管它们几乎被普遍忽视。

这样的练习有很多,它们能够以一种孩子乐于接受的方式进行,你只需要知道接近孩子的正确方式并选择他们心情好的时间。此类练习的一个例子就是保持沉默。问一个孩子:"你认为你能保持沉默几个小时,一句话也不说吗?"让他在尝试的过程中感到愉快,直到他最终通过考验。然后,不遗余力地说服他,实践这种自我控制是多么大的成就。接下来,重复练习,每次都增加难度——可以延长沉默的时间,也可以给他说话的机会或剥夺他的某些东西。继续这些练习,直到看到孩子的自控技能达到一定程度为止。然后,告诉他一些秘密,看他这个时候能不能保持沉默。如果他到了缄口不言的程度,那么也就能做好其他事情,由此获得的荣誉将鼓励他接受其他考验。其中一个考验就是让孩子克制自己。孩子特别喜欢感官的愉悦。我们必须偶尔测试他们在这方面能否控制自己。给他们摆上美味的水果,等他们伸手去拿的时候,让他们接受考验:"你能把这些水果留到明天吗?""你能把它作为礼物送给某人吗?"按照先前训练沉默的方式,开始训练他。孩子们好动,不喜欢保持安静。在这方面也要训练他们学会自我控制。在健康允许的范围内,考验他们的身体:让他们忍饥挨饿,承受冷热,干苦力活。但要注意，这是在他们的默许下进行的，不能强迫他们，否则就会失去效力。我向你保证，它们会使孩子养成勇敢、坚忍和耐心的性格，这些性格日后会有效地抑制邪恶的倾向。让我们以一个爱说话的孩子为例，他经常无缘无故地说个不停。这个习惯可以通过下面的练习来改正。当你向孩子解释清楚了他的不良行为，对他说："现在让我们测试你是否能停止唠唠叨叨。我要看看你今天有多少次不假思索就开口。"然后，仔细听他说的每一句话，当他唠唠叨叨的时候，就明确指出他的错误，并记下一天中犯了多少次错误。第二天，对他说："昨天你没完没了地说了那么多，现在让我们来看看你今天会犯多少次错误。"就这样继续下去。如果孩子还有一点荣誉感和上进的本能，通过这种方式，他一定会一步步地矫正错误。

除了这些一般性练习外，还必须进行一些直接抑制情感的特殊练习。但只有在使用上述方法之后，才能尝试这些练习。举一个例子就足以说明所有问题（我必须长话短说，以免烦琐）。假设一个孩子有报复心，你的方法已经让他倾向于抑制这种激情。在他答应这样做之后，用下面的方式来考验他：告诉他，你打算考验他控制这种激情的毅力，并告诫他要警惕，提防敌人的第一次攻击。然后，暗中吩咐他人，趁孩子不备的时候，无中生有地责备他，这样就可以看到他会怎样表现。如果他成功地控制住自己，那么你必须赞扬他的成就，并使他尽可能多地感受到自控带来的满足感。之后，还必须重复同样的考验。如果他不能通过考验，那就必须温柔地惩罚他，并告诫他下次要表现得好一点。我们不必对他太严厉。在有许多孩子的情况下,需要把那些在考验中表现出色的孩子作为榜样。

我们必须尽可能地帮助孩子接受这些考验。我们必须教他们如何保持警惕。我们必须让他们在这个过程中尽可能多地享受乐趣,这样他们就不会被困难吓倒。应该提到的是,如果孩子没有从这些考验中获得乐趣,一切都将是徒劳。关于练习,就到此为止。[1]

如此压制激烈情绪的结果是灾难性的,因为这种压制从婴儿期就开始,即在孩子有机会发展出自我之前。

另一条有重要影响的规则是:即使是孩子的合理欲望,也应该在孩子表现友好或至少平静的情况下给予满足,在他哭闹或不守规矩时绝不可以。首先,他必须恢复平静,即使他之前的行为是由合理的进食需求引起的——在短暂停顿之后,才应该满足孩子的愿望。这个时间间隔非常必要,因为不能给孩子留下哪怕是最轻微的印象:通过哭闹或任性的行为就可以赢得想要的东西。相反,孩子很快就会明白,只有通过相反的行为,比如自我控制,才能达成自己的目标(尽管这个过程是无意识的)。良好的、健康的习惯能以惊人的速度形成(反之亦然)。这样做会让孩子大有收获,因为良好的基础会对未来产生无限深远的影响。然而,很明显,如果像通常那样,把这个年龄段的孩子几乎完全托付给家佣(他

---

1 祖尔策(1748),引自鲁奇基。

们对这些事情缺乏必要的了解），那么这些以及其他类似的原则将无法实行，尽管它们极度重要。

以上描述的训练，将让孩子在等待的艺术上有个良好的开端，并让他为另一项更重要的艺术做好准备——自我克制的艺术。通过以上所述，几乎可以理所当然地认为，任何不合理的欲望，无论对孩子自身有利与否，都必须遭到始终如一的拒绝。然而，仅仅拒绝是不够的。同时，还必须让孩子心平气和地接受拒绝。务必注意，要使这种平静的接受变成一种良好的习惯，如果需要的话，可以使用严厉的语言、威胁的手势，等等。千万不要有任何例外！这样的话，一切也会比人们想象得更容易和更快。任何例外都会使规则失效，既延长了训练时间，又增加了训练难度。另一方面，我们要满怀爱意、愉悦地满足孩子的每一个合理的愿望。

只有这样，我们才能帮助孩子学会服从并控制自己的意志，区分对自己来说什么是允许的、什么是不允许的，这是个有益且不可或缺的过程。要做到这一点，不能只靠清除所有引起不合理欲望的东西。精神力量的必要基础必须在幼年时期就奠定，而且和其他各种力量一样，只能通过实践来增强。如果等到后来才开始，那么成功将会更难实现，而没有准备好的孩子，将会变得性情乖戾。

关于自我克制的艺术，对这个年纪而言，一种非常有效的练习是经常让孩子看着周围人吃喝，而自己却不产生同样的欲望。[1]

1　D. G. M. 施雷伯（1858），引自鲁奇基。

因此，孩子应该从一开始就学习"克己慎行"，尽可能早地摧毁自己身上所有不为"上帝所喜"的东西：

> 真正的爱，出自上帝之心，是所有父爱的源泉和形象（《以弗所书》3：15），在救世主的爱中显现和预示，并由基督的灵在人身上产生、滋养和保存。这种自上而下的爱净化、神圣化、美化和加强了自然的父母之爱。这种神圣的爱的首要目标是孩子内在自我的成长，是他的精神生活，是他从肉体力量中的解放，是他超越纯粹的感官生活的要求，是他从威胁要吞噬他的世界中获得的内在独立。因此，这种爱注重使孩子在很小的时候就学会克制、控制和驾驭自己，不盲目地跟随肉体和感官的刺激，而是遵从更高级的意志和精神的激励。因此，这种神圣的爱既可以严厉，也可以温和；既可以拒绝，也可以给予，各按其时。它还可以通过伤痛带来好处，施加严厉的管制，就像内科医生开苦药一样，也像外科医生明知自己的刀会引起疼痛，但为了救人而不得不动刀。"你要用杖打他，就可以救他的灵魂免下阴间。"（《箴言》23：14）所罗门用这些话告诉我们，真爱也可以严厉。这并不是那种禁欲主义或教条主义的严厉：充满了自我满足，宁愿让人牺牲也不愿背离原则。不，不管多么严厉，它总是带着友好、同情和耐心的希望，让它温柔的关怀像阳光穿透云层一样散发出来。尽管它很坚定，但是它刚中带柔，而且总是知道自己在做什么，为什么这么做。[1]

---

[1] K. A. 施密德（K. A. Schmid）主编，《教育与教学百科全书》（*Enzyklopädie des gesamten Erziehungs und Unterrichtswesens*，1887），引自鲁奇基。

对孩子（或成年人）来说，哪些感觉是好的、有价值的，哪些是不好的，已经早有结论。旺盛的情绪——实际上是力量的象征——被归入不好的、没价值的一类，因此受到攻击：

> 儿童接近异常的特征之一是精神亢奋，它可以表现为多种形式，但通常开始于随意肌异常兴奋的活动。如果被激起的欲望没有立即得到满足，随后或多或少会出现其他表现。刚开始学习说话的孩子，其灵活性仅限于伸手去够附近的物体，只要不能抓住一个物体或不被允许拿着它，他们就会不自在。如果他们有易激动的倾向，就会开始尖叫并做出不受约束的动作。恶意在这类孩子身上会很自然地滋生出来，对他们来说，情感不再受制于快乐和痛苦的一般规律，而是从自然状态一路退化，直到不仅失去了所有同情的能力，甚至还会以他人的不适和痛苦为乐。如果孩子的愿望得以实现，他就会感到快乐；而当这个快乐被剥夺，孩子的不适感就会与日俱增，最终只能在报复中得到满足，也就是说，当他得知同龄人遭受着同样的不适或痛苦时，才会感到欣慰。孩子越频繁地体验到复仇带来的安慰，这种感觉就越成为一种需要，在每一个空闲的时刻寻求满足。在这个阶段，孩子会用任性的行为给他人制造一切可能的不愉快，一切可以想象得到的烦恼，只是为了减轻他因为愿望没有实现而感受到的痛苦。这个错误直接导致了下一个错误。他对惩罚的恐惧唤醒了他对说谎的需要，使他变得狡猾和奸诈，使用一些投机取巧的计策。不可抗拒的恶意的欲望也以同样的方式逐渐发展，就像偷窃的癖好（盗窃癖）一样。任性也是原始过错的继发

性后果,其严重程度不亚于其他。

……母亲通常负责孩子的教育,但她们很少知道如何成功处理不守规矩的行为。

……就像所有难以治愈的疾病一样,对于精神亢奋这一心理缺陷,也必须给予最大的重视,以预防疾病发生。教育要达到这一目标,最好的方法是坚定不移地拥护原则,尽可能地保护孩子不受任何刺激性情感的影响,无论是愉快的还是痛苦的。[1]

重要的是,这里的因果关系被混淆了,被认定为"原因"的东西正是教育者自己造成的。不仅在教育学中如此,在精神病学和犯罪学中也是这样。一旦通过抑制活力使孩子产生了"邪恶",那么任何消除它的措施都是合理的:

……在学校,纪律优先于实际教学。在孩子接受教育之前,他们必须接受训练,这是最合理的教育公理。正如我们在前面看到的,可以有纪律而没有教导,但没有纪律就没有教导。

因此,我们坚持认为,学习本身不是纪律,不是一种道德追求,但纪律是学习的重要组成部分。

在管理纪律时,必须牢记这一点。如上所述,纪律主要不是言语,而是行动;如果用言语来表达,那将不是教导,

---

[1] S. 兰德曼(S. Landmann),《论儿童过度兴奋的性格缺陷》(*Über den Kinderfehler der Heftigkeit*, 1896),引自鲁奇基。

而是命令。

……由此可见，如《旧约》所指出的，纪律基本上就是惩罚（训诲）。乖张的意志，对自己和他人的伤害不受控制，必须被摧毁。如施莱尔马赫所说，纪律是对生命的抑制，至少是对生命活动的限制，使后者不能按照自己的意愿发展，而是被限制在特定的范围内，并受限于特定的规则。然而，根据不同的情况，它也可以意味着克制，换句话说，部分地抑制享受，抑制生活的乐趣。甚至在精神层面上也是如此：例如，教会成员可能暂时被剥夺最高的享受，即圣餐的享受，直到他恢复宗教决心。对惩罚观念的考虑表明，在教育任务中，健全的纪律必须始终包括体罚。尽早、坚定但有节制地运用体罚，是一切真正纪律的基础，因为最需要摧毁的是肉体的力量……

当人类权威不再有能力维持纪律时，神的权威就会强行介入，将个人和国家置于其自身的邪恶难以忍受的枷锁之下。[1]

施莱尔马赫的"生命抑制"理念在这里被公开宣扬，并被称赞为一种美德。但是，像许多道德家一样，这位作者忽略了一个事实：没有"旺盛"这一重要土壤，温暖而真实的感情是无法生长的。持道德观点的神学家和教育家如果不诉诸棍棒，那么他们一定特别有创造力，因为仁慈的感情不容易在早期因管教而干涸的土壤中生长。然而，基于责任和服从的"仁慈情感"仍然存

---

[1]《教育与教学百科全书》，引自鲁奇基。

在,换句话说,这是另一种伪善。

在《讲坛上的男人》(*Der Mann auf der Kanzel*,1979)一书中,身为牧师女儿的露特·雷曼,描述了牧师的孩子们有时不得不忍受的成长环境:

> 他们被告知,由于其非物质的属性,他们的价值高于所有有形的价值。这种隐秘的价值观会鼓励自负和自以为是,它们会迅速且不知不觉地融入他们被要求的谦逊之中。没人能挽回这一切,即使是他们自己也不行。无论他们做什么,他们不仅要面对自己的父母,还要面对无处不在的"圣父"——如果冒犯了他,就会受到良心的谴责。屈服让步,"做可爱的人",就不会那么痛苦了。在这些家庭中,人们不会说"爱",而是说"喜欢"和"做可爱的人"。通过避免使用"爱"这个动词,他们去掉了爱神之箭的刺,把它弯曲成一枚结婚戒指和一根家庭纽带。使用家里的炉火取暖,自然不会有什么危险。但那些用它取暖的人,无论身在何处,终将感到寒冷。

从女儿的角度讲述了父亲的故事后,雷曼总结了自己的感受:

> 这就是这个故事让我不安的地方:这种特殊的孤独,看起来根本不像孤独,因为周围都是善意的人,只是孤独的人没有办法接近他们,只能从上面弯下腰来,就像圣马丁从他那高大的骏马上弯下腰来面对那个可怜的乞丐一样。这可以被赋予各种各样的名字:行善、帮助、给予、忠告、安慰、指导,甚至是服务;但

这并不能改变如下事实,即"上"仍然是"上","下"仍然是"下"。上面的人无法让别人对他行善,给他忠告、安慰或指导,无论他多么需要这些,因为在这个固定的结构中,互惠是不可能的——无论有多少爱,都没有我们所说的团结的火花。再难以忍受的痛苦,都不足以让这样的人从他那卑微自负的高大骏马上下来。这很可能是人类特有的孤独,尽管他每天都一丝不苟地遵守上帝的话语和戒律,但他可能会在没有意识到任何罪恶的情况下招致罪恶,因为对某些罪恶的认识基于看见、听见和理解,而不是与自己灵魂的对话。卡米洛·托雷斯[1]除了学习神学之外,还不得不学习社会学,以便了解人民的苦难,并采取相应的行动。教会对此并不赞同。在教会看来,与求知有关的罪总是比不求甚解的罪更深重。教会总是认为,那些在不可见的事物中寻求本质,而忽略可见的非本质事物的人,更讨上帝的喜悦。

教育者还必须很早就制止孩子的求知欲,让孩子不会过早地意识到大人们对他做的事情。

男孩:亲爱的老师,孩子是从哪里来的?
老师:他们在母亲的身体里成长,当他们长大到母亲的身体容不下的时候,母亲就必须把他们推出去,就像我们吃了很多东西后去厕所一样。但这对母亲伤害很大。
男孩:然后,孩子就出生了?

---

[1] 卡米洛·托雷斯(Camilo Torres, 1929—1966),哥伦比亚神父,后投身于人民武装斗争成为游击队员,被称为"游击队员神父"。——译者注

老师：是的。

男孩：但是，婴儿是如何进入母亲体内的呢？

老师：我们不知道这个，我们只知道他们在那里生长。

男孩：这也太奇怪了。

老师：不，一点也不。你看那边长出的整片森林，没有人对此感到惊讶，因为每个人都知道树木是从土地里长出来的。同样，没有人对婴儿在母亲身体里生长感到惊讶。因为自从人类在地球上出现以来，这种情况就一直存在。

男孩：那么婴儿出生时，必须有助产士在场吗？

老师：是的，因为母亲们分娩时都很痛苦，她们无法独自照顾自己。但是，并不是每个女人都如此无所畏惧，能够陪伴必须承受巨大痛苦的分娩者，所以在每个城镇都有一些女性，她们收取报酬来陪伴母亲，直到痛苦过去。她们就像为死者入殓的女性一样，清洗死者或为其穿脱衣服并不是每个人都喜欢的工作，因此人们为了钱而做这些工作。

男孩：我希望有一天能看到婴儿出生。

老师：如果你想了解母亲经历的痛苦和困扰，你不需要去看婴儿出生，人们并没有这样的机会，因为母亲自己也不知道疼痛会在哪一刻开始。相反，当医生准备为病人截肢或从病人体内取出结石时，我可以带你去看，那些人就像母亲分娩时一样哀号和尖叫……

男孩：我妈妈前不久告诉我，助产士可以知道宝宝是男孩还是女孩。助产士是怎么知道的呢？

老师：我可以告诉你。男孩比女孩的肩膀更宽、骨架更大，但最主要的是，男孩的手和脚总是比女孩的更大、更粗糙。

比如，你只需看看你姐姐的手，她比你大一岁多，但是你的手比她大得多，手指也更粗，更有肉。这就使它们看起来更短，尽管事实并非如此。[1]

一旦孩子的智力被诸如此类的答案所蒙蔽，他就很容易被人操纵：

> 给他们（孩子）一个你不能满足他们愿望的理由，很少管用，而且往往有害。即使你愿意满足他们的愿望，也要时不时地拖延一下，或者只满足他们的一部分愿望，让他们习惯并适应你的做法，感激地接受他们要求之外的任何恩惠。转移你必须反对的欲望：要么通过某种活动，要么通过满足另一种欲望。在吃喝或玩乐的时候，时不时友好而严肃地告诉他们，暂停享受，做些不同的事情。任何你曾经拒绝过的要求都不要满足。用频繁的"也许"来满足孩子。不过，你应该兑现这个"也许"——只是偶尔，而不要总是，不过当他们重复被禁止的请求时，你永远不要答应。如果他们不喜欢某些食物，请确定这些食物常见还是稀有。如果是后者，你就不必煞费苦心地消除他们的反感；如果是前者，看看他们是否宁愿饿着、渴着，也不愿吃他们厌恶的东西。禁食一段时间之后，当他们再次进食的时候，在他们不知情的情况下，将其厌恶的食物与其他食物混在一起。如果尝起来味道很好，符合他们的口味，就用

---

[1] J. 霍伊辛格（J. Heusinger, 1801），引自鲁奇基。

这个事实来让他们相信他们一直在犯错。如果出现呕吐或其他有害的身体症状，什么也不要说，但看看他们的身体是否会逐渐适应这些秘密添加进去的食物。如果他们的身体适应不了，那么强迫他们的企图将是徒劳。然而，如果你发现他们厌食的原因是他们的想象力，那就尝试让他们挨饿一段时间或通过其他强迫的方法来解决。如果孩子看到父母或照料者对这种或那种食物表现出厌恶，这就更难解决了……

如果父母或照料者在吃药时总是愁眉苦脸或抱怨，那么决不能让孩子看到这一点，必须频繁假装对这些难以下咽的药物很受用，因为有一天孩子也可能不得不服用这些药物。如果孩子习惯于完全服从，各种困难通常都会被克服。最大的问题是外科手术。如果只需动一次刀，那么在手术之前，不要对孩子说一个字，而要隐瞒一切准备工作，悄无声息地进行手术，然后说："我的孩子，现在你已经痊愈了，疼痛很快就会消失。"如果需要多次动手术，对于是否应该提前给出解释，我则没有一般性的建议，因为对有些人而言解释是明智的，而对另一些人则不解释为好。如果孩子害怕黑暗，那我们只能责怪自己。在他们出生后的头几周，特别是在夜间喂食时，我们必须偶尔熄灭灯光。如果他们被宠坏了，就得一步一步地治疗：熄灭灯光；一段时间后，重新点亮；一段更长的时间后，重新点亮；最后在一个多小时后，再重新点亮。与此同时，与孩子愉快地谈话，给他们喜欢吃的食物。现在，没有一点亮光，牵着他们的手穿过漆黑的房间，派他们去黑暗的房间拿自己喜欢的东西。但是，如果父母和照料者自己也害怕黑暗，那么我就没有什么建议了，他们只能使用欺骗手段。[1]

欺骗似乎是一种普遍的控制方法，甚至在教育学中也是如此。在这里，如同政治领域一样，最终的胜利也被描述为冲突的"成功解决"。

同样，我们也必须让孩子学会自我控制，为了学会它，必须让孩子不断实践。与此同时，如施托伊在《教育与教学百科全书》中所解释的，要教他观察自己，但不要把时间花在镜子前，这样他就会认识到那些缺点，他必须投入精力去克服。此外，也要期待他取得某些成就。孩子必须学会默默忍受，必须学会克制自己，必须学会在受到指责时保持沉默，在发生不愉快的事情时保持耐心，他必须学会保守秘密，学会暂停享受……

此外，在练习自我控制这件事上，只有在开始时才需要坚忍。"成功孕育成功"是教育家最爱说的一句话。随着每一次胜利，意志的力量会增强，意志的软弱会减少，直到完全能够自控。我们曾见过变得十分易怒的男孩子，就像俗话说的那样，他们愤怒得发狂。但仅仅几年后，他们就成了别人愤怒爆发时的惊讶旁观者，并且他们对训练自己的人表达了感激之情。[2]

---

[1] 巴泽多（1773），引自鲁奇基。
[2] 《教育与教学百科全书》，引自鲁奇基。

要使孩子产生这种感激之情，必须在很小的时候就进行调教：

> 如果把一棵小树苗扭向它应该生长的方向，一般不会出差错，但如果是一棵老橡树，那就很难做到了……
>
> 婴儿喜欢玩让他高兴的东西。慈祥地看着他，然后微笑着平静地从他手中夺走这个东西，并立即用另一个玩具或游戏来代替它，不要让他等太久。这样他就会忘记第一个东西，并热切地接受第二个东西。尽早并经常重复这个过程……将证明这个孩子并不像被指责的那样，或像未经合理训练那样难以管教。如果一个熟人通过爱、游戏和温柔的监督赢得他的信任，他就不太可能变得那么任性。最初，孩子变得焦躁不安，并不是因为有什么东西被夺走，也不是因为他的意志被挫败，而是因为他不想放弃自己的娱乐，不想忍受无聊。给他提供新的消遣方式，将诱使他放弃之前强烈渴望的那个。如果他在所渴望的东西被收回时表现出不高兴，还大哭大闹，那么不要理会，也不要试图通过爱抚或归还物品来安抚他。相反，你要继续努力，把他的注意力转移到新的消遣上。[1]

这个建议让我想起了我的一位病人，他在很小的时候就被成功调教成不理会自身饥饿感的人；"仅仅是通过亲情的表达"，

---

[1] F. S. 博克（F. S. Bock），《基督教家长和未来青年教师的教育艺术手册》（*Lehrbuch der Erziehungskunst zum Gebrauch für christliche Eltern und künftige Junglehrer*, 1789），引自鲁奇基。

他的注意力就被从饥饿感上转移开来。这种早期训练后来导致了一系列复杂的强迫症状，这些症状掩盖了他内心深处的不安全感。当然，这种转移注意力的企图，只是用来扼杀孩子活力的众多方法之一。人们的面部表情和语气也是常用的方式，而且往往是无意识的：

无声的惩罚或无声的责备，通过眼神或恰当的手势就能表达，是非常值得推崇的方式。沉默往往比语言更有力量，眼睛也比嘴巴更有力量。有人已经指出，人类可以用目光来驯服野兽。因此，抑制年轻人所有坏的、反常的本能和冲动，不应该很容易吗？如果我们从一开始就培养并恰当训练孩子的敏感性，那么，对那些感官还没有被温情所麻痹的孩子来说，眼神的作用要比藤条或鞭子的作用更大。"眼神辨明，心灵煎熬"应当是我们实施惩罚时的格言。假设有个孩子说了谎，但我们无法证实。当一家人聚在餐桌旁或其他地方时，我们碰巧提到说谎的话题，同时犀利地看向那个做错事的人，指出说谎的可耻、怯懦和有害的性质。如果他还没有完全堕落，必然会如坐针毡，再也不愿说谎了。我们和孩子之间那种无声的、教育性的默契会越来越强。正确的手势也是无声的教养方式之一。一个轻微的摆手、摇头或耸肩，都可能比千言万语更有影响力。除了无声的责备，我们也可以用言语的责备。在这里，并不总是需要夸夸其谈的言辞。"音调造就了音乐"（C'est le ton qui fait la musique），这句话也适用于教育学。任何有幸拥有声音的人，如果他的语调能传达出最多样的情绪和情感，他便从大自然母亲那里意外获得了一种惩罚手段。这种现象甚至可以在很小的孩子身上观察到。当父亲或母亲用慈爱的语调对他们说话时,他们就会面露喜色;父亲用严肃而洪亮的声音命令他们安静时,他们就会立即闭嘴;用责备的语气命令婴儿喝奶时,他们通常就会乖乖接过不久前推开的奶瓶……孩子还没有足够的理解力,还不能清楚地读懂我们的感受,不能理解我们被迫施加惩罚的痛苦,不明白这只是因为我们想要给他最好的,只是出于我们的善意。我们爱的表白只会让他觉得虚伪或自相矛盾。即使我们成年人也不总是能够明白《圣经》中的话:"耶和华所爱的,他必责备。"只有多年的经验和观察,以及对不朽灵魂的拯救高于一切世俗价值的信念,才能让我们瞥见这句话深刻的真理和智慧。在责备孩子的时候,我们不应该失控。即使心平气和,责备仍然可以强而有力。自我失控只会减少别人的尊重,不会将我们最好的一面展示出来。然而,我们不应回避愤怒,不应回避从受伤和愤慨的道德情感深处产生的高尚愤怒。孩子越少看到大人失控、大人的愤怒越少伴随失控,最后登场的万钧雷霆对孩子的影响就越大。[1]

小孩子能否想到,大发脾气的需求来自成年人心理的无意识深处,与他自己的心理无关?"耶和华所爱的,他必责备。"《圣经》中的这句话意味着成年人享有神圣的全能,就像真正虔诚的人不会质疑上帝的动机一样(参见《创世记》),孩子也应该听从

---

[1] A. 马蒂亚斯(A. Matthias),《如何养育我们的孩子本杰明?》(*Wie erziehen wir unseren Sohn Benjamin?*, 1902),引自鲁奇基。

成年人的意见，而不要求解释：

　　误入歧途的仁慈会催生如下可恶的想法：为了让孩子乐意服从，必须让孩子理解命令为何而下，而盲目的服从冒犯了人类的尊严。谁要是擅自在家庭或学校里传播这些观点，他一定忘记了，我们的信仰要求成年人向神圣天意的更高智慧低头，而人类的理性决不能忽视这种信仰。他忘记了世上所有的人都依靠信仰而不是思想而活。就像我们必须谦卑地相信上帝更高的智慧和深不可测的爱一样，孩子也应该让自己的行动受到父母和教师智慧的指引，并将其视为顺从天父的教育。任何改变这种情况的人，都在公然使用放肆的怀疑取代信仰，同时忽视了孩子的本性和他对信仰的需要。一旦为命令给出理由，我不知道还怎么继续谈论服从。给出理由是为了说服孩子，而一旦依靠说服，孩子服从的对象就不是我们，而是我们给他的解释和理由。然后，对更高智慧的尊重，就会被对自己聪明才智的满足所取代。成年人为他的命令给出解释和理由，从而打开了与孩子辩论的空间，并因此改变了他与孩子的关系。后者开始谈判，把自己放在与成年人同等的水平上，而这种平等与成功教育所需要的尊重并不相容。任何认为只有经过解释的服从才能赢得爱的人都大错特错，因为这没有认识到孩子的本性，以及孩子屈从于比自己更强大的人的需要。诗人告诉我们，如果我们有颗服从的心，那么爱就不会遥远。在家庭中，通常软弱的母亲遵循仁慈的原则，而父亲要求他人无条件服从，不浪费口舌。反过来，母亲最经常受到子女的欺压，而父亲则享有子女的尊重；

因此，他成了一家之主，决定了家庭的氛围。[1]

"服从"似乎也总是宗教教育无可争议的最高原则。这个词频繁地出现在《诗篇》中，总是与失去爱的危险联系在一起（如果犯了不顺服的罪）。任何对此感到惊讶的人，都"没有认识到孩子的本性，以及孩子屈从于比自己更强大的人的需要"。

《圣经》还被引用来阻止自然的母性情感的表达，这种情感被描述为溺爱：

> 从出生开始，婴儿就备受呵护和宠爱，这难道不是溺爱吗？我们并没有让婴儿从出生第一天起就习惯于有规律地摄取营养，从而为节制、耐心和人伦之乐打下基础，而是让自己被婴儿的哭声所左右……溺爱，意味着不能对其严厉，不能拒绝任何事情，不能为了孩子的利益对他说"不"，而只能说"是"，这只会对孩子造成伤害。溺爱会让人被一种行善的盲目欲望支配，仿佛这是一种自然本能。它在该禁止的时候允许，在该惩罚的时候宽容，在该严厉的时候放纵。溺爱缺乏对教育目标的明确认识，它目光短浅。它想对孩子做正确的事，却选择了错误的方式。它会被当下的情绪引入歧途，而不是保持冷静和思考。它允许自己被孩子误导，而不是引导孩子。它不包含任何冷静和真正的抵抗力，它允许自己被孩子的矛盾、任性和反抗所支配，甚至被这个小暴君的恳求、奉承和眼泪所支配。这是真爱的反面，真爱并不排斥

---

[1] L. 克尔纳（L. Kellner，1852），引自鲁奇基。

惩罚。《圣经》中说："疼爱自己儿子的，应当时常鞭打他，好能因他的将来而喜悦。"(《便西拉智训》30:1)"姑息孩子，日后他必会使你惊骇；同他开玩笑，日后他必会使你悲伤。"(《便西拉智训》30:9)……有时，被娇惯长大的孩子会对父母做出严重的不当行为。[1]

父母非常害怕这种"不当行为"，有时他们觉得完全有理由使用任何手段来防止它。为此，他们有各种各样的选择。其中最主要的方法就是收回爱，其形式多样，任何孩子都不敢冒这个险。

在意识到秩序和纪律之前，婴儿必须先感知它们，以便在进入意识觉醒阶段时，他已经养成良好的习惯，使专横的身体利己主义得到控制……

因此，成年人必须通过行使权力来使孩子服从。比如，通过严厉的眼神、坚定的话语，甚至通过武力（虽然不能催生好的行为，但可以遏制坏的行为）和惩罚的方式。然而，惩罚并不一定要引起身体上的疼痛，也可以利用收回爱和仁慈的方式，这取决于不服从的类型或频率。例如，对于一个爱吵闹的敏感孩子，这可能意味着把他从母亲的膝上挪开，收回父亲的抚摸或睡前亲吻，等等。既然我们可以表达关怀让孩子获得爱，那么同样的爱也可以用来使他更服从纪律。

……我们把"服从"定义为对他人合理意志的屈服……

---

[1] 马蒂亚斯，引自鲁奇基。

> 成年人的意志是一座堡垒，欺骗或违抗是行不通的；只有当"服从"来敲门时，才被允许进入。[1]

当孩子还裹着尿布的时候，他们就知道用"服从"来敲开爱的大门。不幸的是，从此以后，他们往往不会忘记这一点：

> ……现在转到第二个要点，即如何灌输服从，我们首先要说明如何在童年早期就能做到这一点。教育学正确地指出，即使是裹着尿布的婴儿也有他自己的意志，并应得到相应的处理。[2]

如果能及早处理并且坚持到底，那么一切都会准备妥当，将使一个公民能够毫不介意地生活在独裁政权下。他甚至会对独裁政权产生一种愉快的认同，就像在希特勒时期发生的那样：

> ……因为政治共同体的健康和活力，既归功于领导人对权力的谨慎运用，也归功于公民对法律和权威的服从。同样，在家庭中，在教养子女的所有问题上，发出命令的意志和执行命令的意志也不应被认为是对立的，它们实际上都是单一意志的有机表达。[3]

---

1 《教育与教学百科全书》，引自鲁奇基。
2 《教育与教学百科全书》，引自鲁奇基。
3 《教育与教学百科全书》，引自鲁奇基。

就像在"尿布阶段"的共生关系中，这里没有主体和客体的分离。如果孩子学会了将体罚视为对"违法者"的"必要措施"，那么长大成人之后，他将试图通过服从来保护自己免受惩罚，并会毫不犹豫地配合刑罚系统。在极权主义国家——这是他接受的教养的映照，这个公民也可以实施任何形式的酷刑或迫害，而不会有罪恶感。他的"意志"与政府的意志完全一致。既然我们已经看到，独裁统治下的知识分子多么容易被腐蚀，那么认为只有"未受过教育的大众"才容易受到宣传的影响，便是一种贵族偏见的残余。希特勒在知识分子中就有数量惊人的狂热追随者。抵抗的能力与我们的智力无关，而是与我们接近真实自我的程度有关。事实上，当涉及适应问题时，智力能够做出无数合理化的解释。教育工作者一直都懂得这一点，并利用它来达到自己的目的，就像下面这句谚语暗示的那样："聪明的人屈服，愚蠢的人退缩。"例如，我们在格吕内瓦尔德一本关于育儿的著作中读到："我从未在一个智力超群或天赋异禀的孩子身上发现任性。"[1] 这样的孩子在以后的生活中，在批判对手的意识形态时，甚至在青春期批判父母的观点时，会表现出非凡的敏锐性，因为在这种情况下，他的智力可以正常发挥而不受损害。只有在代表早期家庭状况的群体中，比如一个由某种意识形态或理论学派的追随者组成的群体中，他才会偶尔表现出一种天真的顺从和不加批判的态度，而这完全掩盖了他在其他情况下的聪明才智。可悲的是，在这里，他早年对专制父母的依赖被保留了下来，而这种依赖并没有被发现（与"有毒教育"的后果一样）。这就解释了为什么马丁·海

---

[1] 格吕内瓦尔德（Grünewald, 1899），引自鲁奇基。

德格尔这样的人，能够毫不费力地与传统哲学划清界限，能够离弃他青年时的老师，却看不到希特勒意识形态中的矛盾，而这种矛盾对他这样聪明的人来说是显而易见的。他以一种幼稚的迷恋和忠诚回应这种意识形态，不容任何批评。

在我们面对的传统中，拥有自己的意志和思想被视作顽固不化，因此不受欢迎。一个聪明的孩子会想要逃避为顽固者设计的惩罚，而且他可以毫不费力地做到这一点，这很容易理解。但这个孩子没有意识到，逃避也需要付出高昂的代价。

* * *

父亲从上帝（以及他自己的父亲）那里得到权力。教师发现"服从"的土壤早已准备停当，而政治领袖只需要收获已经种下的东西：

> 体罚是最有力的惩罚形式，是终极的惩罚手段。正如棍棒在家里是父亲管教孩子的象征，教鞭也是学校纪律的主要象征。曾经，学校里的教鞭成了所有恶作剧的万能药，就像家里使用的棍棒一样。这是一种古老的"内心言语的间接表达"，所有国家都通用。"不听话就得打"，还有什么比这句格言更直截了当的？教学中的体罚为话语提供了强有力的辅助，并强化了话语的效果。最直接、最自然的方法就是打耳光，然后用力拉耳朵，这种方法我们年轻时都见识过。这明确无误地提醒我们听觉器官的存在及其应有的用途。它显然具有象征意义，就像打在嘴巴上的巴掌一样，这是提醒我们嘴是

发声器官，并警告我们要善加利用……对头部的打击和扯头发也有一定象征意义……

即使是真正的基督教教育学——它接受一个人本来的样子，而不是他应该成为的样子——在原则上也不能放弃所有形式的体罚，因为体罚正是对某些不良行为的适当惩罚：它使孩子感到羞辱和不安，肯定了向更高秩序低头的必要性，同时也充分显示了父爱的全部活力……如果一位尽职尽责的教师宣称："我宁愿不做老师，也不愿在必要时放弃使用教鞭的特权。"我们会完全同情他。

……诗人吕克特写道："父亲打孩子，自己也感到疼痛；有一颗温柔的心，那么严厉也是一种美德。"如果教师确实代表了父亲，他当然也知道如何展示爱意（必要时用棍棒），这种爱比许多亲生父亲的爱更纯粹、更深沉。尽管我们称孩子的心是有罪的，但我们相信仍然可以说：稚嫩的心通常能理解这种爱，即使在当时并不一定能。[1]

当这个孩子长大成人，他往往会允许自己被各种形式的宣传所操纵，因为他早已习惯让自己的"倾向"被操纵，而对其他可能一无所知：

首先，教育者必须注意，那些反对和敌视更高意志的倾向，不应通过早期教育被唤醒和滋养（这经常发生），而应通过各种可能的手段防止其发展，或至少尽快根除……

---

[1]《教育与教学百科全书》，引自鲁奇基。

孩子应该尽可能少地了解那些不利于其获得更高发展的倾向，另一方面，应该经常热情地向他介绍所有其他倾向，或者至少要让它们显露。

因此，教育者应该在孩子很小的时候，就向他灌输那些丰富而持久的更好的倾向。他应该经常以各种方式唤起孩子的快乐、喜悦、高兴和希望等感受，但偶尔短暂地，他也应该唤起孩子的恐惧、悲伤之类的情绪。他将有足够的机会这样做，因为在正常的发展过程中，孩子的众多需要，不仅是身体上的，而且主要是心灵上的，有些会得到满足，有些得不到满足，这两种情况将有各种组合。他必须安排好一切，使之成为自然的作为而非刻意为之，或者至少看起来如此。如果他是事件的始作俑者，那么这些不愉快的事件尤其不能暴露其根源。[1]

这种操作的实际受益者必须不能被发现。孩子还可以通过另一种方式被操纵——通过恐吓的方式来破坏或扭曲他天生的好奇心：

人们都知道孩子们在性方面有多么好奇，尤其是他们稍大一点的时候，他们经常选择奇怪的方式和途径来了解两性之间的生理差异。可以肯定的是，他们的每一个发现都将助长他们已经炽热的想象力，从而危及他们的纯真。仅仅因为

---

1 K. 魏勒（K. Weiller），《走向教育艺术的理论》（*Versuch eines Lehrgebäudes der Erziehungskunde*，1805），引自鲁奇基。

如此，明智的做法是早做打算，而且根据前文所示，完全有必要这样做。如果允许一种性别在另一种性别面前自由地脱衣服，这当然有伤风化。然而，一个男孩应该知道女性身体的构造，一个女孩也应该知道男性身体的样子。否则，他们就不会得到正确的印象，他们的好奇心也将无止境地膨胀。不论男女，都应该严肃地了解这一点。在这个问题上，插图可能是不错的方式，但它们能把问题说清楚吗？它们不会激发孩子的想象力吗？它们不会唤起一种与真实身体比较的愿望吗？如果利用没有生命的人体来做这件事，所有这些忧虑都会消失。看到一具尸体，会唤起严肃和反思，在这种情况下，这是最适合孩子的情绪。通过自然的联想，他对这一场景的记忆也会在未来引发庄严的心态。烙印在他心灵中的形象，不似由自由想象产生的形象那样魅惑，也不似由不那么庄严的物体引出的形象那样诱人。如果所有年轻人都能从解剖学讲座中获得关于人类生殖的知识，事情就会简单得多。但由于这样的机会太少，每位教师也可以通过上述方式传授必要的知识——毕竟看见尸体的机会常有。[1]

观看尸体在此被视为一种合理的手段，可以打击性冲动，保护"纯真"。然而，与此同时，这也为今后变态行为的发展奠定了基础。有计划地诱发一个人对自己身体的厌恶，也会起到这种作用：

---

[1] J. 厄斯特（J. Oest，1787），引自鲁奇基。

灌输羞耻心，最有效的就是教导孩子把裸体和所有与之相关的事视作失当之举和对他人的冒犯。展示裸体，就像让别人无偿为你倒夜壶一样，是种无礼的行为。由于这个原因，我建议每两到四周，由一个年老、肮脏、丑陋的妇人为孩子们从头到脚清洗一次，没有其他人在场。不过，父母或照料者应该确保这个老妇人不会在孩子身体的任何部位做不必要的停留。这个任务应该显得令人反感，并且应该告诉孩子们，老妇人为得到报酬才会承担这份工作。尽管这是为了必要的健康和清洁，但如此令人厌恶，没有别人愿意做。这会有助于防止孩子的羞耻心受到冲击。[1]

让孩子感到羞耻也是对抗任性的一种策略：

如上所述，任性必须被消除，应"在幼年时让孩子感受到大人那无可置疑的优越感"。之后，让孩子感到羞耻则会产生更持久的影响，尤其是对那些精力旺盛的孩子来说，他们的任性往往伴随着鲁莽和冒失。在他接受教育的最后阶段，隐晦或公开地提及这一缺点的丑恶和不道德的性质，一定能激发孩子的思想和全部意志力来战胜任性的最后残余。根据我们的经验，在这最后阶段，私人谈话很有效。鉴于任性在孩子当中普遍存在，令人非常惊讶的是，这种反社会心理现象的出现及其性质和治疗，在儿童心理学和病理学中竟然很

---

1 厄斯特（1787），引自鲁奇基。

少得到关注和阐明。[1]

尽可能早地使用所有这些方法总是很重要：

> 如果我们照做了，但还是常常不能达到目的，那么请记住如下提醒：明智的父母应该使孩子在很小的时候就变得温顺、可塑和服从，并让他习惯于控制自己的意志。这是道德教育的一个重要方面，忽视这一点是我们可能犯的最大错误。在早期训练中，正确遵守这一职责，而又不妨害我们让孩子保持愉快心态的义务，是早期训练要求的最重要的技艺。[2]

在接下来的三个场景中，我们会看到将上述原则付诸实践的生动例子。我之所以大篇幅地引用这些段落，是为了让读者了解这些孩子（如果我们自己不是这样，至少我们的父母是如此）日常的生存环境。这些材料有助于我们理解神经症是如何形成的。它们不是由外部事件引起的，而是源于构成孩子日常生活的无数心理因素的压抑，孩子永远无法描述这种压抑，因为他根本不知道还可以有其他生活方式：

> 在小康拉德四岁之前，我一直在教他四个基本要领：注意、服从、举止得体、节制欲望。

---

1 格吕内瓦尔德，《论儿童任性的性格缺陷》(Über den Kinderfehler des Eigensinns)，引自鲁奇基。
2 博克（1780），引自鲁奇基。

第一，我不断地向他展示各种动物、花卉和其他自然奇观，并向他解释各种图片；第二，只要他在我面前，就不断让他按我的要求做事；第三，当我在场的时候，我会经常邀请孩子们来和他一起玩，每当发生争吵时，我就会仔细观察是谁挑的头，并把罪魁祸首暂时从游戏中赶走；第四，我经常拒绝他非常激动地想要得到的东西，以此来教育他。例如，有一次，我切开一个蜂巢，端着盘子进了房间。"蜂蜜！蜂蜜！"孩子高兴地喊道，"爸爸，给我一些蜂蜜。"他把椅子拉到桌子边，坐下来，等着我为他的面包涂上蜂蜜。我没有这样做，只是把蜂蜜放在他面前，说："我现在还不打算给你蜂蜜。首先，我们要在花园里种一些豌豆；然后，当这一切完成后，我们将一起享用涂上蜂蜜的面包。"他先看了看我，然后又看了看蜂蜜，便和我一起去了花园。此外，在饭菜端上餐桌时，我总是安排他最后一个享用。例如，有一次，我的父母、小克里斯特尔和我们一起吃饭，甜点是米布丁，他特别喜欢吃。"布丁！"他拥抱着母亲，高兴地喊道。"是的，"我说，"这是米布丁。小康拉德也应该吃点。首先是大人吃，然后是小孩吃。奶奶，这是给您的。爷爷，这是给您的。这是给妈妈的，这是给爸爸的，这是给克里斯特尔的，还有这个？你认为这是给谁的？""康拉德。"他高兴地回答。他并不觉得这样的安排不公平，而我也避免了父母非要分给孩子第一份餐的烦恼。[1]

---

1 扎尔茨曼（1796），引自鲁奇基。

"小人儿"安静地坐在桌前等待。这并不一定是贬低孩子。这完全取决于大人的意图——但在上述案例中，这位大人毫不掩饰地展示了他是如何以牺牲小孩为代价，来享受自己的权力和傲慢。

在下一个故事中也发生了类似的事情。在这个故事中，孩子为了能够私下阅读而不得不说谎：

说谎是可耻的。即使说谎者也会承认这一点，很可能说谎者都没有自尊。但是不尊重自己的人，也不会尊重别人。因此说谎者会发现，自己在一定程度上被排除在人类社会之外。

由此可见，需要非常谨慎地对待年轻的说谎者，以便在纠正错误的过程中，他的自尊心——因为知道自己说谎而受了伤——不会受到更严重的损害，这无疑是一条不容例外的规则：一个说谎的孩子绝不能受到公开的指责或惩罚，除非在最极端的情况下，否则甚至不应该被公开提醒。大人最好对孩子的不诚实表现出更多的惊讶，甚至是大为吃惊，而不是对他说谎表现得非常愤怒。大人应该尽可能地假装把（故意的）谎言当作（无意的）不诚实。这就是维利希先生在他的小家庭中发现这种恶习的苗头时采取的行为的关键。

凯蒂有时会犯不诚实的毛病……有一次，她能从中获益，便屈服于这种诱惑。某天晚上，她非常勤奋地编织，完成的部分可以抵两个晚上的任务。而母亲也碰巧忘了让女儿们给她看那天晚上的成果。

第二天晚上，凯蒂偷偷从其他人身边溜走，拿起那天到手的一本书，整个晚上都在看。她的姐妹们不时被派去看她在哪里，在做什么。但她很狡猾，不让她们知道她在看书。姐妹们发现她不是手里拿着编织品，就是在干别的活儿。

这一次，母亲仔细检查了女儿们的工作。凯蒂举起她的长袜，它确实变长了。但那位善于观察的母亲觉得，她注意到这个女孩有些躲躲闪闪。她看了看编织品，什么也没说，但决定做一些调查。第二天，通过询问，她确定凯蒂不可能在前一天晚上做了编织工作。但她没有轻率地指责这个女孩不诚实，而是在适当的时候和她交谈起来，打算给她设一个圈套。

她们谈到了女性的工作。这位母亲说，目前的工资通常很低，并补充说，如果把衣食住行都考虑在内，她不相信和凯蒂年纪相仿、技术相当的女孩能挣到所需的生活费。然而凯蒂的想法却恰恰相反。她说，她在几个小时内完成的任务是母亲估计的两倍。母亲表示不同意。这反过来使凯蒂变得非常激动，她忘乎所以，大声说两天前她织了比平时多一倍的东西。

"我该怎么想呢？"母亲说道，"你昨天告诉我，前一天晚上你织长袜的进度才到一半。"凯蒂脸色通红。她不知道该往哪里看，无法控制地四处张望。"凯蒂，"母亲用严肃而同情的语气对她说，"你头发上的白丝带不起作用了吗？——我很难过，必须离开了。"她迅速从椅子上站起来，神情严肃地离开了房间，也没看凯蒂一眼。沮丧的凯蒂本想追出去，却没有迈开脚步，心烦意乱，泪流满面。

应当知道，自从凯蒂与她的养父母一起生活以来，这已经不是她第一次撒谎了。她的母亲曾就此事规劝过她，并且最后告诉她,今后她必须在头发上系一条白丝带。她补充道:"白色常被认为是天真和纯洁的颜色。每当你照镜子时,白丝带就会提醒你保持纯洁和诚实,它们应该占据你的思想和言语。另一方面,不诚实则会玷污你的灵魂。"这些措施在相当长的时间里起到了作用。但现在,由于这个新的过失,所有的希望都破灭了——凯蒂的错误将不再是她和母亲之间的秘密。因为她母亲当时保证,如果凯蒂再犯这个错误,她就有责任向父亲寻求帮助,并告诉他事情的真相。现在事情到了这个地步,母亲不得不兑现她的承诺。因为她不是那种只威胁要做什么的人,在必要时她会立即付诸行动。

维利希先生看起来很不高兴,闷闷不乐,整天都拉着脸。所有孩子都注意到了这一点,但对凯蒂来说,他严厉的表情就像箭一样射中了她的心。整个下午,对即将发生的事情的恐惧折磨着这个女孩。

晚上,父亲把凯蒂叫到他的房间。她发现他还是那副可怕的样子。

"凯蒂,"他对她说,"今天我遇到了一件非常不愉快的事情。我在我的孩子中发现了一个说谎的人。"

凯蒂开始哭泣,一句话也说不出来。

维利希先生:"当你母亲告诉我,你以前多次用这种恶习作践自己时,我感到很震惊。看在上帝的分上,告诉我,孩子,你是怎么执迷不悟、走上歧途的?"(停顿了一下)"现在擦干你的眼泪。哭泣不会使事情好转。不如告诉我昨天发生的事情,以便我们可以确定如何在未来阻止这种恶习。解释一下昨晚发生了什么。当时你在哪里?你做了什么,没做什么?"

于是,凯蒂把这件事讲了一遍。我们已经知道是怎么一回事了。她什么也没有隐瞒,甚至连她用来欺骗姐妹的诡计也和盘托出。

"凯蒂,"维利希先生用一种鼓舞人心的语气说道,"你告诉了我你可能难以启齿的坏事。昨天晚上母亲检查你的编织品时,你告诉她你一直在努力工作。这无疑是一件好事,你告诉了母亲一件虚假的好事。现在请告诉我,你什么时候感觉自己的心情更轻松——是刚才你说出坏事(真话)的时候,还是昨天你说出好事(假话)的时候?"

凯蒂承认,坦白让她松了一口气,而说谎是一种丑陋的恶习……

凯蒂:"确实,我很愚蠢。但是请原谅我,亲爱的父亲。"

维利希:"这不是宽恕的问题。你几乎没有得罪我。可是你自己,还有你母亲,被你严重地冒犯了。我将据此行事,即使你再撒十次谎,你也骗不了我。如果你说的明显不是真话,我以后就会把你的话当作伪钞一样对待。我会测试、质疑并检查你所说的话。对我来说,你就像一根不可靠的拐杖,我将永远用一种不信任的眼光看待你。"

凯蒂:"啊,亲爱的父亲,真的那么糟糕吗……"

维利希:"可怜的孩子,不要以为我在夸大其词或开玩笑。如果我不能相信你的诚实,那么谁能保证我相信你的话而不受到伤害呢?在我看来,亲爱的孩子,如果你想根除说谎的倾向,你有两个敌人需要征服。你想知道它们是什么吗,凯蒂?"

凯蒂(讨好地,显得有点过于友好和轻松):"嗯,是的,亲爱的父亲。"

维利希:"但是你的头脑足够冷静并做好准备了吗?如果你左耳朵进右耳朵出,那么我不想说。"

凯蒂(更认真地):"不,我一定会记住的。"

维利希:"可怜的女儿,千万不要掉以轻心!"(停顿了一下)"你的第一个敌人就是轻率和欠考虑。

"当你把书放进口袋里,偷偷溜出去看的时候,你应该考虑一下你在做什么。你怎么忍心去做哪怕是一丁点想瞒着我们的事情?是什么让你产生这种想法的?如果你认为读这本书是被允许的,那么你只需要说:'我今天想读这本书,请把我昨天完成的编织算到今天。'你真的认为你会被拒绝吗?你不认为这会被允许吗?你想在我们不知情的情况下做一些不被允许的事吗?当然不会。你没有那么坏……

"亲爱的女儿,你的第二个敌人,是虚假的羞怯。如果你做错了事,你会羞于承认。摆脱这种恐惧吧。这个敌人可以马上消灭掉。不要再允许自己找借口或保持沉默,即使你犯的错误微不足道。让我们,让你的姐妹,了解你的内心,就像你了解自己一样。你还没有堕落到羞于承认自己所做事情的地步。不要对自己隐瞒任何事情,不要说任何你不知道的事情。即使是最琐碎的事情,即使是开玩笑,也不要允许自己报告任何不真实的情况。

"我看到了,你母亲从你头发上取下了白丝带。你已经失去了它,这是事实。你用谎言玷污了你的灵魂。但你也做出了补偿。你向我忠实地承认了自己的过错,我相信你没有任何隐瞒或歪曲。这反过来向我证明了你的真诚和真实。这是给你的另一条发带。它没有上一条那么好看，但问题不在于它有多好，而在于佩戴者的价值。如果她的价值提高了，那么某一天，我也不会反对用昂贵的银丝带来表达我的赞赏。"

就这样，他让这个女孩离开了。他并不是不担心女孩活泼的性情会使她再次犯错，但他也希望女孩聪明的头脑和对形势的巧妙处理，会很快帮助她变得更加坚定、勇往直前，从而阻断这种恶习的根源。

一段时间后，确实出现了反复……当时是晚上，孩子们刚刚被问过她们的任务是什么以及完成得如何。她们都回答得特别好，甚至凯蒂也能列举一些超出日常职责范围的事情。但是她突然想起了一件她忘记去做的事。她不仅对母亲隐瞒了，而且在被问及时，她还声称自己做了这件事——她的长袜上有几个洞，她本应该把它们补好的，但是忘记了。就在她交代的时候，她想起了这件事，她还想起过去几天她早上都比别人起得早。她希望第二天早上她还会比别人起得早，然后就可以很快解决这件事。然而，事情的结果并不像凯蒂期望的那样。由于粗心大意，她把长袜放在了不该放的地方，母亲早把它们收走了，而这个女孩以为它们还在原来的地方。母亲用犀利的眼神看着凯蒂，差点又要问她关于长袜的事情。但她及时想起丈夫禁止她在别人面前指责女孩的错误，于是她克制住了自己。可是这个女孩竟如此轻松地说出明目张胆的谎言，这让她痛心疾首。

第二天早上，母亲也起得很早，因为她知道凯蒂在想什么。她发现女儿已经穿好衣服，正在找什么东西，而且忧心忡忡。女孩正准备伸手跟母亲道早安，并试图表现出平日友好的态度。母亲认为这是个合适的时机。她说:"不要强迫自己的举止也撒谎,昨天你的嘴就已经撒过谎了。你的长袜从昨天中午起就一直在柜子里,而你却不记得缝补。你怎么能在昨天晚上告诉我已经补好了呢?"

凯蒂:"哦,母亲,我真该死。"

"给你长袜,"母亲用冷漠而疏远的声音说道,"我今天不想再和你有任何联系。你来不来上课,对我来说都一样。你这个可怜的女孩。"

就这样,母亲离开了房间。凯蒂坐下来,抽泣着,赶紧去做她前一天忘记做的事情。然而,她刚一开始,维利希先生就带着严肃和悲伤的表情走进房间,默默地来回踱步。

维利希:"凯蒂,你在哭,发生了什么事?"

凯蒂:"哦,亲爱的父亲,你已经知道是怎么回事了。"

维利希:"凯蒂,我想从你那里知道发生了什么。"

凯蒂(用手帕捂住脸):"我又撒了一个谎。"

维利希:"不幸的孩子。你真的无法控制你的轻率吗?"凯蒂的泪水和沉重的心情使她无法回答。

维利希:"亲爱的女儿,我就不多说了。你已经很清楚,撒谎是一件可耻的事情,我也注意到,有时候,当你不认真思考时,谎言就会冒出来。该怎么办呢?你必须采取行动,我会作为朋友给你支持。

"让今天的你为昨天所犯的错误而哀悼吧。你今天戴的丝带必须是黑色的。趁你的姐妹们还没起床,赶紧去做吧。"当凯蒂按照吩咐做完回来后,维利希先生接着说道:"放心吧,你悲伤的时候,我将成为你忠实的支柱。为了让你更加注意自己,你每天晚上睡觉前都要来我的房间,在我准备的笔记本上写下——'今天我说谎了'或'今天我没有说谎'。

"你不必害怕我的训斥,即使你必须拾起一些不愉快的事情。我希望,仅仅是对你说过的谎言的提醒,就能让你在以后的许多天里远离这种恶习。我或许也能做一些事情来帮助你,以便你在晚上有一些好的而不是坏的东西写在本子上——从今天晚上起,当你从头发上取下黑丝带时,我将禁止你佩戴任何其他丝带。我将无限期地禁止你这样做,直到你的记录使我相信,你认真的行为和你的诚实已经坚如磐石,在我看来不需要再担心旧病复发。如果你达到了这个程度——我希望你能达到——那么你就可以自己选择戴哪种颜色的发带。"[1]

凯蒂毫无疑问地相信,只有她这个坏家伙才会染上这样的恶习。她那伟岸慈爱的父亲也难以接受这一事实,所以才会如此折磨她。为了能意识到这一点,这孩子早晚要接受精神分析治疗。与她的模范父母相比,她已经觉得自己糟糕透顶了。

而小康拉德的父亲呢?我们是否能在他身上看到当今许多父亲的问题?

我下定决心,把他抚养长大,决不打他,但结果并不能如我所愿。很快,我就不得不使用棍棒。事情是这样的:克里斯特尔带着一个娃娃过来玩。康拉德一看到娃娃,就想拥

---

[1] 霍伊辛格,《韦特海姆家族》(*Die Familie Wertheim*, 1800),引自鲁奇基。

有它。我让克里斯特尔把娃娃给他玩一会儿,她照做了。康拉德玩了一会儿之后,克里斯特尔想把它要回去,而康拉德却不想还给她。我现在该怎么办呢?如果我把他的绘本拿给他,让他把娃娃还给克里斯特尔,也许他会毫不反对这么做。但我当时没有想到这一点,即使我想到了,我也不知道我是否会这样做。我认为,是时候让这孩子习惯于毫无疑问地服从他的父亲了。于是我说:"康拉德,你不想把克里斯特尔的娃娃还给她吗?"

"不!"他相当激动地说。

"但是可怜的克里斯特尔没有娃娃了!"

"不!"他又说了一遍,然后哭了起来,抓紧娃娃,背对着我。

然后,我用严厉的语气对他说:"康拉德,你必须马上把娃娃还给克里斯特尔。"

康拉德做了什么?他把娃娃扔到克里斯特尔的脚边!

天啊,我当时多么难过。就算是我最好的奶牛死了,我想我也不会这么震惊。克里斯特尔正要捡起那个娃娃,但我阻止了她。"康拉德,"我说,"马上把娃娃捡起来,递给克里斯特尔。"

"不!不!"康拉德吼叫道。

然后我拿来一根鞭子,对他说:"把娃娃捡起来,不然我就抽你一顿。"可这孩子顽固不化,叫道:"不!不!"

于是我扬起了鞭子,正要打他时,现场出现了新状况。他的母亲哭喊道:"亲爱的丈夫,我求求你,看在上帝的分上……"

现在我进退两难了。然而，我迅速下定决心，拿起娃娃和鞭子，抱起康拉德，跑进另一个房间，把他母亲锁在门外。我把娃娃扔在地上，说："把娃娃捡起来，不然我就抽你一顿！"我的康拉德坚持说"不"。

然后我抽打他，一下！两下！三下！"你现在还不想捡起娃娃吗？"我问道。

"不！"他回答说。

于是我更用力地抽打他，并说："马上把娃娃捡起来！"

最后他终于把娃娃捡了起来，我拉着他的手，领他回到原来的房间，并说："把娃娃给克里斯特尔！"

他把娃娃还给了她。

然后他哭着跑向他母亲，想把头放在她的膝盖上。但他母亲很理智地推开了他，说："走开，你不是我的乖康拉德。"

当然，她说这话的时候，眼泪正顺着脸颊滑落下来。当我注意到这一情况时，我就请她离开了房间。她走后，康拉德又哭了一刻钟，然后他停了下来。

可以肯定地说，在整个过程中，我的心一直很痛：部分原因是我同情这个孩子，部分原因是他的顽固让我苦恼。

吃饭的时候，我吃不下。我离开餐桌，去找我们的牧师，向他倾诉我的心事。他的话使我感到安慰。"你做得很对，亲爱的基弗先生，"他说，"荨麻尚幼小时，很容易拔除，但如果时间久了，根就会长出来，这时你再想拔除它们，根会深深嵌在土里。孩子的不良行为也是如此。我们忽视它的时间越长，它就越难被消除。你把这个倔强的小家伙痛打一顿，也是一件好事。在很长一段时间里，他都不会忘记这件事。

"如果你舍不得用那根鞭子,不仅这次没什么好处,而且以后你还得经常抽打他,孩子会变得习以为常,到最后就不以为然了。这就是为什么当母亲打孩子时,孩子们通常不把它当回事,因为母亲没有勇气狠狠地揍他们。这也是为什么有些孩子非常顽固,即使是最严厉的鞭打也无济于事……

"现在,趁着你的康拉德对鞭打记忆犹新,我建议你好好利用它。你回家以后,一定要好好地命令他。让他给你拿靴子、鞋子、烟斗,然后再把它们拿走,让他把院子里的石头从一个地方搬到另一个地方。他都会照做,而且会习惯于服从。"[1]

牧师安慰的话语听起来很过时吗? 1979年不是有报道说,三分之二的德国人赞成体罚吗?在英国,学校里还没有禁止鞭打,在那里的寄宿学校,鞭打被视为常规行为。试问,当受压迫者不再受欺压时,这种羞辱性对待该轮到谁来承受?不是每个学生都能成为教师,并以这种方式实现报复……

总　结

我引用上述段落是为了描述一种态度,这种态度不仅在法西斯主义中,而且在其他意识形态中也或多或少地公开显露。蔑视并虐待无助的孩子,压制孩子和自己的活力、创造力与感受,渗透到了我们生活中的太多领域,以至于我们几乎注意不到。我

---

[1] 扎尔茨曼(1796),引自鲁奇基。

们内心都有一个孩子——一个弱小、无助、未自立的小人儿——为了成为独立、能干、值得尊重的成年人，我们几乎在每一处都努力尝试摆脱它，力度不尽相同，采用的强制手段也因人而异。当我们在孩子身上重新遇到这样的小人儿时，就会用曾经用在自己身上的方法来迫害它。而我们习惯把这个过程称作"教养"。

在接下来的篇幅中，我将用"有毒教育"这一术语来描述这种非常复杂的努力。根据相关语境，可以清楚看出我强调的是它众多面向中的哪个方面。这些具体的方面可以直接见于上述教养手册的引文。这些引文教育我们：

1. 成年人是受抚养孩子的主人（而不是仆人！）；

2. 成年人像神一样决定什么是对的，什么是错的；

3. 孩子要为成年人的愤怒负责；

4. 父母必须一直受到保护；

5. 孩子积极的情感对专制的成年人构成威胁；

6. 孩子的意志必须尽快被"摧毁"；

7. 一切都必须发生在很小的时候，这样孩子就"不会注意到"，因此也就无法揭发成年人。

可以用来抑制孩子生命自发性的方法有：设陷阱、撒谎、欺骗、施诡计、操纵、恐吓、收回爱、孤立、怀疑、羞辱贬低、蔑视、嘲笑和胁迫，乃至折磨。从一开始就向孩子灌输错误的信息和信念，这也是"有毒教育"的一部分。这些信息和信念代代相传，被孩子们忠实地接受，尽管它们不仅未经证实，而且明显错误。这些信念的例子有：

1. 责任感产生爱；

2. 禁止仇恨可以消除仇恨；

3. 父母应该得到尊重，只因为他们是父母；

4. 孩子不值得尊重，只因为他们是孩子；

5. 服从使孩子变得强大；

6. 自尊心太强是有害的；

7. 少些自尊会让人利他；

8. 温柔（宠爱）是有害的；

9. 回应孩子的需求是错误的；

10. 严厉和冷酷是对生活的良好准备；

11. 虚伪的感激胜过诚实的忘恩；

12. 你的行为比你真实的样子更重要；

13. 父母和上帝都不容冒犯；

14. 身体是肮脏和恶心的东西；

15. 强烈的情感是有害的；

16. 父母没有欲望和罪责；

17. 父母永远是对的。

这种思想观念在世纪之交仍处于流行的巅峰，鉴于恐吓在其中扮演的主要角色，当弗洛伊德从病人的证词中发现成年人对子女的性虐待时，他毫不奇怪地掩盖了这一惊人发现。他借助一种理论掩盖了他的洞见，这种理论否定了这种不可接受的知识。他那个时代的孩子，身处严重的威胁之下，是不被允许知道成年人对他们做过什么的。如果弗洛伊德坚持他的诱奸理论[1]，他不仅

---

[1] 诱奸理论（seduction theory）认为，癔症和强迫症等障碍是由儿童早期遭受性虐待的经历引起的，因为他的许多病人报告了关于儿时遭受性虐待的记忆。后来弗洛伊德放弃了诱奸理论，认为关于性虐待的记忆实际上是病人的幻想。——译者注

会让他的内摄父母（introjected parents）感到害怕，而且毫无疑问会被中产阶级社会不信任，甚至被排斥。为了保护自己，他不得不设计出一种理论来维持表象，将所有的"邪恶"、内疚和不当行为都归咎于孩子的幻想，而在这种幻想中，父母只是作为投射的对象。我们可以理解为什么这个理论忽略了这样一个事实：不是孩子，而是父母将他们的性和攻击性幻想投射到孩子身上，并且还能将这些幻想付诸行动，因为他们掌握着权力。也许正是由于这种忽略，精神病学领域的许多专业人员——他们本身就是"有毒教育"的产物——才能够接受弗洛伊德的驱力理论，因为这并没有迫使他们去质疑自己关于父母的理想化形象。在弗洛伊德的驱力和结构理论的帮助下，他们能够继续遵守自己在童年早期内化的戒律："你不应该意识到你的父母对你做了什么。"[1]

我认为，"有毒教育"对精神分析理论和实践的影响非常重要，因此我打算在另一本书中更广泛地讨论这个主题（参见第xii页）。我们所有人都应意识到"避免责备父母"这一戒律的影响，其重要性在此处不再赘述。这条戒律由于我们接受的教养而深深

---

[1] 直到最近，我才有了这样的见解。我惊讶地在玛丽安娜·克吕尔（Marianne Krüll）的精彩著作《弗洛伊德和他的父亲》（*Freud und sein Vater*，1979）中找到了惊人的佐证。克吕尔是一位不满足于理论的社会学家，她试图把知识和经验结合起来。她参观了弗洛伊德的出生地，站在他和父母一起度过早年生活的房间里。在阅读了许多有关这方面的书籍之后，她试图想象和感受在这个房间里，童年时期的西格蒙德·弗洛伊德一定储存了什么在头脑里。自从我的书在德国出版以来，美国也出现了其他一些书，它们也指出弗洛伊德的驱力理论是对他发现的事实的否定。例如，弗洛伦丝·拉什（Florence Rush）的《守口如瓶：儿童性虐待》（*The Best Kept Secret: Sexual Abuse in Children*，1980），莱昂·谢尔夫（Leon Sheleff）的《代沟：成年人对青少年的敌意》（*Generations Apart: Adult Hostility to Youth*，1981）。

地印在我们心中，它巧妙地向我们隐藏基本的真理，甚至颠倒是非。我们许多人必须为此付出的代价，就是患上严重的神经症。

那些严格教养下的成功产物，他们后来怎么样了？

在孩童时期，他们不能表达和发展自己的真实情感，因为愤怒和无助的暴怒——这些被禁止表达——会夹杂在这些情感中。在这些孩子遭受殴打、羞辱、撒谎和欺骗时，情况更是如此。这种被禁止而无法表达的愤怒最后会怎样呢？不幸的是，它并没有消失，而是随着时间推移，转变成一种或多或少有意识地针对自己或替代者的仇恨，这种仇恨将寻求以各种被允许的和适合成年人的方式释放出来。

一直以来，小凯蒂和小康拉德们成年后一致认为，童年是他们一生中最快乐的时期。只有在今天年轻一代的身上，我们才看到这方面正在发生变化。劳埃德·德莫斯可能是第一个对童年历史进行深入研究的学者，他既没有掩盖事实，也没有用理想化的评论来否定自己的研究结果。因为这个心理历史学家具有共情的能力，所以他没有必要压抑真相。他在《童年的历史》（*The History of Childhood*）中揭露的真相，虽然让人感到悲伤和压抑，但也蕴含着对未来的希望。如果人们读了这本书，并意识到书中描述的孩子后来长大成人了，就不会再觉得人类历史上的暴行难以理解。他们将找到那些播下残忍种子的地方，并根据他们的发现得出结论，人类不必永远成为这种残忍的受害者。因为，一旦权力游戏的无意识规则和它获得合法性的方法被揭示，我们一定有能力带来基本的改变。然而，如果我们不了解童年早期，即将教养理念传递给下一代的时期所蕴含的危险，游戏规则将不可能被完全理解。

毫无疑问,这一代年轻父母的自觉理想已经改变了。服从、强迫、严厉和缺乏感情,不再被认为是绝对的价值。但是,实现新理想的道路,经常被压抑童年苦难的需要所阻碍,而这导致了同情心的缺乏。正是小凯蒂和小康拉德这样的人在成年后,对虐待儿童的话题充耳不闻(或者尽量低估其危害性),因为他们声称自己有一个"快乐的童年"。然而,他们缺乏同情心的事实却揭示了相反的情况:他们不得不在很小的时候就咬紧牙关、故作镇定。而那些真正有幸在共情环境中长大的人(这非常罕见,因为直到最近,人们才普遍知道一个孩子要受多少苦),或者后来在内心能够自我共情的人,更有可能对他人的痛苦持开放态度,或者至少不会否认痛苦的存在。如果要疗愈过去的创伤,而不只是借助下一代来掩盖创伤,那么这是必要的前提条件。

教养的"神圣"价值观

> 看到周围的人对发生在他们身上的事情一无所知,这也给我们带来了一种非常特别的、秘密的快乐。
>
> 阿道夫·希特勒

在"有毒教育"价值体系中成长起来的人,如果没有受到精神分析治疗的影响,可能会对我的"反教育学"立场做出某种反应——要么是有意识的焦虑,要么是理智上的拒绝。他们会指责我对这种"神圣"价值观态度冷漠,或者说我表现出一种天真的乐观主义,根本不知孩子会有多坏。这样的指责并不奇怪,其背后的原因我再熟悉不过。尽管如此，我还是想谈谈对"神圣"价值观的漠视问题。

每个教育工作者都理所当然地认为，孩子说谎、伤害或冒犯他人是不对的，对父母的残忍行为以牙还牙而不理解其中的好意是不对的，如此等等。另一方面，孩子说真话，对父母的好意心存感激，忽略父母行为的残酷性，接受父母的思想但仍能表达自己的想法，最重要的是，当对他有所期望时不会闹别扭，这些都被认为是优秀而正确的品质。这些近乎普遍的价值观植根于犹太教和基督教传统，为了教会孩子，成年人认为他们有时必须诉诸谎言、欺骗、残暴、虐待，让孩子遭受羞辱。然而，对成年人来说，这些行为并不涉及"负面价值观"，因为他们经历过这样的教养，他们使用这些手段只为达到一个神圣的目的：让孩子在未来不再说谎，不再欺骗、仇恨、残忍和自私。

从上文可以看出，传统道德价值观的相对性是这个体系的内在组成部分：归根结底，我们的地位和权力决定了我们的行为是好还是坏。这一原则在全世界普遍存在。强者发号施令，战争的胜利者迟早会得到掌声，而不管在通往胜利的道路上犯下什么罪行。

除了这些众所周知的有关基于权力地位的价值之相对性的例子之外，我还想从心理治疗的角度补充另一个例子。在我们热衷于向孩子灌输上述行为准则的时候，我们忘记了以下情形并不总能成立，比如：在不伤害别人的情况下说真话，在不撒谎的情况下表达感激之情，或者忽视父母的残忍而仍然成为独立自主、能做出批判性判断的人。一旦我们从抽象的宗教或哲学的伦理体系转向具体的精神现实，就必须考虑这些问题。不熟悉这种具体思维方式的人可能会认为我将传统教育价值观相对化，并质疑教育学本身的价值，而我的做法骇人听闻，是虚无主义的，危险乃至幼稚。这种看法取决于他们自己的个人经历。就我而言，我只能说，当然有一些价值不必相对化。从长远来看，我们生存的机会可能取决于这些价值观的实践，其中包括尊重比我们弱小的人——当然包括儿童——以及尊重生命及其规律，没有这些，所有创造力都将被扼杀。每一种法西斯主义都缺乏这种尊重，导致精神上的死亡，并借助其意识形态阉割灵魂。在第三帝国的所有领导人物中，没有一个未曾经历严格和僵化的教养。这难道不值得我们深思吗？

那些在整个童年时期被允许做出适当反应的人，也就是，对有意或无意施加在他们身上的痛苦、错误和否定表现出愤怒，在以后的生活中也将会保持这种适当反应的能力。在成年后，当有人伤害他们时，他们将能够意识到并表达出来。但是，他们不觉得需要猛烈地回击。这种需要只出现在那些必须时刻保持警惕，以防自身感情堤坝破裂的人身上。因为一旦大坝决堤，一切都将变得不可预测。因此，可以理解的是，这些人中的一些人，由于担心不可预测的后果，会回避任何自发的反应；有些人则会偶尔对替代者产生莫名其妙的愤怒，或者反复诉诸谋杀或恐怖主义等暴力行为。一个能理解自身愤怒并将其整合为自身一部分的人，不会变得暴力。只有当他完全无法理解自己的愤怒时，他才需要攻击他人。如果在小时候不被允许熟悉愤怒这种感觉，他将永远不能把它作为自己的一部分来体验，因为这样的事情在他周围的环境中完全不可想象。

考虑到这些因素，近年来德国 60% 的恐怖分子都是新教牧师的子女，也就毫不奇怪了。这种情况的悲剧在于，父母的本意无疑是好的。从一开始，他们就希望自己的孩子善良、善解人意、有教养、随和、不苛求、体贴、无私、自制、感恩、不任性、不顽固、不叛逆，最重要的是温顺。他们想尽一切办法向孩子们灌输这些价值观，如果没有其他办法，他们甚至准备使用武力来达到这些优秀的教育目标。如果孩子们在青春期表现出暴力行为的迹象，那么他们既在表现自身童年缺乏活力的一面，也在表现父母心中没有生机、被压抑和隐藏的一面，而后者只有孩子能感知到。

当恐怖分子将无辜的妇女和儿童作为人质，以完成一项"伟大的理想主义事业"时，他们做的事情真的与父母曾经对他们所做的有所不同吗？当他们还是充满活力的孩子时，父母就怀着做一件伟大善事的感觉，把他们作为祭品献给了宏伟的教育目标，献给了崇高的宗教价值观。由于这些年轻人从未被允许相信自己的感受，由于教育理念的原因，他们一直压抑自己的感情。这些聪明且常常十分敏感的人，曾经为一种"更高的"道德而牺牲，成年后又为另一种——通常是相反的——意识形态而牺牲自己，为此，他们允许内心深处的自我被完全支配，就像他们童年时的情况一样。

这个例子说明了无意识强迫性重复的冷酷无情的悲剧本质。然而，它的积极作用也不容忽视。如果父母的教育目标完全实现，能够在不引起公众注意的情况下不可逆转地成功扼杀孩子的灵魂，那岂不是更糟糕吗？当一名恐怖分子以理想的名义对无助的人实施暴力，从而让自己任由那些操纵他的头目摆布，让自己受控于他所对抗的系统的警察队伍时，他就是在无意识地以强迫重复的形式讲述自己的故事，讲述曾经以教养的崇高理想之名施加在他身上的种种。他讲述的故事可以被公众理解为警报信号，也可以被完全误解。如果把它当作警告，那它提醒人们关注的，就是仍有可能被拯救的生命。

但如果一个孩子的"教养"完全成功，以致他身上没有丝毫的自发性，那又会发生什么呢？就好比阿道夫·艾希曼和鲁道夫·霍斯二人，他们在很小的时候就被训练得很听话，"教养"十分成功，以至于这种训练从未失效。在他们的心灵结构中从来没有出现过任何裂缝，从来没有渗透过一滴水，也从来没有任何形式的情感冲击过它。直到生命的尽头，这些人都在执行他们接到的命令，从不质疑命令的内容。像"有毒教育"推崇的那样（参见第44—45页），他们执行命令，并非出于对命令内在正确性的认识，而仅仅因为它们是命令。

这也解释了为什么在面对审判时，证人最动人的证词都不能令艾希曼流露出丝毫情绪，然而在宣读判决书时，忘记起立的他经人提醒后却尴尬得脸红了。

在鲁道夫·霍斯的早期教养中，对服从的强调也在他身上留下了不可磨灭的印记。当然，他的父亲并没有打算把他培养成奥斯维辛集中营的指挥官，相反，作为一名恪守教规的天主教教徒，他想让儿子当一名传教士。但在很小的时候，父亲就向他灌输了这样一条原则：无论当权者提出什么要求，都必须永远服从。霍斯写道：

> 我们家的客人大多是各式各样的神父。随着岁月的流逝，父亲的宗教热情与日俱增。只要时间允许，他就会带我去德

国所有的圣地朝拜，还有瑞士的艾恩西德尔恩和法国的卢尔德。他热切地祈祷，愿上帝能赐予我恩典，让我有一天成为受上帝祝福的神父。对我这个年龄的男孩来说，我是个极其虔诚的教徒，非常认真地履行我的宗教职责。我虔诚地、孩子气地祈祷，并以极大的热忱履行我作为辅祭的职责。我从小就被父母教导，要尊重和服从所有成年人，尤其是长者，不管他们的社会地位如何。我被教导我的最高职责是帮助那些需要帮助的人。我不断强烈地意识到：我必须毫不迟疑地服从父母、老师和神父，乃至包括仆人在内的所有成年人的意愿和命令，任何事都不能让我偏离这一职责。他们说什么都是对的。

我在成长过程中所遵循的这些基本原则，成了我的第二天性。

当掌权者后来要求霍斯管理奥斯维辛的死亡工厂时，他怎么可能会拒绝呢？在他被捕后被指派写下自己的生平经历时，他不仅忠实认真地完成了这项任务，而且还礼貌地表示感谢，因为"这份有趣的工作"使监狱里的时间过得更快。对许多原本无法理解的罪行，他的叙述提供了深入了解其背景的机会。

霍斯对童年的最初记忆是强迫性的清洗，可能是为了摆脱父母在他身上发现的不纯洁或肮脏的东西。由于父母没有向他展示任何感情，他就在动物身上寻求替代，尤其是考虑到动物不像他那样会被父亲殴打，其地位比儿童更高。

海因里希·希姆莱也有类似的态度，例如他说过：

克斯滕先生，你怎么能从掩体后面射击那些在树林边缘吃草的可怜动物呢？它们如此无辜、毫无防备、毫无戒心。这真的是纯粹的谋杀。大自然如此神奇美丽，每一种动物都有生存的权利。[1]

然而，希姆莱还曾说过：

党卫军有一条绝对需要遵循的原则：我们必须诚实、正派、忠诚，对自己的同胞像对同志一样，其他人则是另外一回事。那些俄国人、捷克人的遭遇，对我来说完全无关紧要。如果在其他民族中发现像我们这样的好血统，有必要的话，可以把他们的孩子带走，在我们中间抚养长大。其他民族是生活舒适还是忍冻挨饿，我不关心，我只关心我们需要他们当奴隶。一万名俄罗斯妇人在挖防坦克堑壕时是否会累趴下，我不关心，我只关心它是否影响德国防坦克堑壕的完工。在没必要的情况下，我们绝对不会残酷无情，这一点很清楚。我们德国人是世界上唯一对动物抱有体面态度的民族，也将对这些人类动物怀有体面的态度。但为他们操心或让他们充满理想，则是对我们自己同胞的犯罪。[2]

希姆莱和霍斯一样，都是由父亲训练出的近乎完美的产物。

---

1 引自约阿希姆·费斯特（Joachim Fest），《第三帝国的面孔》(*The Face of the Third Reich*)。
2 引自费斯特。

其父最初是巴伐利亚宫廷里的教师，后来成了一名校长。希姆莱也梦想着有朝一日献身于教育事业。费斯特写道：

> 自1939年以来，一直为希姆莱提供治疗并赢得他信任的克斯滕医生声称，相较于消灭外国人民，希姆莱本人宁愿教育他们。在战争期间，他展望和平，热情洋溢地谈到建立军事化的学校，"一旦生活恢复常态，就让人们接受教育和培训"。

霍斯被训练得非常成功，完全盲目地服从。相比之下，希姆莱显然没有完全达到铁石心肠的要求。费斯特将希姆莱的暴行解释为向自身与世界展示他的严酷的不断尝试，这不无道理，他说道：

> 在极权主义伦理的影响下，所有标准都陷入不可收拾的混乱之中。对受害者的严酷被认为是正当的，因为他们对自己也很严酷。希姆莱反复强调的党卫军格言之一是："对自己和他人都要严酷，既要给予死亡，也要接受死亡。"因为杀戮是件难事，所以它是好的，是正当的。基于同样的理由，他总能像指着荣誉榜一样骄傲地指出党卫军并未因其杀戮活动而受到"内部损害"，反而一直保持着"体面"。

难道我们没有从这些话中看到"有毒教育"的原则，没有看到它对孩子心灵冲动的侵犯？

* * *

以上只是三个例子罢了，还有无数人有着类似的人生经历，毫无疑问，他们都受到了所谓的良好而严格的教育。孩子完全服从成年人意志的后果，不仅能从他将来在政治上的顺从（例如顺从于第三帝国的极权主义制度）中看出，甚至在他一离开家就已准备好接受新的服从这一内心状态上也能预见。一个内在发展仅限于学习服从他人命令的人，怎么可能指望他独立生活而不体验到内心突然的空虚呢？服兵役为他提供了最好的机会，让接受命令的模式得以延续。当出现了像阿道夫·希特勒这样的人，像父亲一样声称他确切知道对每个人来说什么是好的、正确的和必要的，然后许多渴望有人告诉他们该怎么做的人，张开双臂欢迎他，并帮他登上权力的巅峰，这并不奇怪。这些年轻人终于找到了父亲的替代品，没有这个替代品，他们就无法正常生活。在《第三帝国的面孔》中，费斯特描述了那些将被载入耻辱史册的人在谈论希特勒的全知全能、无懈可击和神性时，所表现出的奴性、不加批判和几乎幼稚的天真。那是小孩子看待父亲的方式，而这些人从未超越这个阶段。我将在这里引用几段话，因为如果没有这些话，今天这一代人可能很难相信，这些后来被"载入史册"的人内心竟然如此空洞。费斯特在这里引用了赫尔曼·戈林的话：

如果天主教徒相信教皇在所有宗教和伦理问题上都绝对正确，那么我们纳粹党也会以同样热切的信念宣布：对我们来说，元首在所有政治和其他有关民众之国家和社会利益的事项上也绝对正确……在希特勒身上，最敏锐的逻辑思想家、最深刻的哲学家与钢铁般顽强的实干家发生了罕见的结合，德国人认为这是一件幸事。

他还说道：

> 任何对我们处境稍有了解的人……都知道，我们每个人拥有的权力都是元首希望给予的。只有和元首在一起，只有站在他身后，一个人才真正强大，只有这样，他才能把强大的国家权力掌握在自己手中。但如果违背了元首的意志，甚至根本没有他的意愿，一个人马上就会变得软弱无力。只要元首一句话，任何他想除掉的人就会倒下。他的威望和权威是无限的。

这里实际上描述的是一个孩子对他专制父亲的感受。戈林公开承认：

> 活在我心中的，不是我，而是元首……每次在他面前，我的心都会停止跳动……我常常到半夜才吃东西，因为在那之前，我应该会激动到反胃。当我九点钟左右回到卡林霍尔时，我不得不在椅子上坐几个小时才能恢复平静。对我来说，这段关系变成了彻头彻尾地出卖灵魂。

在1934年6月30日的演讲中，另一位纳粹高官鲁道夫·赫斯也公开表达了这种态度，他没有感到任何羞耻或不适——这种情况在半个世纪后的今天几乎无法想象。他在演讲中说道：

我们自豪地注意到，有个人超越了一切非议，那就是元首。这是因为每个人都感觉并知道：他总是正确的，而且他永远是正确的。我们的纳粹主义根植于不加批判的忠诚，根植于对元首的无条件服从，根植于默默地执行他的命令。我们相信，元首正在顺应塑造德国历史的更高召唤。这一信念不容批判。

费斯特评论道：

> 赫斯对待权威的失衡态度，与许多纳粹党领导人惊人地相似，这些人像他一样有着"严格的"父母。大量证据表明，希特勒从教育系统造成的损害中获利颇多，这个教育系统以军营为榜样，把孩子培养得像军校学员一样坚韧。他们早期发展的决定性特征是对军事世界的痴迷，这不仅表现在"老战士"特有的攻击性和狗一样的谄媚，而且表现在缺乏内在独立性和唯命是从的需要。赫斯的父亲拒绝让儿子上大学，不顾他的意愿和老师的请求，强迫他去经商，以接管自己在亚历山大港的公司，就这样他最后一次强调了他的权力。不论年轻的鲁道夫·赫斯对父亲有什么隐秘的反叛情绪，在这个儿子的意志一次又一次地被摧毁后，他便在一切可能的地方寻找父亲和父亲的替代品。一个人必须有领导！

当外国人看到希特勒在新闻短片中亮相时，他们永远无法理解他在1933年大选中获得的奉承以及选票数量。他们很容易看穿他人性上的弱点，他那做作的自信姿态，他那似是而非的论点。对他们来说，他并不像自己的父亲。然而，对德国人来说，这要困难得多。一个孩子无法认识到父亲的消极面，可这些消极面会储存在孩子的心灵深处，当孩子长大成人时，就会被他们遇到的父亲替代品身上消极、否定的一面所吸引。外人很难理解这一点。

我们经常问婚姻如何才能持久，例如，一个女人如何能与某个男人继续生活下去。可能这个女人在这段关系中承受着极大的折磨，正以自己的生命活力为代价勉强维持。但一想到丈夫要离开她，她就害怕得要命。事实上，这样的分离可能是她人生中的大好机会，但只要她被迫在婚姻中重复早年由父亲强加给她的折磨（这种折磨已经潜入她的无意识），她就完全看不到这一点。因为当她想到被丈夫抛弃时，她并不是对现在的处境做出反应，而是在重新体验童年对被抛弃的恐惧，以及她事实上依赖父亲的那段时光。我在这里特别想到一个女人，她的父亲是一位音乐家，在她母亲去世后既当爹又当妈，但他经常在巡回演出时突然失踪。我的病人当时还太小，无法承受这种突然的分离而不感到恐慌。在她的分析治疗中，我们早就意识到这一点，但她对被丈夫遗弃的恐惧并没有消退，直到她的梦境向她揭示了迄今一直未被意识到的东西：她父亲粗暴和残忍的另一面。而在此之前，她只记得父亲的慈爱和温柔。一旦了解了这些，她便经历了内心的解放，并开启了自主的旅程。

我提到这个例子，是因为它展示了在 1933 年大选中可能起作用的机制。人们对希特勒的吹捧是可以理解的，这不仅是因为他做出了承诺（谁不会在选举前做出承诺呢？），还因为他做出承诺的方式。正是他那在外国人看来可笑的戏剧性姿态，对德国大众来说是如此熟悉，因此对他们有巨大的暗示作用。当孩子崇拜和爱戴的伟大父亲同他们说话时，孩子也会受到同样的暗示。他说什么并不重要，重要的是他说话的方式。他越树立自己的形象，就越会受到尊敬，对那些被"有毒教育"养大的孩子来说更是如此。当一位严厉的、难以接近的、疏远的父亲屈尊与他的孩子说话时，这当然是一个喜庆的时刻，为了赢得这份荣誉，任何自我牺牲都不过分。教养良好的孩子永远也无法察觉这个父亲——这个高大威猛的男人——恰好是个渴望权力、厚颜无耻或根本没有安全感的人。事情就是这样，这样的孩子永远无法洞察这种情况，因为他的感知能力已经被早期的强制服从和情感压抑所阻碍。

父亲的光环往往包括了他缺乏的特质，如智慧、善良和勇气，同时包含每个父亲无疑都拥有的特质（至少在孩子眼中是这样）：独一无二、高大、重要，以及拥有权力。如果父亲滥用他的权力，压制孩子的批判力，那么他的弱点就会一直隐藏在这些固定属性后面。他可以对自己的孩子说："拥有我你们是多么幸运！"——这正是阿道夫·希特勒向德国人民庄重宣告的话。

牢记这一点，希特勒对他周围人传奇般的影响便不再神秘。赫尔曼·劳施宁[1]在《毁灭之声》(*The Voice of Destruction*)中的两段话也阐述了相同的观点：

> 有人介绍了盖哈特·豪普特曼[2]。元首和他握手，并盯着

---

1 赫尔曼·劳施宁（Hermann Rauschning，1887—1982），德国政治家和作家，曾短暂加入纳粹党，1934年与纳粹决裂，并公开谴责纳粹主义。——译者注
2 盖哈特·豪普特曼（Gerhart Hauptmann，1862—1946），德国著名剧作家，1912年获得诺贝尔文学奖。——译者注

他的眼睛。正是这出名的凝视让每个人都战栗不已，这种凝视曾使一位杰出的老律师宣称，在遇到这种目光之后，他只有一个愿望，那就是赶紧回到家里，独自体会这份感受。

希特勒再次与豪普特曼握手。

现在，见证这场会面的人会想，那个伟大的短语将会迸发并载入史册。

此刻万岁！豪普特曼心想。

德意志帝国的元首第三次与这位伟大的作家热情握手，然后走向他身旁的人。

后来，豪普特曼对他的朋友们说："那是我生命中最高光的时刻。"

劳施宁继续说：

我经常听到人们坦白他们害怕他。尽管他们长大了，但每次去见他，心都会怦怦直跳。他们有一种感觉：那个人会突然扑过来掐死他们，或者把墨水瓶扔向他们，或者做一些其他荒谬的事情。在人们讲述令人难忘的经历背后，隐藏着大量虚伪的热情，眼睛假惺惺地扬起，还有许多自欺欺人的成分。大多数访客希望他们的会面是这样的……但是，这些故意掩饰失望情绪的访客，在追问之下，逐渐露出了失望的神色。是的，他确实没有说什么特别的话。不，他看起来并不出众，说他出众并不符合事实。那么，为什么要编造关于他的谎言呢？是的，他们说，如果你用批判的眼光看他，他终究相当普通。光环，一切都是光环。

所以，当一个男人出现，像自己父亲那样说话，行为也如出一辙时，即使是成年人也会忘记自己的权利，或者不会使用这些权利。他们会屈服于这个人，为他喝彩，允许自己被他操纵，让自己信任他，最终完全屈服于他，甚至没有意识到自己被奴役了。人们通常不会意识到某些东西是自己童年的延续。对那些像小时候依赖父母一样依赖别人的人来说，他们无法逃脱。一个孩子无法逃脱，那些极权主义政权下的公民也无法解放自己。人们唯一的出路就是养育自己的孩子。因此，作为第三帝国俘虏的公民，如果想要感受自己的一丁点权力，就必须把自己的孩子也培养成俘虏。

但是这些孩子——现在已为人父母——确实有其他的可能性。他们中的许多人认识到了这种教育意识形态的危险，并以极大的勇气和努力为自己和孩子寻找新的出路。

他们中的一些人，尤其是一些作家，找到了一条体验童年真相的道路，这条道路不对前几代人开放。例如，在《漫长的缺席》(*Lange Abwesenheit*) 中，布丽吉特·施魏格尔写道：

> 我听到父亲的声音，他在呼唤我的名字。他想从我这里得到什么。他在远处的另一个房间。他想从我这里得到一些东西，这就是我存在的原因。他从我身边走过，一句话也没说。我是多余的。我甚至不应该存在。
>
> 如果你从一开始就在家里穿着战时的上尉制服，也许很多事情就更说得通了。一位父亲，一位真正的父亲，是不能被拥抱的人，是即使他问了五次同样的问题也必须得到回答的人，而他问五次似乎只是为了确保女儿每次都能顺从地回

答。一位父亲是可以随意打断别人说话的人。

一旦孩子看到了教养的权力游戏，他就有希望从"有毒教育"的枷锁中解脱出来，因为这个孩子将能记起发生在自己身上的事。

当感受被接纳进意识时，沉默之墙就会瓦解，真相再也无法隐藏。无论多么令人痛苦，一旦真相被揭露，即使是理智地思考"是否存在真相本身""是否一切都是相对的"等问题，也会被视作防御机制。克里斯托夫·梅克尔在《父亲的隐藏面孔》（*Suchbild: Über meinen Vater*）里关于父亲的描述，就是一个很好的例子：

> 在成年人的内心中有一个想要玩耍的孩子。
> 在他的内心中有一个想要惩罚的独裁者。
> 在我那已经长大成人的父亲的内心中，有一个孩子，和他的孩子们一起嬉戏，宛如在人间天堂。他有一部分却像个军官，想以纪律的名义惩罚我们。
> 快乐的父亲正漫无目的地纵容着我们。慷慨地分发完糖果之后，他变身为一位手持鞭子的"军官"。他已经准备好惩罚他的孩子们。他精通一系列惩罚，足足一整套。首先是责骂和发怒——这还可以忍受，就像暴风雨一样过去了。然后是拉、扭、捏耳朵，打耳光，用拳头击打脑袋。接下来是被送出房间，然后锁进地窖。再然后，这个孩子被忽视，被责备的沉默所羞辱。他被使唤去做杂务，被罚上床睡觉，或者被命令去搬煤。最后，作为高潮和警戒的惩罚来了——简

单而纯粹的惩罚。这种惩罚是父亲的保留节目，以铁腕手段进行。体罚是为了秩序、服从和仁慈而使用的，这样正义才可能实现，这种正义才可能被印刻在孩子的记忆中。这位"军官"伸手去拿鞭子，走向地窖，孩子紧随其后，没有一点罪恶感。他必须伸出双手（掌心朝上），或俯身趴在他父亲的膝盖上。鞭笞无情而精准，伴随着响亮或柔和的计数，没有任何缓刑的可能。这位"军官"对被迫采取这一步骤表示遗憾，声称这也伤害了他，而且确实伤害了他。在这一步骤的冲击之后，接踵而至的是漫长的沮丧，但这位"军官"要求大家高兴起来。他以夸张的欢快带领孩子上楼，在紧张的氛围中树立了一个好榜样，如果孩子没有变得快乐，他就会生气。一连好几天，总是在早饭前，在地窖里重复这样的惩罚。惩罚变成了一种仪式，而强制性的快乐也变成了一种烦恼。

在那天剩下的时间里，这种惩罚必须被忘记。关于罪过或赎罪只字不提，公正和不公正也被视而不见。孩子们的快乐并没有变成现实。面色苍白，沉默或偷偷哭泣，勇敢，沮丧，怨恨，百思不解——即使在夜里，他们仍然难逃正义的魔掌。它如雨点般落在他们身上，发挥着最后的影响，替父亲说出最后一句话。这位"军官"在家休假时也会惩罚他们，当孩子问他是否不想重返战场时，他很沮丧。

很明显，这里描述的是痛苦的经历，每句话都至少体现着主观的真实。如果有人怀疑故事的客观性（这个故事太过可怕而显得不真实），只需阅读"有毒教育"手册就会被说服。甚至还有一些复杂的分析理论严肃地指出，克里斯托夫·梅克尔在此提出的孩子的感受是他"攻击性或同性恋欲望"的投射，并将他描述的实际事件解释为孩子幻想的表达。一个被"有毒教育"弄得不确定自己认知正确性的孩子，在成年以后，很容易被这些理论弄得更加不确定，即使这些理论与经验相违背，他们也会被这些理论欺压。

因此，尽管梅克尔受过"良好的教养"，他却可以做出这样的描述，这怎么说都是一个奇迹。也许对这种情况的解释是，他的教养——至少在某个方面——曾因为父亲在外打仗成为战俘而中断了好几年。一个在童年和青少年时期一直遭受这种对待的人，不太可能如此诚实地描写他的父亲。在他人生的关键岁月里，他不得不日复一日地学习如何压抑自己承受的痛苦，如果承认自己的不幸，他就会看到童年的真相。然而，他不会接受这个事实，相反，他会赞同这样的理论：孩子才是唯一的投射主体，而不是父母投射的受害者。

当父母突然发泄自己的愤怒时，这通常是深度绝望的表现，而打孩子的思想观念和打孩子无害的信念，会掩盖这种行为的后果，使其无法被识别。孩子对痛苦变得迟钝的结果是，他一生都无法接触到关于自己的真相。只有有意识地体验情感，才有足够的力量制服门口的守卫，但这些恰恰是他不被允许去做的。

"有毒教育"的核心机制
分裂和投射

1943年，希姆莱发表了著名的"波兹南演讲"，在演讲中，他以德国人民的名义,感谢党卫军领导人在屠杀犹太人过程中发挥的作用。我将在此引用演讲中的一段话,正是这段话,最终使我在1979年理解了我三十年来一直徒劳地为之寻求心理学解释的东西:

> 我要坦率地跟你们谈一个非常严肃的问题。现在我们开诚布公地讨论这件事,但我们永远不会在公开场合谈论它。我指的是驱逐犹太人、清除犹太人的问题。这是一件说起来很容易的事情。"犹太人将被清除,"每个纳粹党员都这么说,"很明显,这是我们计划的一部分,消灭犹太人,灭绝,对,我们会这么做的。"然后,八千万正直的德国人,全都跑出来说他们认识一位正派的犹太人。其他人当然都是猪猡,但他认识的这位是一流的犹太人。所有持此观点的人,没有一个人目睹过(真正的灭绝),也没有一个人有这胆子。你们大多数人都知道,看到一百具尸体躺在一起,五百具,或者一千具,意味着什么。经历了这一切之后——除了少数展示出人性弱点的例子外——仍然保持着体面,这让我们变得坚韧。这是我们历史光辉的一页,以前没有,将来也不会有。
>
> 他们(犹太人)拥有的财富,已经全部被我们没收了。我发布了一道严格的命令……这些财富必须全部移交给帝国。我们不能把它据为己有。违反这一原则的人,将按照我一开始发布的命令进行惩罚,该命令警告:任何人只要拿了一马克,就要处死。有一些党卫军士兵——不是很多——不服从这一命令,他们将被无情地处决。我们有道德上的权利,也有义务保护我们的人民,杀死那些要致我们于死地的人。

但我们没有权利通过一件皮草、一块手表、一马克、一根香烟或其他任何东西，来使自己变得富裕。归根结底，因为我们消灭了一种细菌，我们不想被它感染而死。我决不会袖手旁观，让哪怕最轻微的腐坏在这里现身。无论它出现在哪里，我们都要一起把它烧尽。然而，大体上可以说，我们是出于对人民的爱而执行这项艰巨任务的。我们的内心，我们的灵魂，我们的品格，都没有因此受到伤害。[1]

这个演讲包含了复杂的心理动力机制的所有要素，这种机制可以被描述为自我各部分的分裂和投射，我们在"有毒教育"手册中经常遇到这种机制。通过训练让自己麻木地保持坚韧，需要"毫不留情地"压抑自己的所有弱点（包括情绪化、流泪、怜悯、对自己和他人的同情，以及无助、恐惧和绝望的感觉）。为了让与这些人性冲动的斗争更容易一些，第三帝国的公民被给予了一个承担一切可憎品质的对象，这些品质在他们的童年时期是被禁止的、危险的——这个对象就是犹太人。如果他们从小害怕的一切都可以归因于犹太人，如果这些"雅利安人"和他们的德国同胞一起，不仅被允许而且被要求与这个"劣等种族"的成员顽强战斗，那么所谓的雅利安人就可以摆脱他们的"坏"（即脆弱和失控）情感，感受到纯洁、强大、坚韧、洁净、善良、坚定和道德正确。

在我看来，类似犯罪的重演可能性仍然威胁着我们，除非我们了解其背后的根源和心理机制。

---

[1] 引自费斯特。

通过分析工作，我对变态心理的动力机制了解得越多，就越质疑战后不断提出的观点，即少数变态者应该对大屠杀负责。制造大屠杀的人并没有表现出任何变态的具体症状，诸如孤立、孤独、羞耻和绝望。他们并不孤立，反倒属于志同道合的团体；他们不感到羞耻，反倒感到骄傲；他们并不绝望，反倒兴奋或冷漠。

说这些人崇拜权威，习惯于服从，这种解释并没有错，但它也不足以解释大屠杀这样的现象。如果我们所说的服从，是指执行我们有意识接受的命令，那么在大屠杀中似乎不是这么回事。

但凡有一丝情感的人，都不可能在一夜之间变成杀人狂。但执行"最终解决方案"的人们并没有让感情阻止他们，原因很简单：这些人从小就被教育，不要有任何自己的感情，而要把父母的愿望当作自己的愿望。这些人从小就以坚强和不哭泣为荣，以"乐意"履行所有职责为荣，以无所畏惧为荣——换言之，他们根本就没有内在的生命。

在《无欲的悲歌》(*A Sorrow Beyond Dreams*)中，彼得·汉德克描写了他的母亲，她在五十一岁时自杀身亡。汉德克对母亲的怜悯和关心贯穿全书，他帮助读者理解了为什么作者在所有作品中都如此拼命地寻找自己的"真实感受"[1]。在他童年墓地的某处，他不得不埋下这些感情的根源，以便在艰难时期保护他情绪不稳定的母亲。汉德克描绘了儿时村庄的氛围：

> 要说一个人本身，那是没有什么可讲的，即便是在教堂

---

1 汉德克另一本著作的标题就叫《真实感受的瞬间》(*A Moment of True Feeling*)。

做复活节忏悔时,这每年一次的机会本来能够让人说一点自己的事,却也只是喃喃地背诵教义问答手册里的条目。在那些片段中,自我真是比月亮的一部分还让人感觉陌生。如果有谁谈的是自己,而不是信口东拉西扯,那就会被人说成"古怪"。个人的命运就算真能够发展得与众不同,其中的个性也会被磨灭得只剩下梦里的支离破碎,被宗教、习俗和教养的规程弄得疲惫不堪,弄得个人身上几乎就看不到什么人性的东西;"个性"只是作为骂人的词而为人所知。

自由自在地生活……是胡作非为……被剥夺了个人的故事和个人的情感,久而久之,你就开始像平常形容马这类家畜时说的那样"怯生"起来:你变得胆怯,几乎不再说话了,或是变得有点神经质,在屋里喊来叫去。[1]

情感的缺乏作为一种创作理想,不仅出现在绘画的几何图形趋势中,而且直到1975年左右,它仍表现在许多现代作家身上。在卡琳·斯特鲁克的《阶级爱情》(*Klassenliebe*,1973)中,我们读到了这一段:

迪特格哭不出来。祖母的去世使他非常难过,他深深爱着他的祖母。在葬礼结束回来的路上,他说:"我在想要不要挤出几滴眼泪——挤出来吧。"……迪特格还说:"我不需要做梦。"迪特格为自己不做梦感到骄傲。他说:"我从不做梦,

---

[1] 译文引自彼得·汉德克著,顾牧、聂军译,《无欲的悲歌》,上海人民出版社,2013年版。——译者注

我睡得很香。"尤塔说,迪特格在否认他无意识的感受和知觉,以及他的梦。

迪特格是战后出生的孩子。那么迪特格的父母有什么感受呢?我们对此不得而知,他们那一代人甚至比当代人更少被允许表达自己的真实感受。

在《父亲的隐藏面孔》中,克里斯托夫·梅克尔引用了他父亲——一位诗人和作家——在"二战"期间的日记:

> 在火车车厢里,有一个女人……正在讲述……德国政府在到处做生意。行贿受贿,哄抬物价,诸如此类,还有奥斯维辛集中营里的交易,等等。作为一名士兵,你与这些事情相距甚远,这些事情你根本不感兴趣。你代表了一个完全不同的德国,你并不想从战争中寻求个人利益,只是想问心无愧。我对这些平民垃圾只有鄙夷。也许我很愚蠢,但士兵就是奉献自己的蠢货。至少我们有一种荣誉感,没有人能把它从我们身上夺走。
>
> (1944-1-24)

> 在绕道去吃午饭的路上,我目睹了二十八名波兰人在运动场边上被公开枪杀。成千上万的人站在街道和河边。一堆惨不忍睹的尸体,总的来说恐怖而丑陋,但这种景象打动不了我。那些被枪杀的人,伏击了两名士兵和一位德国平民,并将他们杀害。一部堪称典范的现代民间剧。
>
> (1944-1-27)

一旦情感被消除，即使知道没有人会检查，顺从的人也会完美可靠地工作：

我同意与一位有求于我的上校见面，他下车走了过来。在一位说着蹩脚德语的中尉的帮助下，他抱怨说让他们在几乎没有粮食的情况下行军五天是不对的。我回答说，一个军官追随巴多格里奥[1]也是不对的，而且我非常不客气。另一群据说是法西斯分子的军官，他们把各种文件塞给我，我发动了车子，并且更加礼貌。

（1943-10-27）

对社会规范的完美适应，换句话说，对所谓"健康常态"的完美适应，伴随着危险，这样的人几乎可以被用于任何目的。在此发生的不是自主性的丧失，因为这种自主性从来就没存在过，而是价值观的转换。只要这个人的整个价值体系被服从的原则所支配，那么价值观本身对他来说就不重要。他从来没有超越将父母理想化的阶段，对他们的要求无条件服从，这种理想化很容易被转移到元首或某种意识形态上。既然专制的父母总是正确的，孩子就没有必要在每种情况下绞尽脑汁来确定对他们的要求是对是错。再者，他又该如何评判呢？如果他总是被告知什么是对什么是错，如果他从来没有机会去了解和熟悉自己的感受，此外，如果批评的尝试不为父母所接受因而对孩子来说太过危险，那么

---

1 彼得罗·巴多格里奥（Pietro Badoglio，1871—1956），意大利元帅，曾主导发动对埃塞俄比亚的全面攻势，1943年接替墨索里尼担任首相，使意大利退出"二战"。——译者注

他要从何处获得评判的标准呢？如果一个成年人没有发展出自己的思想，那么他无论如何都只能听命于当局，就像婴儿听命于父母一样。对那些更强大的人说"不"，对他来说总是太危险。

那些政治动荡的目击者一再报告，许多人都能以惊人的能力适应新形势。一夜之间，他们可以拥护与前一天完全不同的观点，并不会注意到其中的矛盾。随着权力结构的变化，昨天对他们而言已经完全消失。

然而，即使这一观察结果适用于许多人，甚至可能是大多数人，但它并不适用于每个人。总有一些人拒绝被迅速改造。我们可以用精神分析知识来解答这个问题，即是什么导致了这种至关重要的差异。在精神分析的帮助下，我们可以尝试去发现，为什么有些人对领导者和群体的命令如此敏感，而另一些人却能对这些影响免疫。

我们钦佩那些反对极权国家政权的人，认为他们有勇气、有"强烈的道德感"，或者一直"忠于自己的原则"，等等。我们也可能对他们的纯真报以微笑，心想："难道他们没有意识到，面对这种暴虐的力量，他们的话语一点用都没有？也没有意识到，他们将不得不为他们的抗议付出沉重的代价？"

然而，不论是钦佩这些反对者的人，还是蔑视这些反对者的人，可能都忽略了真正的问题：有些人拒绝适应极权主义政权，并非出于责任感，也不是因为天真，而是因为他们必须忠于自己。思考这些问题越久，我就越倾向于认为，勇气、正直和爱的能力并不是"美德"，不属于道德范畴，而是好命的结果。

当一些极为重要的东西缺失之后，规范道德和履行职责才成了必要的人为措施。一个人在童年时越是无法接触到自己的真实感情，智力武库和道德假肢的需求就越大，因为道德和责任感不是力量的源泉，也不是真实感情的沃土。假肢中不会有血液流动；它们被用来出售，可以为许多主人服务。昨天被认为是好的东西——取决于政府或政党的法令——今天可以被认为是邪恶和腐败的，反之亦然。但那些有自发情感的人只能做自己。如果他们想保持本真，就没有其他选择。拒绝、排斥、爱的缺失和谩骂同样会影响他们；他们会因此而痛苦，会害怕它们，但一旦他们找到了真实的自我，他们就不想失去它。当他们感到有人要求自己做某件打心眼里反对的事，他们就不会去做。他们就是做不到。

这就是那些幸运的人，他们确信，即使辜负了父母的某些期望，父母的爱也不会消失。还有一些人，尽管一开始没有这种好运，但后来——例如，通过精神分析——他们懂得了即使冒着失去爱的风险也要找回失去的自我。无论什么代价都不能让他们甘愿再度放弃它。

道德法则和行为规则的人为性质在母子关系中最为明显，因为在这种关系中谎言和欺骗的力量最为薄弱。责任感可能不是爱的肥沃土壤，但它无疑滋长了另外一种感情——相互间的愧疚感，而孩子将被终身的内疚与有害的感激之情永远地束缚在母亲身边。瑞士作家罗伯特·瓦尔泽曾经说过："有些母亲会从孩子中挑选最喜欢的一个，很有可能她们的亲吻会是对孩子的石刑，危害……孩子的存在本身。"如果这位作家知道，在情感层面上知道，他正在描述自己的命运，那么他的生命可能就不会在精神病院结束了。

在成年期通过严格的理智途径寻求解释和理解，并不足以消除儿童早期的调教。如果一个人在幼年就学会了遵守不成文的规矩，并放弃自己的感情，那么他在成年时会更容易服从成文的法则，而且内心不会有任何抵抗。但是，由于没有人能完全不带情感地生活，所以这样的人会加入那些认可甚至鼓励禁止感情的团体，他最终被允许在某种集体框架之内过完一生。每一种意识形态都为其追随者提供了机会，让他们集体释放被压抑的情感，同时保留理想化的原始对象，将其转移到新的领导者或群体身上，以弥补与母亲间令人满足的共生关系的缺乏。自恋群体的理想化担保了集体的自大。每一种意识形态都在自己的辉煌圈子之外找到一只替罪羊，随后，那个软弱且被鄙视的孩子，那个作为整体自我的一部分但被分裂出去、从未获得承认的孩子，现在可以在这只替罪羊身上被公开地蔑视和攻击。希姆莱在演讲中提到脆弱的"细菌"将被烧尽，非常清楚地表明了自大的德国人分配给犹太人的角色，通过这种方式，他们将自己内心不受欢迎的元素分裂了出去。

对分裂和投射机制的悉知，有助于我们理解大屠杀现象；同样，对第三帝国历史的了解，有助于我们更清楚地看到"有毒教育"的后果。在教养所灌输的拒绝幼稚的背景下，就更容易理解为什么人们几乎不费吹灰之力就把一百万儿童送进毒气室，这些儿童承受了他们内心中令他们恐惧的那部分。人们甚至可以想象，通过对这些儿童大喊大叫、殴打这些儿童，或者给这些儿童拍下照片，他们终于能够发泄源于童年早期的仇恨。从一开始，他们被教养的目的就是扼杀他们幼稚、顽皮和积极的一面。在他们身上施加的残忍，对作为孩子的他们的心灵谋杀，必须以同样的方式传递下去：每当他们把又一个犹太儿童送进毒气室时，他们实际上都是在谋杀自己内心的小孩。

吉塞拉·岑茨在《虐待儿童和儿童权利》(*Kindesmißhandlung und Kindesrechte*)一书中，介绍了斯蒂尔和波洛克在丹佛对虐童父母进行的心理治疗工作。这些孩子和他们的父母一起接受治疗。对这些孩子的描述，有助于我们理解纳粹大屠杀刽子手的行为根源——他们无疑在童年时期都曾遭受殴打：

> 孩子们几乎无法建立与其年龄相称的客体关系。他们对治疗师很少有自发和开放的反应，也很少向治疗师直接表达喜爱或愤怒。只有少数人对治疗师本人有直接的兴趣。经过六个月每周两次的治疗，有个孩子在咨询室外仍无法记住治疗师的名字。尽管治疗师与孩子之间的互动明显很热烈，两个人之间的关系也越来越紧密，但这种关系总是在一小时结束后突然改变。当孩子们离开时，他们给人的印象是治疗师对他们来说毫无意义。治疗师将此部分归因于孩子对即将回到家庭环境的调整，部分归因于他们缺乏客体恒常性，当治疗因假期或疾病而中断时，也会观察到这种情况。几乎所有孩子都一致否认客体丢失的重要性，他们中的大多数人都多次经历过这种情况。一些孩子逐渐能够承认，假期中与治疗师的分离对他们产生了影响，使他们感到悲伤和愤怒。
>
> 最让我们感到震惊的是，孩子们无法感到放松并体验快乐。有些孩子甚至几个月都没有笑过，他们走进咨询室时就像"忧郁的小大人"，他们的悲伤或抑郁都太明显了。当他们玩游戏时，他们似乎更多是为了治疗师而不是自己的乐趣。许多孩子似乎不熟悉玩具和游戏，特别是不熟悉与大人一起玩。当治疗师从游戏中获得乐趣，和他们玩得很开心时，孩

子们却感到很惊讶。通过对治疗师的认同，孩子们逐渐能够体验到玩耍的乐趣。

大多数孩子对自己的看法都非常消极，认为自己"愚蠢"，是"一个没人喜欢的孩子"，"什么都不会做"，而且"很坏"。他们从来不能为自己做得好的事情感到骄傲。他们不愿尝试任何新事物，非常害怕做错事，并经常感到羞愧。他们当中有些人几乎没有什么自我感知。这可以被看作父母态度的反映，他们不把孩子视为自主的人，完全只顾满足自己的需要。生活环境的频繁变化似乎也发挥了重要作用。一个六岁的小女孩，曾在十几个不同的寄养家庭生活过，她不明白为什么无论住在谁家，她都保留着自己的名字。孩子们画的人像极其原始，他们中的许多人无法画出自己的样子，尽管他们画的无生命物体与其年龄水平相当。

孩子们有一种良知——更确切地说，是一套极其严格和以惩罚为目的的价值体系。他们对自己和别人都非常挑剔，当其他孩子在好与坏的问题上逾越他们的铁律时，他们就会变得愤怒或极度焦虑……

孩子们几乎完全无法表达对成年人的愤怒和攻击。另一方面，他们的故事和游戏却充满了侵略性和残酷性。玩偶和虚构人物不断被殴打、折磨和杀死。许多孩子在游戏中重演自己的受虐经历。比如，一个孩子，他的头骨在婴儿期被打裂了三次，他总是编造一些关于人或动物头部受伤的故事。另一个孩子，当他还是个婴儿时，他母亲曾试图把他淹死。他在游戏治疗开始时在浴缸里淹死一个洋娃娃，然后让警察把他的母亲送进监狱。尽管这些事件在孩子们公开表达的恐惧中所起的作用不大，但它们是一种强烈的无意识关注的基础。孩子们几乎从来不能用语言表达他们的焦虑，但他们却怀着强烈的愤怒和报复欲望，然而，与此同时，他们也非常害怕这些冲动一旦爆发会发生什么。随着治疗过程中移情的发展，这些感觉被指向治疗师，但几乎总是以间接的被动攻击的形式。例如，治疗师不断地被球击中，或者他的物品不断遭遇"意外"……

尽管与孩子们的父母接触很少，但治疗师有个强烈的印象：在这些案例中，亲子关系在很大程度上带有诱惑性和其他性暗示。比如，一位母亲每当感到孤独或不开心时，就会和她七岁的儿子一起睡觉。许多父母经常相互攀比，急切寻求孩子的爱，而许多孩子正处于恋母或恋父阶段。一位母亲形容她四岁的女儿"性感"、爱调情，并预言女儿在与男人的关系中会有麻烦。似乎那些被迫满足父母一般需求的孩子，也不得不满足父母的性需求，父母通常以隐蔽的、无意识的方式挑逗孩子。

为了投射的目的，希特勒把犹太人推给从小就被教育要自控、服从、压抑自身感情的德国人，这算是他的"天才之举"。但这种机制的运用绝不是什么新鲜事。在大多数征服战争中，在十字军、宗教裁判以及近代历史中都可以看到。然而，到目前为止，很少有人注意到这一事实，即所谓的教养在很大程度上也基于这种机制，反过来说，如果没有这种教养方式，这一机制也不可能为政治目的所利用。

这些迫害案例的特点是存在强烈的自恋因素。在这里，遭受攻击和迫害的是自我的一部分,而不是真正危险的敌人,所以迫害者的生命并没有受到实际威胁。在很多情况下,教养是为了防止孩子重现那些曾在自己身上被蔑视和根除的品质。莫顿·沙茨曼在其令人印象深刻的著作《灵魂谋杀:家庭中的迫害》中,展示了19世纪中期一位有影响力的著名教育家施雷伯倡导的教养方法,在何种程度上基于成年人扼杀自身某些部分的需要。和许多父母一样,施雷伯试图在孩子身上抹去的,正是他自己害怕的东西:

> 如果及时找出并消灭那些卑贱的种子(如杂草),那么,人性的高贵种子就会自发地在纯洁中萌芽。我们必须坚决而有力地做到这一点。指望孩子的不良行为和性格缺陷会自行消失,因此放松警惕,是一种危险而又常见的错误。一个人的棱角或其他精神缺陷可能会逐渐钝化,但任其自生自灭的话,其根源仍然深埋土中,继续在有毒的冲动中蔓延,从而阻止高贵的生命之树像它本来那样蓬勃生长。孩子的不良行为,长大后将成为严重的性格缺陷,并为堕落和卑鄙开辟道路……压制孩子身上的一切,让他远离所有他不该有的东西,坚定地引导他走向所有他应该习惯的东西。[1]

对"真正高贵的灵魂"的渴望,合理化了人们的行为,令他们残酷对待易犯错误的孩子,并对看穿虚伪的孩子感到痛心。

必须从一开始就让孩子听话的教育信念,其根源在于大人

---

[1] 引自沙茨曼。

需要把内心自我中令人不安的部分分裂出来,并投射到一个便利的对象上。儿童的巨大可塑性、灵活性、无防御能力和便利性,使其成为这种投射的理想对象。终于可以从外部追猎内部的敌人了。

和平倡导者越来越意识到这些机制所起的作用。但是,除非清楚地认识到这些机制可以追溯到教养的方法,否则我们几乎对它们无可奈何。那些在成长过程中,因父母讨厌自身品质而受到攻击的孩子,长大后几乎迫不及待地要把这些品质扣在别人身上,这样,他们就可以再次把自己当作善良、"有道德"、高尚、无私的人。这种投射很容易就能成为任何世界观的一部分。

第 2 章
是否存在无害的教育学？

温柔的暴力

公然的虐待并不是扼杀孩子活力的唯一方法。我将以一个家庭为例来说明这一点，追溯这个家庭几代人的历史。

19 世纪，一位年轻传教士和他的妻子前往非洲，劝说人们皈依基督教。通过这份工作，他使自己从少年时令他苦恼的宗教怀疑中解脱出来。最后，他成了一位真正的基督徒，就像他父亲一样，全心全意地将自己的信仰传递给他人。这对夫妇有十个孩子，其中八个孩子一到上学年龄就被送到欧洲。这里面有个孩子后来当了父亲，他总是告诉唯一的儿子 A，能和家人一起生活有多幸运。他自己从小就被送去上学，直到三十岁才再次见到父母。他怀着忐忑不安的心情，在火车站等候已记不清模样的父母。果不其然，当父母到来时，他没有认出他们。他经常讲述这段逸事，没有任何悲伤的迹象，而是带着打趣的神情。据 A 描述，父亲是个善良、温和、善解人意、懂得感恩、知足且虔诚的人。他所有的家人和朋友也都很钦佩这些品质，但没人能解释为什么他的儿子A，尽管拥有这样一位心地善良的父亲，却患上了严重的强迫性神经症。

从孩提时代起，A就被一种不安的强迫性思维所困扰，但在面对实际的挫折时，他却无法体验不满或烦恼的感觉，更不用说愤怒或暴怒了。他从小就很痛苦，因为他没有"继承"父亲那"安详、自然、信任"的虔诚，他试图通过阅读虔诚的文学作品来达到这一目的，但一些"坏的"想法（因为具有批判性）让他感到恐慌，总是在阻碍他。在接受很久的治疗之后，A才能够表达自己的批评，而不是把它包裹在令人不安的幻想中，他那时不得不努力去克制这些幻想。后来A的儿子在学校加入了一个小组，帮了A一个大忙。A很容易在儿子的意识形态中找到矛盾、局限和狭隘的地方，这随后也使他能够批判性地审视精神分析，并将其定义为分析师的"宗教"。在移情的阶段，他逐渐意识到自己与父亲关系的悲剧。对各种意识形态感到失望的例子成倍增加，他越来越意识到，这些意识形态如何被其追随者当作防御机制。他心中涌起了对一切故弄玄虚的强烈愤慨。这个被欺骗的孩子体验到重新被唤起的愤怒，这最终使他对所有的宗教和意识形态产生怀疑。他的强迫性思维逐渐减少，但直到这些感觉与他去世已久、在他童年时被内化的父亲联系起来时，它们才完全消失。

在A的分析治疗期间，曾经无可奈何地，对父亲的态度施加在他身上的可怕束缚的愤怒终于得到了承认。人们期望他像父亲一样，温和、善良、懂得感恩、不苛求、不哭泣，总是"积极地"看待一切，永远不挑剔，永远都知足，总是为那些"境况更差"的人着想。以前未被意识到的叛逆情绪向他揭示了童年时的狭隘，那时，所有不够虔诚、不够阳光的东西都必须被驱逐。只有在他被允许表达自己的反叛之后（他不得不把这种反叛分裂出来，投射到儿子身上，这样他才能与之对抗），他父亲的另一面才展现在他面前。他在自己的愤怒和悲痛中发现了这一点，没有其他人能让他相信这一点，因为父亲不稳定的一面在儿子的心灵中，在他的强迫症中，找到了归宿，无情地扎下根，折磨了他四十二年。儿子的疾病帮助父亲维护了他的虔诚。

现在，A找到了回顾童年情感的途径，他也能与父亲的童年时光产生共鸣。他问自己，父亲当时是如何面对这个事实的：父母为了在非洲传播基督教的兄弟之爱，把八个孩子送到那么遥远的地方，从来没有看望过他们。难道他不应该对这样的爱，对需要如此残忍对待孩子的工作，产生深深的怀疑吗？但他不敢怀疑，因为他怕那虔诚而严厉的姑妈不收留他。一个六岁的孩子，父母远在千里之外，怎么能独自生活呢？他没有其他选择，只能相信要求人们做出非凡牺牲的上帝（因为这使他父母成为崇高事业的仆人）。他别无选择，如果他想要被爱，只能变得虔诚和开朗。为了生存，他必须知足，懂得感恩，并养成阳光、快乐的性格，这样他才不会成为任何人的负担。

这样的人成了父亲，他苦心建立的心理大厦将面临威胁：他看到眼前的孩子充满活力；看到一个人应该是怎样的；看到如果没有障碍，他将会成为什么样的人。但他的恐惧很快被激活：他不允许这种情况发生。如果允许孩子保持本来的样子，那不就意味着父亲的牺牲和自我否定并非真正必要吗？如果不像几个世纪以来被告知的那样，不强迫孩子听话，不破坏他的意志，不打击他的自负和任性，有可能让孩子健康成长吗？父母根本不允许自己问这些问题。这样做会带来无穷无尽的麻烦，他们会失去继承而来的意识形态提供的可靠基础，这种意识形态把压制和操纵生命的自发性视为最高价值。A的父亲就处于这样的境地。[1]

在他儿子还是婴儿时，他就试图让其控制自己的身体机能，并成功地在很早的时候就将这种控制内化。他帮助母亲训练孩子上厕所，并通过"爱的方式"分散A的注意力，教他耐心地等待喂食，从而使喂食按照精确的时间表进行。当A不喜欢别人给他吃的东西，或者吃得"狼吞虎咽"或"不够斯文"时，他就会被放到角落，看着父母平静地吃完饭。也许角落里的那个孩子就是父亲内心小孩的替身。父亲从小就被送到欧洲，不知道自己犯了什么罪，要被带离他深爱的父母那么远。

A不记得自己曾被父亲打过。然而，为了让儿子成为"知足的孩子"，这名父亲也没有意识到自己对待儿子就像对待自己内心中的小孩一样残酷。他有计划地试图摧毁儿子身上的一切活力。如果那残存的活力没有在强迫症中寻求庇护，没有从那里发出求救信号，那么这个儿子确实在精神上已经死亡，因为他只是父亲苍白的影子，没有自己的需求，也没有任何自发的情感。他知道的只有令人沮丧的空虚和对强迫思维的恐惧。在分析治疗中，四十二岁的他第一次了解到，他实际上曾经是个多么有活力、好奇、聪明、活泼和幽默的孩子。这个孩子现在能够重生，并发展他的创造力。A逐渐认识到，他的严重症状一方面是自我中重要的活力被压抑的结果，另一方面是他父亲忘却的、无意识的冲

---

[1] A的母亲也是在这种意识形态下长大的。在此不讨论她，因为A感到疑虑但仍被迫坚持的信念，在其病情中是个重要因素，而这主要与他的父亲有关。

突的反映。父亲脆弱的虔诚及其分裂出去的未被承认的怀疑，在儿子痛苦的强迫思维中暴露无遗。如果父亲能够有意识地面对自己的怀疑，接受并整合它们，他的儿子就不必在这些疑虑中成长，可以更早地拥有自己完整的生活，而不需要心理分析的帮助。

教育学满足的是父母的需要，而不是孩子的

读者应该早就注意到，所有的教育学都充斥着"有毒教育"的观念，无论这些观念在今天被掩饰得多么好。由于埃克哈德·冯·布劳恩米尔的著作明确揭露了当今世界教育方法的荒谬和残酷，我只需在此提醒人们注意这些作品（见参考文献）。也许我很难分享他的乐观主义，因为我认为，对父母而言，对自己童年的理想化，是学习的主要的、无意识的障碍。

我的反教育学立场并不针对特定的教育学意识形态，而是针对一切教育学意识形态本身，即使它具有反权威的性质。这种态度基于我很快将要描述的见解。现在，我只想简单地指出，我的立场与卢梭主义对人类"本性"的乐观精神毫无共同之处。

首先，我认为孩子并不是在某种抽象的"自然状态"中长大的，相反，他在具体的照料环境中长大，照顾者的无意识对孩子的成长会产生巨大影响。

其次，卢梭的教育学极具操纵性。教育家们似乎并不总是认识到这一点，但布劳恩米尔令人信服地证明并记录了这一点。例子之一是《爱弥儿》（第二卷）中的一段话：

采取一种完全相反的方法去教导你的学生，总是让他以为自己是主人，但实际上你才是主人。没有比保持自由的表象更完美的臣服形式了，这样，意志本身也被俘虏了。这个可怜的孩子，他什么都不知道，什么都不会做，也没有经验，难道他不听从你的摆布吗？难道你不能控制他所处环境中有关的一切吗？你不能随心所欲地控制他获得的印象吗？他的任务，他的游戏，他的快乐，他的烦恼——这一切不都在你的掌握之中而他却浑然不知吗？毫无疑问，他可以做自己想做的事，但也只是按照你的意愿去做；他的每一步行动，你都早有预料；他一开口说话，你就知道他要说什么。

我相信训练的影响是有害的，原因如下：所有与抚养孩子有关的建议，或多或少都暴露了成年人大量的隐秘需求。满足这些需求，不仅不会促进孩子的发展，实际上还会阻碍他们。即使大人确信这样做是为了孩子的最佳利益，情况也是如此。

我们在成年人真正的动机中可以发现：

1. 把自己遭受的屈辱传递给他人的无意识需要；

2. 为被压抑的情感寻找出口的需要；

3. 占有和操纵重要客体的需要；

4. 自我防御，即将自己的童年和父母理想化、将父母的教育原则教条地用于自己孩子身上的需要；

5. 对自由的恐惧；

6. 对被自己压抑的东西再次出现的恐惧，如果它在孩子身上重现，就必须设法消除，因为过去在自己身上已经扼杀了它；

7. 为自己遭受的痛苦复仇。

每个人在成长过程中，至少都会经历上述某一点的情况，既然如此，那教养过程最多也就适合将孩子培养成"优秀的"教育者。然而，它永远无法帮助孩子保持生命活力。当孩子接受训练时，他们反过来也学会了训练他人。被说教的孩子，学会了如何说教；被训诫的孩子，学会了如何训诫；被责骂的孩子，学会了如何责骂；被嘲笑的孩子，学会了如何嘲笑；被羞辱的孩子，学会了如何羞辱；如果他们的灵魂被杀死，他们也将学会如何"杀人"——唯一的问题是谁会被杀：自己，他人，还是二者兼有。

所有这些，并不意味着孩子应该在没有约束的情况下被抚养长大。照料者的尊重、对孩子感受的接纳、意识到他们的需求和不满，对孩子的健康成长至关重要。但同样重要的是父母自身的本真性，因为为孩子设定自然限制的，正是父母本身的自由，而不是教育学的考量。

正是这最后一点，给父母和教育工作者带来了巨大的困难，原因如下：

1. 如果父母从小就不得不学会忽视自己的感受，不把它们当回事，蔑视或嘲笑它们，那么他们就会缺乏成功与孩子相处所需的敏感性。因此，他们会试图用教育学的原则取而代之。在某些情况下，他们可能不愿意表现出温柔，因为担心会宠坏孩子；或者，他们会把自己受伤的感情隐藏在第四诫条之后。

2. 有些父母在童年时从未学会意识到自己的需要或捍卫自己的利益，因为他们从未被授予这一权利，他们的余生将在这方面变得极其不确定，因此将依赖严格的教育学规则。尽管有这些规则存在，这种不确定性，不管是以施虐狂还是受虐狂的形式出现，仍会导致孩子巨大的不安全感。举个例子：一个从小就被训练得很听话的父亲，有时可能会采取残暴的措施来强迫孩子听话，以满足他的需求：有生以来第一次获得尊重。但这种情况并不排除其间可能出现受虐行为，即这个父亲会忍受孩子做的任何事情，因为他从未学会如何界定自己的容忍限度。因此，他对之前不公正惩罚的愧疚会突然导致他变得异常宽容，从而唤醒了孩子的焦虑，他们无法忍受对父亲真实面目的不确定。孩子越来越挑衅的行为最终会激怒父亲，使他发脾气。最后，孩子代替祖父母扮演了施虐的角色，但不同的是，父亲现在可以占上风了。在这种情况下，孩子"太过头了"，以至于向教育者证明管教和惩罚的必要性。

3. 由于孩子经常被当作父母的替代品，他可能成为无数不可能实现的、相互矛盾的愿望和期望的承担者。在极端情况下，精神错乱、吸毒成瘾或自杀可能是唯一的解决办法。但通常情况下，孩子的无助感会导致越来越多的攻击性行为，这反过来使父母和教育者相信有必要采取严格的对策。

4. 如果孩子被灌输某些行为方式，就像20世纪60年代的反权威教养那样[1]，也会出现类似的情况。父母希望过去的自己能被允许如此行事，因而认为这是普遍可取的。在这个过程中，孩子的真正需求可能会被完全忽视。我知道这样一个例子：一个感到悲伤的孩子被鼓励去打碎玻璃，而她最想做的其实是趴在母亲的大腿上。如果孩子继续这样被误解和操纵，他们会真正地感到困惑，并顺理成章地发展出攻击性。

与普遍接受的信念相反并让教育家们恐惧的是，我不能把

---

[1] 这是德国教养方法最近的发展方向，大概是基于美国宽松的教养方式。

任何积极的意义归于"教育学"这个词。我认为它是成年人的自我防御，是缺乏自由和不安全感而产生的操纵，这一点我当然可以理解，但我不能忽视其内在的危险。我也能理解为什么罪犯会被送进监狱，但我看不出剥夺自由和监狱生活真的有助于囚犯的改善与发展，因为它们完全是为了遵从、服从和顺从而设计的。在"教育学"这个词中，有这样一种暗示：孩子应该达到某些目标。而这从一开始就限制了他发展的可能性。但是，诚实地拒绝一切形式的操纵和设定目标的想法，并不意味着让孩子们自生自灭。孩子需要成年人在情感和身体上给予大量支持。如果他们要充分发挥自己的潜力，这种支持必须包括以下要素：

1. 尊重孩子本人；

2. 尊重孩子的权利；

3. 接纳孩子的感受；

4. 愿意从孩子的行为中了解：

（1）这个孩子的本性；

（2）父母内在的小孩；

（3）情感生活的本质，这在孩子身上比在成年人身上观察得更清楚，因为孩子能更强烈地体验自己的情感，理想的情况是，比起成年人，孩子能更不加掩饰地体验情感。

有证据表明，在年轻一代中也可能有秉持这种意愿的人，即使他们本身就是教养的受害者。

但是，要从几个世纪的束缚中解放出来，几乎不可能在一代人身上一蹴而就。作为父母，我们从新生儿身上学到的生活法则，远比从自己父母身上学到的要多。这种观念会让许多老年人觉得荒谬可笑。年轻人也可能会怀疑这个观念，因为他们中的许多人被心理学著作和内化的"有毒教育"弄得很没有安全感。例如，一位非常聪明和敏感的父亲问我：你不认为向孩子学习是在虐待他们吗？这个问题来自一个出生于1942年的人，他在很大程度上超越了他那一代人的禁忌。而这个问题告诉我，我们必须注意阅读心理学书籍可能带来的误解和新的不安全感。

真诚地尝试学习会被认为是一种虐待吗？如果不认真倾听别人告诉我们的事情，真正的融洽关系很难实现。我们需要倾听孩子在说什么，这样才能给他们理解、支持和爱。另一方面，如果孩子想要充分地表达自我，就需要自由的空间。在这里，手段和目的之间并没有差异，这是一个涉及对话的辩证过程。学习是倾听的结果，而这一结果反过来又会使你更好地倾听和关注他人。换句话说，要向孩子学习，我们必须有同理心，而同理心又会随着我们的学习而增长。对那些希望孩子成为某种样子，或认为他们必须对孩子有所期望的父母或教育者来说，则是另一回事。为了达到他们的"神圣"目的，他们试图按照自己的形象来塑造孩子，压制孩子的自我表达，同时也错失了学习的机会。当然，这种虐待往往是无意识的，它不仅针对孩子——如果我们仔细观察的话——还渗透在大多数人际关系中，因为对方常常是曾被虐待的孩子，现在正无意识地展示着他们童年时发生的事情。

反教育学的著作（布劳恩米尔和其他人的作品）对年轻的父母有很大帮助，只要他们不把这些著作解读为"如何为人父母"的指南，而是利用它们来拓展自己的知识，这样他们就能得到鼓励，抛弃偏见，以新的视角看待问题。

第二部分

无声戏剧的最后一幕

世界以恐惧回应

引 言

很难在谈论虐待孩子的话题时不带说教口吻。对殴打孩子的成年人感到义愤，对无助的孩子感到同情，是非常自然的；因此，即使对人性有充分了解，我们也会忍不住谴责成人的残忍和野蛮。但是，你到哪里去找至善或至恶之人呢？父母虐待子女的原因，与其说与性格和性情有关，不如说是因为他们自己也曾遭受虐待，不被允许保护自己。像 A 的父亲这样的人不计其数，他们善良、温柔、高度敏感，却每天都在虐待自己的孩子，并称之为"教养"。只要人们认为打孩子必要且有用，他们就可以为这种虐待辩护。今天，当他们"失手"时，当无法理解的冲动或绝望驱使他们对孩子大喊大叫、羞辱或殴打孩子、让孩子哭泣时，这些人会感到痛苦，但他们无法控制自己，下次还会照做不误。只要他们坚持将自己的童年理想化，这种情况就不可避免地会继续发生。

保罗·克利是一位以魔幻和诗意油画而闻名的伟大画家。他唯一的孩子可能也是唯一熟悉他另一面的人。他儿子费利克斯·克利曾告诉采访者（《建桥者报》，1980 年 2 月 29 日）："他有两面性。他很有趣，但也会在我的成长过程中给我一顿暴打。"

保罗·克利制作了许多绝妙的木偶,大概是为他儿子制作的,其中有三十个至今仍保存完好。他儿子说:"爸爸在我们小公寓的门口搭建了一个舞台。他承认当我在学校的时候,他有时会为猫表演……"父亲不仅为猫表演,也为他儿子表演。鉴于此,费利克斯会记恨父亲殴打他吗?

我用这个例子来帮助读者从"好父母"或"坏父母"的陈词滥调中解放出来。残忍的行为可以有一千种形式,即使在今天也不会被人发现,因为它对孩子造成的伤害和后果仍然鲜为人知。本书的这一节专门讨论这些后果。大多数人在一生中,会有以下几个心理阶段:

1. 在儿时受到伤害,而没有人意识到这种情况;

2. 对由此产生的痛苦未能做出愤怒的反应;

3. 对所谓的"好心"表达感激之情;

4. 忘记所有事情;

5. 成年后将积蓄的愤怒发泄到他人身上,或将其指向自己。

对孩子最大的残忍,就是以失去父母的喜欢和爱为威胁,不让他们表达自己的愤怒和痛苦。源自童年早期的愤怒被储存在无意识中;由于这种愤怒基本上代表了一种健康且重要的能量来源,为了压制它,必须消耗同等的能量。以牺牲孩子的生命活力为代价来满足父母的需要,这种教养有时会导致自杀,或者极端的吸毒成瘾——这也是自杀的一种形式。如果毒品成功掩盖了被压抑的情绪和自我疏离造成的空虚,那么戒断的过程就会把这种空虚重新带回到人们眼前。如果戒断过程没有伴随着活力的恢复,那么治愈肯定只是暂时的。作为国际畅销书和电影的主人公,克里斯蒂亚娜·F.为这种悲剧描绘了一幅极其生动的画面。

第 1 章
消灭自我的战争

青春期失去的机会

父母常常有很多驯服手段,保证孩子在进入青春期之前不会遇到任何问题。在潜伏期,情感和冲动的"消停"助长了父母培养模范子女的愿望。在希尔德·布鲁赫的《金色牢笼》(*The Golden Cage*)一书中,父母无法理解曾经天资聪颖、彬彬有礼、有所成就、适应力强、体贴入微的女儿为何突然得了厌食症。他们对似乎拒绝一切规范的青少年感到无奈和不解,这些女孩自我毁灭的行为,无法通过逻辑论证或"有毒教育"的微妙手段加以修正。

在青春期,青少年经常会惊讶于自身真实情感的强度,因为在潜伏期,他们成功地与这些情感保持着距离。随着生理发育的突飞猛进,这些情感(暴怒、生气、叛逆、恋爱、性欲、热情、快乐、陶醉、悲伤)寻求充分表达,但在许多情况下,这会危及父母的心理平衡。如果青少年公开表达自己的真实感受,他们将有可能被当作危险的恐怖分子送进监狱，或者被当作疯子送进精神病院。毫无疑问，对于莎士比亚的哈姆雷特或歌德的维特，我们的社会所能提供的只有精神病诊所；而席勒笔下的卡尔·莫尔很可能也会面临同样的命运。吸毒者尝试通过与自己的真实情感做斗争来适应社会，但由于他们在青春期的风暴中无法完全脱离这些情感，所以他们试图在毒品的帮助下重新获得它们，这似乎奏效了，至少一开始是这样。但是，由父母代表的、早已被青少年内化的社会观点必须占上风：拥有强烈情感的后果就是被拒绝、孤立和排斥，乃至遭受死亡的威胁，也就是走上自我毁灭的道路。

为了寻找真实的自我——这当然是合理和必要的目标，吸毒者惩罚自己，通过破坏自身的自发情感，重复了童年早期开始表现出活力时受到的惩罚。几乎每一个海洛因成瘾者都描述了最初体验到的前所未有的强烈感觉，结果更让他意识到日常情感生活的乏味和空虚。

他简直无法想象，没有海洛因也能有这样的体验；可以理解的是，他开始渴望这种体验再次出现。因为在这些非同寻常的时刻，年轻人发现了他可能是怎样的人；他与自我取得了联系，正如所料，一旦发生了这种情况，他就再也停不下来。他不能再表现得好像他的真实自我从未存在过一样。现在，他知道它确实存在，但他也知道，从童年早期开始，这个真实自我就不曾有过机会。因此，他向命运妥协：在不被人发现的情况下，时不时地邂逅他的自我。甚至他也不知道这意味着什么，因为是"毒品"带来了这种体验，这种效果来自"外部世界"，很难自发实现。它永远不会成为他自我的一部分，他也永远无法为这些感受承担责任。在这一次和下一次的吸毒间隙，他表现出的极度冷漠、昏睡、空虚、不安和焦虑，就证明了这一点：吸毒结束，就像做了一场不记得的梦，不会对他的整个生活产生任何影响。从成瘾者曾经的经历来看，对荒谬的强迫行为产生依赖，同样是可以理解的：因为依赖是他过去整个生活的典型特征，所以他几乎意识不到这一点。一名二十四岁的女子——从十六岁起就对海洛因上瘾——在电视上解释说，她通过卖淫来买毒品以满足自己的毒瘾，只有靠吸毒才能"忍受那些欲望"。她给人的印象非常真诚，我们可以理解和同情她所说的一切。只是她把这种恶性循环视为唯一可能的生活方式，这让我们感到困惑。这个女人显然无法想象摆脱毒瘾后的另一种生活，因为她从来不知道自由意志这一类东西。她知道的唯一生活，就是被毁灭性的强迫所支配的生活，这就是为什么她无法理解这种行径的荒谬。她继续将父母理想化，这并不让我们惊讶，因为吸毒者经常这样做。她为自己的软弱，为父母的失望和蒙羞感到内疚。她还说，"社会"是罪魁祸首——这当然无可否认。但是，只要她继续保护父母不受谴责，她就无法认清真正的困境，即寻找真实自我与满足父母需要之间的冲突。克里斯蒂亚娜·F.命途多舛的一生，可以帮助我们理解这种困境。

通过毒品寻找自我和自我毁灭

克里斯蒂亚娜·F.的一生

在六岁之前，克里斯蒂亚娜一直住在乡下的农场，她整天和农场主待在一起，给动物喂食，"和其他人在干草堆里玩耍"。

后来，他们家搬到柏林，她和父母以及比她小一岁的妹妹，住进了格罗皮乌斯施塔特的一栋高层住宅，挤在十二楼一套两室半的公寓里。对一个孩子来说，突然失去乡村环境，失去熟悉的玩伴，失去在乡村生活的自由空间，这本身就够难受的了，如果这个孩子必须独自承受这种缺失，还要经常面临不可预知的惩罚和殴打，那就更悲惨了。

  要是父亲的事业没有变糟，我就能开心地和我的动物们在一起。当母亲去工作时，父亲在家里无所事事。他们想开办的婚姻介绍所毫无进展。现在，他在等着一份称心如意的工作出现。他坐在家里破旧的沙发上等待着。他那疯狂的暴怒变得越来越频繁。

  母亲下班回家后，会辅导我写作业。有一段时间，我分不清 H 和 K 这两个字母。一天晚上，母亲煞费苦心地向我解释它们的区别。我几乎无法注意她在说什么，因为我发现父亲变得越来越生气。我总是清楚什么时候会挨打：他去厨房拿来扫帚，把我狠狠揍了一顿。然后，我得告诉他 H 和 K 的区别。当然，那时我已经什么都不知道了，所以我又被揍一顿，然后被送去睡觉了。

  那是他帮助我做功课的方式。他希望我变得聪明，出人头地。毕竟，他的祖父本来很富有——在东德拥有一家印刷公司和一家报社，还有很多其他财产。"二战"之后，一切都被东德政府征用了。现在，父亲一想到我在学校没出息，他就会抓狂。

  有几个夜晚我至今记得清清楚楚。有一次，我的作业是在算术本上画房子。它们应该是六格宽，四格高。我画好了一栋房子，而且画得还不错，这时父亲突然走过来，坐在我身边。他问我下一栋房子应该画在哪里。我太害怕了，不再数方格子，而是开始瞎猜。每当我指着错误的方格，他就打我一下。我只能号啕大哭，根本无法再回答，于是他走到盆栽那边。我非常清楚这意味着什么。他把支撑植物的竹棍从花盆里拔了出来。然后，他用棍子拼命抽打我的屁股，直到脱掉一层皮。

我甚至在吃饭的时候都害怕。如果我洒了什么，就会挨一巴掌。如果我打翻了什么东西，他就会抽打我的屁股。我几乎不敢碰我那杯牛奶。我太害怕了，几乎每顿饭都做错事。晚饭后，我会很客气地问父亲是否要出门。他经常会出去，然后我们三个女人终于可以松一口气。那些夜晚出奇地宁静。当然，当他深夜回家时，很可能会发生另一场灾难。他通常会喝一点酒。然后，任何小事都能让他暴跳如雷，比如说我们乱放玩具或衣服。父亲总是说，生活中最重要的事情就是要整洁。如果回家发现有任何不整洁的地方，他会在半夜把我从床上拽起来揍一顿。我妹妹之后也会被他揍。然后，父亲把我们的东西扔在地上，命令我们在五分钟内将它们整理好。我们通常不能在这么短的时间内完成，所以接着又被揍了一顿。

每每发生这样的事，母亲就站在门口哭。她几乎不敢为我们说话，因为那样她也会挨打。只有我那只叫埃阿斯的狗经常试图干预。每当有人挨揍时，它就会尖声哀嚎，眼神忧伤。它最有可能让父亲恢复理智，因为父亲和我们一样爱狗。

他偶尔会对埃阿斯大吼,但从不打它。

尽管如此,我还是很爱我的父亲,尊重他。在我眼里,他比其他父亲都高大。但最主要的,还是我对他的恐惧。与此同时,我发现他总是打我们这件事很正常。格罗皮乌斯施塔特的其他孩子在家也一样。有时,他们的眼睛甚至都被打青了,他们的母亲也是如此。有些父亲会醉醺醺地躺在街上或操场上。我的父亲从不喝得那么醉。有时在我们的街道上,家具会从高楼的窗户里飞出来,女人会喊救命,警察会上门。所以,我们的情况并没有那么糟糕……

也许我父亲最爱的是他的车,一辆保时捷。只要它不在修车店里,他几乎每天都在擦拭它。我想,格罗皮乌斯施塔特的其他人都没有保时捷。总之,肯定没有哪个失业的人开保时捷。

当然,在那些日子里,我完全不知道我父亲有什么问题,也不知道他为什么总是暴跳如雷。直到后来,和母亲谈论父亲的时候,我才明白了这一点。我渐渐地有所了解,他只是无法成功。他一直想出人头地,却总是一败涂地。他的父亲因此瞧不起他。爷爷甚至警告我母亲不要嫁给这样一个一无是处的人。爷爷一直对我父亲有许多殷切的期望和伟大的计划……而我最热切的愿望是快点长大,成为像父亲一样的大人,拥有支配他人的真正权力。与此同时,我也测试了我拥有的权力……

几乎每天,我和一个女孩还有我的妹妹,都会玩我们学过的一个游戏。放学后,我们从烟灰缸和垃圾桶里收集烟蒂。我们把它们弄平,夹在嘴唇之间,然后猛吸一口。如果我妹妹也想要烟蒂,她就会被打手掌。我们命令她做家务——洗碗、打扫灰尘,以及父母让我们做的其他事情。然后,我们拿出玩具车,锁上公寓的门,出去散步。我们把妹妹锁在家里,直到她完成工作。[1]

克里斯蒂亚娜经常因为莫名其妙的理由被父亲殴打,最终她开始做出让父亲"有充分理由打她"的行为。这样做,她改善了父亲的角色——曾经不公正且喜怒无常的父亲现在至少可以公正地实施惩罚了。为了挽救她深爱并理想化的父亲形象,这是她唯一的方法。她也开始激怒其他男人,把他们变成严厉的父亲——首先是楼管,然后是她的老师,最后在她吸毒期间,是警察。通过这种方式,她可以将自己与父亲的冲突转移到其他人身上。因为克里斯蒂亚娜不能和父亲谈论并解决冲突,她把对父亲的根本仇恨压抑到无意识中,把她的敌意指向代理男性权威的人物。最终,这个孩子对被羞辱、被贬低、被误解和被抛弃的所有压抑的愤怒,都以成瘾的形式发泄在自己身上。随着时间的推移,克里斯蒂亚娜对自己做了父亲早年对她做过的事:她逐步摧毁自己的尊严,用毒品操纵自己的感情,让自己陷入沉默(她原本多么口齿伶俐!)和孤立,并最终摧毁了自己的身体和灵魂。

读到克里斯蒂亚娜对她童年的描述,我有时会想起别人对集中营生活的描述,先来看她的两个例子:

---

[1] 引自《克里斯蒂亚娜·F.:一个街头女郎和海洛因成瘾者的自传》(*Christiane F.: Autobiography of a Girl of the Streets and Heroin Addict*)。

起初，这样做只是为了骚扰其他孩子：我们抓住一个孩子，把他关在电梯里，然后按下所有按钮。我们控制了第二部电梯，所以第一部电梯只能摇晃着升到顶层，并且每层都要停下。他们经常对我做同样的事情，特别是当我带着狗回来，必须按时回家吃晚饭的时候。他们会按下所有按钮，所以要花很长时间才能到十二楼，我的小狗埃阿斯也变得非常紧张。

当某个人非常着急的时候，按下电梯的所有按钮很是卑鄙。他最后会尿在电梯里。但是，把孩子的木勺从他手里夺走，就更卑鄙了。所有小孩总是随身带着一根长长的木制汤勺，因为那是够到电梯按钮的唯一方法。没有木勺，你就无能为力。如果你把它弄丢了，或者被其他孩子拿走了，你就得自己爬上十二楼。当然，其他孩子都不会帮你，而大人以为你只是想在电梯里玩，想把电梯弄坏。

* * *

有一次，一只宠物鼠跑进了草地里，可我们不被允许践踏草坪。于是我们找不到它了。我有点难过，但一想到老鼠在外面会比在笼子里更开心，我就感到欣慰。

那天晚上，父亲来到我的房间，看了看老鼠笼子。他用奇怪的语气问道："为什么只有两只？还有一只呢？"当他以如此奇怪的方式问我时，我甚至没有注意到有什么不对。我父亲从来不喜欢这些老鼠，他一直告诉我应该把它们送人。我说，那只老鼠跑到外面操场上了。

父亲看着我，好像要疯了一样。然后我知道他又要大发脾气了。他大喊大叫，开始打我。他不停地打我，我被困在床上，无法脱身。他以前从来没有这样打过我，我以为他要杀了我。然后，他开始打我妹妹时，我有几秒钟时间可以挣脱，我本能地爬向窗户。我想我真的会从十二楼跳下去。

但父亲一把抓住我，把我扔回床上。我母亲可能又在门口哭泣，但我没有看到她。直到她扑到我和父亲之间，开始不停用拳头捶打父亲时，我才看到她。

他快要疯了。他把母亲撞倒在地。突然间，我更担心母亲的安危而不是我自己。我向他们走去。母亲试图逃进浴室，把门锁上。但父亲抓住了她的头发。像往常一样，浴缸里浸泡着衣物，因为到目前为止，我们还买不起洗衣机。父亲把母亲的头塞进装满水的浴缸。不知怎么的，她设法挣脱了。我不知道是他放了她，还是她自己脱身的。

父亲走进了客厅，脸色煞白。母亲去拿她的外套，然后一言不发地离开了公寓。

毫无疑问，那是我一生中最可怕的时刻之一：母亲一句话没说就走出了公寓，把我们单独留在那里。我当时的第一个想法是：现在，他又要回来打我了。但客厅里除了开着的电视，一切都很安静。

没有人会怀疑集中营里的囚犯遭受了可怕的苦难。但当我们听到孩子受到虐待时，我们的反应却惊人地平静。根据我们的观念，我们会说"这很正常""孩子总要被管教""那个年代都是这样""必须让不听话的人尝到苦头"等等。我曾在一次聚会上遇到一位老先生，他很高兴地告诉我，当他还是个小男孩的时候，为了弄干他的裤子并让他改掉尿裤子的习惯，他母亲特意生了一堆火，让他在点燃的火堆上来回烤。他说："我母亲会是你想见的最了不起的人，那时候我们家都是这样做的。"对自己童年遭受的痛苦缺乏同理心，会导致对其他孩子的痛苦缺乏敏感。如果对我所做的一切都是为了我好，那么我就应该接受这种对待，把它当作生活中必不可少的一部分，而不是去质疑它。

因此，这种不敏感的根源在于童年时遭受的虐待。他们可能会记得发生过什么，但在大多数情况下，被殴打和羞辱的整个经历的情绪体验已经被完全压抑。

这就是残酷对待成年人和孩子的区别所在。孩子的自我还没有充分发展，无法保留虐待的记忆或它引起的感觉。你知道自己被打了，而且像父母告诉你的那样，这是为了你好，这可能就是你记住的（尽管不总是这样），但你被虐待造成的痛苦会保留在无意识中，并在以后阻止你对他人共情。这就是为什么被虐待的孩子，在长大后会成为殴打自己孩子的父母，并且很有可能成为最可靠的刽子手、集中营主管、监狱看守和拷问官。殴打、虐待和折磨别人，是出于对童年早期经历的强迫性重复，他们能够这样做且对受害者没有丝毫同情，是因为他们完全认同了自己内心攻击性的一面。这些人在很小的时候就被殴打、被羞辱，以至于不可能有意识地体验到自己是一个无助的、受虐的孩子。为了做到这一点，他们需要成年人的理解和支持，但当时没有这样的人。只有在帮助之下，孩子才能看到他们当时的样子——弱小、无助、受压迫和受摧残的自己——从而能够将这一部分融入自我。

从理论上讲，一个被父亲殴打过的孩子，可以躺在好心的阿姨怀里痛哭一场，告诉她发生了什么事。她不会试图弱化孩子的痛苦，也不会为父亲的行为辩护，而是给予整个经历应有的重视。但这样的好运气是罕见的。被打孩子的母亲，要么和丈夫对教养孩子的态度一样，要么自己也是他的受害者——不管是哪一种情况，她都很少成为孩子的支持者。因此，这样的"阿姨"是极少见的例外，因为被虐待的孩子不太可能有内在的自由去寻求她的帮助。这个孩子更有可能选择可怕的内心隔离，分裂自己的情感，而不是向外人"控诉"父母。心理治疗师知道，孩子压抑了几十年甚至半辈子的怨恨，有时需要很长时间才能被表达和体验。

因此，一个被虐待的孩子很可能比一个在集中营里的成年人境况更糟糕，对社会造成的影响也更严重。在集中营里待过的人有时会发现自己处于这样一种境地：他觉得自己永远无法充分表达他经历的恐怖，其他人也无法理解他，带着一种冷漠和无情，甚至是疑惑。[1]但除了极少数例外，他不会怀疑自身经历的悲剧本质。他永远不会试图说服自己他遭受的虐待是为了他好，也不会把集中营的荒谬解释为必要的教育措施，他通常不会试图理解虐待者的动机。他只会找到有类似经历的人，与他们分享他对自己遭受的虐待的愤怒、仇恨和绝望。

受虐待的孩子没有这些选择。就像我试图在克里斯蒂亚娜·F.的例子中展示的，她独自承受着痛苦，在她的家庭中如此，在她

---

[1] 威廉·G. 尼德兰（William G. Niederland）的《迫害的结果》（*Folgen der Verfolgung*，1980）一书深刻分析了精神病学诊断反映出的对集中营幸存者的不理解。

自己的内心中也是如此。因为她不能与任何人分享她的痛苦，也无法在自己的灵魂中创造可以"放声痛哭"的地方。这里没有"好心阿姨"的怀抱，"保持坚强和勇敢"是他们的口号。在孩子的自我当中，容不下脆弱与无助，这些孩子后来认同了侵犯者，无论这些品质出现在哪里，他们都会加以迫害。

无论是否受到体罚，如果一个人从一开始就被强迫去扼杀，即去谴责、分裂和迫害自己内心那个充满活力的小孩，那么他将用一生的时间来防御这种与自发情感联系的内在危险。但是心理的力量十分顽强，以至于它们很少能被彻底压制。它们不断地寻求能够生存的出路，而且往往以非常扭曲的形式实现，并可能对社会构成威胁。例如，一个有自大倾向的人会将自己的幼稚品质投射到外部世界，而另一个人则会与自己内心的"邪恶"做斗争。"有毒教育"展示了这两种机制是如何相互关联的，以及它们在传统的严格教养中是如何结合在一起的。

除了儿童的成熟度以及忠诚和孤立等因素之外，虐待儿童和虐待成年人之间还有一个根本区别。集中营里受虐待的囚犯固然无法抵抗，无法抵御羞辱，但他们内心可以自由憎恨迫害他们的人。有机会体验他们的感受，甚至与其他囚犯分享，使他们不必放弃自我。可是，孩子们没有这样的机会。他们不能恨自己的父亲——这是第四诫条的内容，从小就被灌输给他们；他们也无法恨自己的父亲，除非他们不用担心因此失去父爱；最后，他们甚至不想恨他，因为他们爱他。因此，与集中营里的囚犯不同，孩子面对的折磨者是他们所爱的人，而不是他们讨厌的人；这种悲剧性的复杂情况，将对他们以后的整个生活产生毁灭性的影响。克里斯蒂亚娜·F. 写道：

> 我从来没有恨过他，我只是害怕他。我也一直为他感到骄傲。因为他喜欢动物，还因为他有一辆很棒的车，一辆1962年的保时捷。

这些话十分感人，因为它们是真实的：这就是一个孩子的感受。她的宽容是没有限度的；她总是很忠诚，甚至还为父亲感到骄傲——即使父亲残忍地殴打她，但他从来不会做任何伤害动物的事情；她准备原谅父亲的一切，总是自己承担所有过错，不憎恨，迅速忘记发生的一切，不记仇，不告诉任何人，试图通过自己的行为来防止再次挨打，找出父亲不满的原因，理解他，等等。很少有成年人对孩子采取这种态度，除非这个成年人恰好是心理治疗师。但对一个依赖父母的敏感孩子来说，我刚才描述的情况几乎就是常态。那么，这些被压抑的情感最后会怎样呢？它不可能简单地凭空消失。为了保护父亲，它必须指向替代对象。在这里，克里斯蒂亚娜再次给了我们一个具体例子——她描述了与离异母亲及其男友克劳斯在一起的生活：

> 克劳斯和我也会发生冲突。大多数是一些小事，有时是我引起的。通常是因为我在放唱片。我十一岁生日时，母亲给我买了一台电唱机，很便宜的那种，而我有几张唱片——迪斯科音乐和青少年流行音乐。到了晚上，我会放上一张唱片，把音量开到最大，震耳欲聋。一天晚上，克劳斯来到我的房间，说我应该把电唱机的声音关小点。可是我没有这样做。后来，他又回来了，把唱针从电唱机上拿了下来。我把唱针放回原处，并站在电唱机前面，这样他就拿不到

它了。这时他抓住我，把我推到一边。那个男人碰我的时候，我吓坏了。

这个孩子忍受了父亲最难以置信的殴打，从来没有试图保护自己，现在当"那个男人"碰到她时，却一下子就"吓坏了"。分析师经常从病人那里听到类似的情况。患有性冷淡的女性，或者对丈夫的触碰感到厌恶的女性，在分析过程中，她对早年被父亲或家族中其他男人性侵犯的记忆往往会被重新唤起。通常，当这些感觉出现时，总是伴随着很少的情感流露，至少暂时，强烈的情感只指向现在的伴侣。渐渐地，病人才会对她深爱的父亲感到失望：羞耻和愤怒接踵而至。

在分析中经常出现这样的情况：在被父亲性侵犯的记忆进入意识之前，患者会回忆与关系没那么亲密的男性之间的类似场景，以此来掩盖它。

这些人都是谁呢？如果不是自己的父亲，孩子为什么不反抗呢？她为什么不告诉父母呢？是不是因为她已经和父亲经历过这样的事情，因此自然而然地养成了沉默的习惯？把"坏的"情感转移到她不关心的人身上，使她能够在意识层面与父亲保持"好的"关系。一旦克里斯蒂亚娜可以和克劳斯吵架，她的父亲似乎就成了"一个不同的人"。"他表现得非常好。他也确实很好，他给了我另一只狗，一只母狗。"后来她写道：

> 我的父亲很了不起。我看得出来，他也很爱我，用他自己的方式爱我。现在，他几乎把我当作大人看待了。他甚至允许我晚上和他还有他女朋友一起出门。他变得非常通情达

理。现在他有了同龄朋友,他说自己以前结过婚。我不用再叫他理查德叔叔了。我是他女儿,他似乎真的为有我这样的女儿而自豪。他安排了适合自己和朋友的假期,当然,这对他来说很正常。而我的假期快要结束了。我晚了两个星期才回到新学校。所以,从一开始,我就在逃学。

父亲打她时,她从未表现出反抗。现在,在与老师的斗争中,反抗出现了:

> 我觉得我在学校里不被接受。其他人有两个星期的先机。在一所新学校,这有很大的不同。我在这里也尝试了我小学时的套路。我打断老师的话,反驳他们。有时是因为我是对的,有时只是为了好玩。我又回到了战斗中。反对老师和学校。我想被接受。

后来,这种斗争也延伸到了警察身上。这样,克里斯蒂亚娜就可以忘记父亲的暴怒。她甚至写道:

> 楼管是我认识的唯一(!)专制类型的人。你不得不讨厌他们,因为他们总是在你开心的时候打扰你。在我看来,警察仍然代表着无法质疑的权威。后来,我才了解到,格罗皮乌斯施塔特的楼管其实和警察一样。只不过,警察要危险得多。对我来说,皮特和卡蒂[1]说什么都是对的。

---

[1] 此处卡蒂是一个男孩的昵称。

其他人向她提供大麻，而她意识到自己"无法拒绝"。

> 卡蒂开始抚摸我。我不知道我应该怎么想。

一个习惯守规矩的孩子，一定不会注意自己的感受，而是问自己应该有什么感受。

> 我没有抗拒。我就像瘫痪了一样。我被什么东西吓坏了。我一度想要离开。然后，我想："克里斯蒂亚娜，要成为其中一员，这就是所要付出的代价。"我什么都没有说，只是让一切发生。不知为何，我非常尊重这个人。

很小的时候，克里斯蒂亚娜就被迫学会这个道理，只有否认自己的需要、冲动和感觉（如憎恨、厌恶和反感），才能换来成年人的爱和接纳，而代价就是放弃自我。现在，她把所有的努力都用于实现自我的丧失，让自己变酷。这就是为什么"酷"这个词几乎出现在她那本书的每一页上。为了达到这种状态，摆脱多余的感觉，她开始吸食大麻。

> 我们这帮家伙并不像酒鬼，即使在夜总会，他们也咄咄逼人，神经兮兮。我们这些人可以完全"熄火"。下班后，我们换上狂野的衣服，吸食毒品，听着酷炫的音乐，一切都是那么平静。然后我们就忘记了这一天剩下的时间，忘记了我们要去忍受的一切。
> 我还是觉得自己和其他人不太一样。我想，我还太年轻。

但其他人都是我的榜样。我想尽可能变得像他们一样。我想向他们学习，因为我觉得他们知道如何变酷，不让那些混蛋和垃圾影响到你。

我总是想办法让自己嗨起来。我总是一副飘飘然的样子。这就是我想要的，这样我就不用面对学校和家里的所有麻烦了。

我想让自己看起来很神秘。我不想让别人看穿我，不想有人注意到我根本就不是我想成为的那种酷女孩。

当我们这个群体在一起时，问题并不存在。我们从未谈论过自己的问题。我们从来没有因为家里或工作中的麻烦去打扰其他人。当我们在一起时，其他人的糟糕世界对我们来说根本就不存在。

克里斯蒂亚娜费尽心力，有意识地发展和巩固她的虚假自我，以下几句话表明了这一点：

我想那些（在迪斯科舞厅的）家伙一定非常酷……不知为何，米夏甚至比我们这群人还要酷。
所有人之间没有任何联系。
这是个非常酷的群体。
我在楼梯上遇到一个家伙，他放松得不可思议……

然而，完全放松的理想状态，对青春期的孩子来说不可能实现。这是一个人感受最强烈的时期,使用药物来对抗这些感觉,近乎精神谋杀。为了保持活力和感受能力,克里斯蒂亚娜不得不服用另一种药物,这次不是镇静剂,恰恰相反,是一种能唤醒她,让她振作起来,并恢复她活力的药物。然而,最重要的是,她现在可以自己调节、控制和操纵一切。就像父亲以前通过殴打成功控制住女儿的情绪以满足他的需要一样,这个十三岁的女孩现在试图通过吸毒来控制自己的情绪:

> 在"声波"迪斯科现场,有各种各样的药物。除了海洛因,我什么都尝了。安定、安眠酮、麻黄碱、苯甲锡林——当然还有很多其他药物,每周至少嗑两次。我们大量服用兴奋剂和镇静剂。不同的药片把你的身体撕碎,让你感觉很疯狂。你可以让自己拥有任何想要的心情。当我想在"声波"舞厅里疯狂跳舞时,我就吞下更多苯甲锡林和麻黄碱;当我只想安静地坐在角落或电影院时,我就服用大量安定和安眠酮。然后,我又快乐了几个星期。

这种感觉是如何维持的呢?

> 在接下来的日子,我努力压制自己对他人的情感。我没有服任何药,也没有"磕嗨"。我整天喝加了大麻的茶,卷一根又一根的大麻。几天后,我又变成了很酷的样子。我已经到了这样的地步,除了自己,我不爱或不喜欢任何人或任何事物。我想,现在我控制住我的情感了。

我变得非常平和。因为我一直在服用镇静剂，偶尔才服用一次兴奋剂。我不再感到兴奋。我几乎也不再去舞厅跳舞了。我只有在找不到安定时，才会疯狂跳舞。

在家里，我一定是我母亲和她男朋友的开心果。我不再和他们顶嘴，也不再和他们争吵。我不再抱怨任何事情，因为我已经放弃了改变家里的状况。我意识到这使局面变得更简单了……

我继续服用更多的药物。

有一个星期六，我手头有些钱，场子里又有各种各样的药，我一下子就服用过量了。不知为何，我的情绪非常低落，所以就着啤酒，我吞下了两颗苯甲锡林、三颗麻黄碱，然后又服用了一些咖啡因片。然后我完全嗨起来了，但我也不喜欢那样。所以，我又吃了一些镇静片和一大堆安定。

克里斯蒂亚娜去看大卫·鲍伊的演唱会，但她不允许自己为此兴奋，在去之前她必须服用大量安定，"不是为了兴奋，而是为了在大卫·鲍伊的演唱会上保持冷静"。

当大卫·鲍伊开唱时，几乎和我想象的一样美妙。这太棒了。但当他唱到《太晚了》("It's Too Late")的时候，我"砰"的一声倒了下去。突然间，我真的失去了知觉。在过去几个星期里，当我搞不懂生活的时候，《太晚了》就萦绕在我心头。我觉得这首歌很好地描述了我的处境。现在，《太晚了》真的让我很难受。我真该吃点安定。

当克里斯蒂亚娜一直使用的药物不再能让她控制情绪时,她在十三岁时开始吸食海洛因。起初,一切都如她所愿。

> 我感觉太好了,不再想烦心事。刚开始的时候没有任何戒断症状。对我来说,这种很酷的感觉持续了一星期。一切都很顺利。在家里,再也没有发生争吵。我在学校也完全放松,有时还会学习,甚至取得了好成绩。在接下来几个星期里,我把很多科目的成绩都从D提高到了B。我突然觉得自己可以应付所有人和所有事。我用非常酷的方式过着逍遥的日子。

那些无法学会识别自己真实感受并与之融洽相处的孩子,在青春期将会有一段特别困难的时光。

> 我总是被问题所困扰,但我不知道是什么问题。我吸食海洛因,问题就消失了。但是,我已经很久没有吸一次就能起效一星期了。

> 我和现实不再有任何联系。现实对我来说并不真实。我不关心昨天或明天。我没有计划,我只有梦想。我最喜欢和德特勒夫谈论如果有很多钱会怎么样。我们会买一幢大房子、一辆大汽车和一些非常酷的家具。在这些白日梦里,从未出现过的东西就是海洛因。

当她第一次突然戒断的时候,她那梦寐以求的操控情感并免受其奴役的能力就崩溃了。我们见证了她如何完全倒退到婴儿阶段：

> 现在，我依赖于海洛因和德特勒夫。对德特勒夫的依赖让我更心烦。如果你完全依赖别人，那是一种怎样的爱？如果德特勒夫让我向他乞求毒品呢？我知道瘾君子戒断时是怎么求别人的。他们极力贬低自己，任由自己受辱。他们变得支离破碎。我不想向别人乞求毒品，特别是向德特勒夫。如果他想让我求他，那我们之间就完了。我从来没有向任何人要过任何东西。我想起当瘾君子突然戒断时，我是如何贬损他们的。我从来没有弄明白他们到底是怎么了。我只注意到他们非常敏感，容易受伤，而且完全无能为力。突然戒断的人几乎不敢顶嘴，他们真是废物。有时，我让他们成为我发号施令的主要目标。如果方法得当，你可以把他们撕成碎片，把他们吓得屁滚尿流。你只需不断打击他们的弱点，不断往他们的伤口上撒盐，他们就会崩溃。当他们突然戒断时，他们就会发现自己是多么可怜的傻瓜。然后，他们很酷的瘾君子行为就到此为止了，他们也不再觉得自己高人一等。
>
> 我对自己说："当你突然要戒断时，他们就会拆你的台。"他们会发现你有多差劲。

克里斯蒂亚娜一想到突然戒断就惊慌失措，而且没有人可以倾诉。"如果告诉母亲这些，她肯定会抓狂的，"克里斯蒂亚娜说，"我不能那样对她。"为了保护成年人（此处是她的母亲），她延续了童年的悲剧性孤独。

直到第一次出去"拉客"前，她才想起父亲，并试图保守这个秘密。

> 我真的要去"拉客"吗？老实说，趁我做这种事之前，我应该停止吸毒。不，我父亲终于想起来他有个女儿，给了我一些零花钱。

尽管大麻仍然让她拥有自由和以看起来很"酷"的方式独立的希望，但她很快就会发现，一旦吸食了海洛因，她就必须与完全依赖做斗争。这种烈性毒品，最终取代了她童年时那个喜怒无常、脾气暴躁的父亲的功能，让她完全听从摆布。就像小时候必须对父母隐瞒真实的自我一样，现在她的真实生活也隐秘而见不得光，不能让学校和母亲知晓。

> 一周又一周，我们都变得更加好斗。毒品和所有的刺激，每天为钱和海洛因挣扎，家里无休止的争吵，隐瞒，欺骗父母的谎言，所有这些都让我们疲惫不堪。我们再也无法控制不断累积的攻击性，甚至我们之间也是如此。

当克里斯蒂亚娜描述她与结巴马克斯的第一次见面时，这一场景的心理动力机制中父亲的回归，对她来说可能不是很明显，但对局外人来说却显而易见。她简单而直接的报告，比许多精神分析论文更能让读者理解变态（perversion）的悲剧性本质。

> 我从德特勒夫那里听说了结巴马克斯的悲惨故事。马克

斯是一个三十多岁的非技术工人,来自汉堡。他的母亲是个妓女。他从小就被打得很惨。他的母亲、母亲的皮条客,以及他被安置的家庭,都对他痛下毒手。他们把他打得遍体鳞伤,以至于他害怕得连说话都没学好。甚至到现在,他只能通过挨打才能获得性满足。

第一次去他住的地方时,我提前要了钱;虽然他是我的常客,不必对他太小心。他居然给了我一百五十马克,我有点骄傲,因为我够酷,能从他那里拿这么多钱。

我脱下T恤,他递给我一根鞭子。就像电影里演的一样。可那不是真正的我。一开始,我没有用力打他。但他呜咽着说,他希望我伤害他。后来在某个时刻,我让他如愿以偿。他大声喊"妈妈",我不知道是怎么回事。我没有认真听,也尽量不去看。但后来我看到他身上的伤痕不断肿胀,有些地方的皮肤居然裂开了。这简直令人作呕,并且持续了将近一个小时。

他终于满足之后,我穿上T恤就跑了。我跑出门,下了楼梯,勉强应付过去。到了大楼前,我终于忍不住吐了。呕吐之后,事情了结。我没有哭,也没有为自己感到一丝遗憾。不知为何,我意识到这是我自找的,我肯定把事情搞砸了。我去了车站。德特勒夫在那里。我没有告诉他太多,只说了办事时就我和马克斯两人。

结巴马克斯现在是德特勒夫和我的常客。有时我们一起去他家,有时一个人去。马克斯真的很好,他爱我们俩。当然,以他做工的收入,不可能一直支付一百五十马克。但他总能想办法凑出四十马克,也就是一次交易的费用。有一次,他甚至打碎了储钱罐,并从一个碗里拿出一些零钱,凑齐了四十马克。急用钱的时候,我总能去他那儿借二十马克。我告诉他,我会在第二天某个时间回来,然后给他办事,只收他二十马克。如果他还有二十马克,他就会同意。

马克斯总是在等我们。他每次都为我倒好桃子汁,我最喜欢的饮料。德特勒夫最喜欢的布丁也总备在冰箱里,是马克斯亲自做的。此外,他总是为我提供各种口味的酸奶,还有巧克力,因为他知道我喜欢事后吃点东西。对我来说,鞭打他已经成了例行公事。事后,我会吃点喝点,和马克斯聊一会儿。

他越来越瘦了。他真的把最后一分钱都花在了我们身上,连吃饭的钱都没有。他同我们非常熟,和我们在一起时也很开心,甚至几乎不再口吃了。

不久之后,他就失业了。尽管他从来没有吸过毒,但他还是穷困潦倒。瘾君子毁了他。我们毁了他。他恳求我们至少偶尔去看看他。但对吸毒者来说,友好访问并不是交易的一部分。部分是因为他们对别人没有那么多感情。但主要是因为他们整天忙着赚钱买毒品,说实话,他们没有时间做这样的事。德特勒夫向马克斯解释了这一点,马克斯答应一拿到钱就会给我们一大笔。"瘾君子就像商人。每天都得保证收支平衡,不能出于友谊或同情而去透支。"

克里斯蒂亚娜和男友德特勒夫这样的行为,就像从孩子(此处是他们的顾客)的爱和依赖中获利,并最终摧毁他的父母。另一方面,结巴马克斯为克里斯蒂亚娜提供各种口味的酸奶的感人举动，很可能是他"快乐童年"的重演。很容易想象，即使在打他一顿之后，母亲仍然关心他吃什么。至于克里斯蒂亚娜，如果没有她和父亲的过往经历，她可能永远无法像她所做的那样"应付"她与马克斯的第一次相遇。现在她身上有了父亲的影子，她鞭打她的顾客，不仅是因为对方让她这么做，还是在表达一个受虐待的孩子所有被压抑的痛苦。此外，这种对侵犯者的认同帮助她摆脱了自己的弱点，以牺牲他人的代价来感受自己的强大，并因而得以生存，但克里斯蒂亚娜本人，那个警觉、敏感、聪明、有活力但仍然依赖他人的孩子，却越发窒息了。

当（德特勒夫或我）突然戒断时，我们中的一个人就会伤害另一个人，直到不能再继续下去。即使知道之后我们会像孩子一样再次躺进对方怀里，也于事无补。不仅是我们女孩，德特勒夫和我都从对方身上看到了自己有多糟糕。你痛恨自己的堕落，所以为了同样的堕落攻击他人，从而说服自己你不像他那么堕落。

这种攻击性，自然也会发泄在陌生人身上。

在吸食海洛因之前，我曾经害怕一切。我害怕父亲，后来害怕母亲的男友，害怕该死的学校和老师，害怕楼管、交警和地铁售票员。现在，我觉得好像没有什么东西能伤害到我。我甚至不害怕有时在车站附近巡逻的便衣警察。到目前为止，我冷静地逃过了每一次突袭搜查。

内心的空虚和麻木，最终使她的生活变得毫无意义，并唤醒了死亡的念头。

瘾君子多半会孤独终老，通常是在臭烘烘的厕所。我真的很想去死。这就是我一直在期盼的。我不知道我为什么还活着。我以前也不知道。但一个瘾君子活着有什么意义？毁了自己又毁了别人？那天下午，我想，就算看在母亲的分上，我也应该去死。反正我已经如同行尸走肉。

但对死亡的恐惧又让我很沮丧。我想死，但在每次嗑药之前，我都非常害怕死亡。也许我的猫（它病得很厉害）让我意识到，如果还不曾有过什么像样的生活，死亡是一件多么差劲的事情。

克里斯蒂亚娜非常幸运，《明星》（Stern）周刊的两名记者——凯·赫尔曼和霍斯特·里克——与她进行了长达两个月的谈话。这个女孩在有过可怕的经历之后，在青春期的关键阶段，有幸从无边无际的心理孤立中走出来，找到同情、理解和关心她的人，这些人倾听她的心声，给她机会表达自己，讲述自己的故事，这对她的未来可能意义重大。

荒谬行为的隐秘逻辑

克里斯蒂亚娜的故事，在富有同情心的读者心中唤起了绝望和无助感，他们希望尽快忘掉这一切，只把它当作捏造的故事。但他们做不到，因为他们感觉她说的是不折不扣的事实。在阅读过程中，如果他们能够超越故事本身，允许自己思考它发生的原因，他们将会得出有关成瘾以及其他人类行为本质的精确描述——这些行为有时过于荒谬，以至于我们的逻辑无法解释。当我们面对那些正在毁掉自己生活的毒瘾少年时，太容易倾向于用理性观点去说服他们，更有甚者，努力去"教育"他们。事实上，许多治疗小组都在朝着这个方向努力。他们用一种恶代替另一种恶，而不是试图帮助这些年轻人去理解毒瘾在他们生活中究竟起着什么作用，以及他们是如何无意识地使用它与外界交流的。下面的案例正说明了这一点。

1980年3月23日，在德国的一档电视节目中，一位曾经的海洛因成瘾者谈论了他当下的生活，他已经戒毒五年，但他想要自杀的抑郁心境仍显而易见。他大约二十四岁，有个女朋友，他说准备把父母家的阁楼改造成自己的私人公寓，并打算用各种华丽的装饰品来重新布置。他的父母从来都不理解他，只把他的毒瘾视为一种致命的身体疾病。现在，他的父母生病了，正是在父母的坚持下，他准备住进他们的房子。这个男人非常专注于他现在得以拥有的各种小物件的价值，为了得到它们，他需要牺牲自己的自主权。从现在开始，他要生活在镀金的笼子中，他不断谈论重新染上毒瘾的危险，这完全可以理解。如果这个人接受了心理治疗，能够体验到童年时期压抑的愤怒，体验到对父母的严格、冷酷无情和专制的愤怒，他就会意识到自己真正需要的是什么，就不会让自己被关进笼子，而且他可能会更好地帮助到他的父母。如果一个人不像孩子一样依赖父母，他就可以更自由地为父母提供帮助。但如果他仍然无法脱离父母，他很可能会用毒瘾或自杀来惩罚他们。无论是哪一种方式,都将吐露出他童年的真实故事,而这个故事他一生都可能无法说出。

尽管古典精神病学资源丰富,但如果试图用新的训练方式来替代早期儿童训练的不良影响,那它基本上就毫无帮助了。精神科病房里的所有惩罚设施,羞辱病人的各种巧妙方法,其终极目标就是让病人的隐秘语言保持沉默,这同对孩子们的管教如出一辙。这一点在下面的厌食症案例中清晰可见。一位来自富裕家庭的厌食症患者,被丰富的物质财富和学习机会宠坏了,现在为体重不超过六十五磅[1]感到自豪,她究竟在表达什么呢?她的父母坚持认为他们的婚姻和谐,对女儿刻意不吃东西的行为感到震惊。考虑到这个孩子从来没有给他们带来过什么麻烦,总是能满足他们的期望,他们就更不解了。我想说的是,这个年轻的女孩,在青春期情感的冲击下,已经不再能像一台机器一样运作了,但因为她的生活环境,她没有机会表达当下在她身上爆发的情感。她正在奴役自己,约束自己,甚至毁灭自己,她用这种方式告诉我们她童年时的遭遇。这并不是说她的父母是坏人,他们只是想把孩子培养成她"应该"成为的模样:一个运转良好、成绩优异、广受赞誉的女孩。平时负责抚养她的甚至不是她父母,而是家庭教师。无论如何,厌食症表现出了严苛教养的所有要素:无情而独裁的方法,过度的监管和控制,对孩子的真正需求缺乏理解和同理心。此外,父母时而给予强烈的爱,时而表现出拒绝和抛弃(就像呕吐跟在暴饮暴食之后一样)。这个教养系统的第一条法则是:任何方法都是好的,只要它能让你成为我们想要和需要的那

---

[1] 1磅约等于0.45千克。——译者注

种人，只有这样，我们才能够爱你。这在后来厌食症的恐怖支配中得到了反映：体重的计量精确到盎司[1]，如果超过一丝界限，罪人将立即受到惩罚。

即使是最好的心理治疗师，也不得不试图劝服这些生命处于危险中的病人增加体重，否则就无法进行治疗。但是，在治疗师向患者解释她必须增重的同时，将治疗目标设定为增进自我了解还是单纯增加体重，两者是有区别的。在后一种情况下，治疗师只不过采用了病人早期训练中使用的强制方法，并不得不为复发或出现新症状做好准备。如果这两种情况都没有出现，仅仅意味着第二个训练期取得了成功。但一旦青春期结束，病人的生命活力也将永远缺失。

所有荒谬的行为都起源于童年早期，但只要大人对孩子心理和生理需求的操控被解释为养育孩子的必要技巧，而不被视为真正的残忍，这一原因就将永远无法被察觉。因为大多数专业人士自身都还没有摆脱这种错误观念，有时，所谓的治疗只不过是早期无意识虐待的一种延续。曾经听说过有的母亲晚上需要出门时，会给一岁孩子服用安定，以便他能睡得安稳。这在有些情况下可能是必要的。但是，如果安定成为确保孩子睡眠的手段，自然平衡就会被扰乱，自主神经系统将在早期就遭到破坏。我们可以想象，当父母深夜回到家时，因为不用担心孩子醒来时独自一人，他们可能想唤醒宝宝，同他玩一会儿。安定不仅破坏了孩子自然入睡的能力，而且还干扰了他感知能力的发展。在童年早期，孩子不知自己被单独留下了，不会感到害怕，也许成年后，他真

1　1盎司约等于28克。——译者注

的会无法察觉内在的危险信号。

为了防止孩子成年后发展出荒谬的自我毁灭行为，父母并不需要大量的心理学训练。他们只需要避免为了自己的需要而去操控孩子，避免通过破坏孩子的自主神经系统来虐待他，然后，孩子会在自己身体里找到应对不合理要求的最佳防御措施。他将会从一开始就非常熟悉自己的身体语言和身体信号。如果能够像对待自己父母一样，给予孩子同样的尊重和宽容，就一定会为孩子以后的人生提供最好的基础。孩子的自尊以及发展内在能力的自由都将依赖于这种尊重。如我所说，我们并不需要阅读心理学书籍来学习如何尊重我们的孩子，我们需要的只是修正教养理论。

我们小时候被对待的方式，就是我们在余生中对待自己的方式。我们经常把最痛苦的折磨强加给自己。我们永远无法摆脱自己内心的那个折磨者，"他"常常伪装成为教育者，伪装成在疾病中掌控全局的人（例如在厌食症中）。这样做的结果，就是对身体的残酷奴役和对意志的剥削。药物成瘾一般始于试图逃避父母的控制以及拒绝服从，但强迫性重复最终导致成瘾者不得不设法获取大量金钱，以提供必要的"原料"。换句话说，这是一种非常"资产阶级"的奴役形式。

当我读到克里斯蒂亚娜与警察、毒贩之间的问题时，我突然想到了1945年的柏林：获取食物的许多非法途径，对占领军的恐惧，黑市交易——这些就是当时的"贩毒"。我不知道这是否仅仅是个人联想。但对当今许多成瘾者的父母来说，这是他们小时候生活过的唯一世界。在情感压抑导致内心空虚的大环境下，德国的毒品市场与20世纪40年代的黑市有所关联，并非不可想象。这一观点与本书中的许多素材不同，它不是基于可验证的科学依据，而只是基于直觉，基于一种我没有进一步探究的主观联想。然而，我提到它，是因为许多心理学研究表明，战争和纳粹政权对下一代人产生了长期的影响。人们一次又一次地发现一个令人惊奇的事实：儿女们正不知不觉地重新上演着父母的命运——他们对这一命运的认知越不精确，这种趋势就越强烈。他们从父母那里获得关于战争造成的早期创伤的零碎信息，并根据自己的现实产生了一些幻想，然后在青春期成群结队地表现出来。例如，尤迪特·凯斯滕贝格描述了20世纪60年代的一群青少年，他们拒绝了和平时期的富足生活，选择消失在森林里。后来在治疗中发现，他们的父母曾在东欧作为游击队员，在战争中幸存下来，却从未与子女公开谈论过这件事情。[1]

曾经有一位十七岁的厌食症患者找我咨询，她非常自豪，因为她现在的体重和三十年前她母亲从奥斯维辛集中营被救出时一样。在我们的谈话中，她透露的这个细节，即她母亲的确切体重，是她对母亲那段时期的唯一了解，因为母亲拒绝谈论此事，并要求家人不要询问她。孩子会因为遮遮掩掩，因为父母的隐瞒，因为触动父母的羞耻、内疚或恐惧而感到焦虑。而孩子处理这些威胁的一个重要方法就是幻想和玩游戏。使用父母的"道具"，让他们有一种参与父母过去生活的感觉。

克里斯蒂亚娜描述的被毁灭的生活，是否可以追溯到1945年的废墟？如果答案是肯定的，那么这种重复是如何产生的？我们可以假设，它的根源在于父母的心理现实——他们成长在物资

---

[1] 参见《心理》(*Psyche*)第28期，第249—265页，以及海伦·爱泼斯坦（Helen Epstein）的《大屠杀中的孩子》(*Children of the Holocaust*)，纽约，1979。

极度匮乏的时代，因此，他们把拥有足够舒适的生活作为首要任务。通过不断增加物质财富，这些父母试图抵御内心的恐惧，他们害怕再次像饥饿无助的孩子一样坐在废墟中。但是，再多的物质财富也无法消除这种恐惧，只要仍然处在无意识状态，它就会一直存在。现在，他们的孩子离开了富足的家庭，在家里孩子感觉不被理解，因为那里没有情感和恐惧的一席之地。他们进入毒品圈子，要么成为活跃的毒贩（像他们父辈在更大的经济世界里一样），要么冷漠地坐在场外。这样一来，他们就像他们的父母一样，后者曾经是多么无助、脆弱的孩子，坐在废墟中，但后来不被允许谈论自己的经历。这些废墟中的"孩子"虽然被驱逐出了父母的豪宅，但现在他们像幽灵一样重新出现在邋遢的儿女身上——他们衣衫褴褛，面容冷漠，绝望疏离，对周围的一切奢侈充满仇恨。

不难理解，父母对这些青少年并不耐烦，因为人们宁愿服从最严格的法律、面对各种各样的麻烦、追求非凡的成就、选择最苛刻的职业，也不愿意去爱和理解他们内心曾经无助，不幸后来又被永远驱逐的"孩子"。当这个"孩子"以儿女的形象，突然出现在他们豪华客厅的镶花地板上时，孩子得不到理解也就不足为奇了。他遇到的将是怨恨、愤怒、警告或禁令，甚至可能是仇恨——在这一切之上的，则是一整套教养孩子的武器，父母用它们来避免战争时期那些不愉快的童年记忆再次浮现。

* * *

也有一些例子表明，我们的孩子会让我们面对自己尚未理解的过去，而这对整个家庭都有好处。

布丽吉特，生于1936年，高度敏感，已婚，有两个孩子。由于抑郁症，她第二次接受心理分析。她对即将发生的灾难的恐惧，显然与童年时经历的空袭有关。尽管分析师做了很多努力，但她的恐惧一直没有消除，直到在她儿子的帮助下，她才认出了一道裸露的伤口。这道伤口一直未能愈合，直到现在才被注意到，因而也从未被治疗过。

当她儿子十岁时，也就是当年她父亲从东线战场回来时她的年龄，他和学校里的一些朋友开始画纳粹万字符，玩希特勒时期流行的游戏。很明显，这些活动一方面是保密的，另一方面却期待被人发现。这个孩子显然很痛苦，正在努力呼救。然而，他的母亲却发现很难关注孩子的痛苦，也无法通过谈心来理解他的痛苦。她认为这些游戏是邪恶的，并拒绝谈及这个话题。再者，作为一名反法西斯学生组织的前成员，她感到儿子的行为伤害了自己。因此她违背自己的意愿，以一种专制和敌意的方式做出反应。她这种有意识的和意识形态性的态度，并不足以解释她对儿子强烈的排斥感。在她内心深处，有一些东西正浮出水面，而在此之前，甚至在她的第一次分析中，这些东西都无法接近。由于她在第二次分析中能够去感受浮现的东西，使她在情感层面上接近了自己早期的经历。

在目前的情况下，她越是不能容忍和害怕，越是煞费苦心地"制止"儿子玩游戏，儿子就玩得越频繁、越激烈。这个男孩逐渐失去了对父母的信任，与朋友变得更加亲密，这导致了母亲绝望的暴怒。最后，在移情治疗的帮助下，愤怒的根源被揭开了，整个家庭的状况也随之好转。一开始，她突然陷入了一些恼人的问题，她觉得有必要让分析师讲述他自己和他的过去。她拼命克制自己不去问这些问题，因为她有一种恐慌感，害怕一旦问了这些问题就会失去他，或者害怕得到的答案会让她看不起他。

分析师耐心地让她提问，他尊重这些问题的重要性，但他没有回答它们。因为他知道这些问题实际上并不是针对他的，所以他也不必用草率的解释来搪塞。然后，那个十岁的小女孩"出现"了，她的父亲刚从战场上回来，而她不被允许问任何问题。病人说她当时并没有想过这个问题。然而，对一个等待父亲归来多年的十岁小女孩来说，很自然地会问："你去哪儿了？你做了什么？你看到了什么？给我讲个故事吧！一个真实的故事。"布丽吉特说，这类事情从未发生过，在这个家庭里，和孩子们谈论"这些事情"是禁忌，他们也意识到自己不该知道父亲过去的经历。

布丽吉特的好奇心在当时被有意识地压抑着，但这种在早期（由于所谓的良好教养）就已经被压制的好奇心，现在却以其全部的活力和迫切进入了她与分析师的关系中。她的好奇心确实冻住了，但没有冻僵，现在它被允许恢复生机，于是她的抑郁消失了。三十年来，她第一次可以和父亲谈论他的战争经历，这对父亲来说也是一种莫大的安慰。现在情况不同了：她有足够的勇气听他说些什么，而不会在这个过程中失去自主性，她不再是那个依赖别人的小女孩了。当她还是个小女孩时，这些对话是不可能的。布丽吉特明白，她童年时害怕因提问而失去父亲并非没有根据，因为在那个时候，父亲不愿意谈论在东线战场的经历。相反，他一直试图摆脱对那段时期的所有记忆。女儿完全适应了他遗忘的需求，并设法让自己尽可能少地了解第三帝国的历史，她知道的那一点纯粹是知识性的。在她看来,人们必须"冷静"而客观地评价那段时期,就像一台电脑,计算双方的死亡人数,而不出现任何恐怖的画面或感觉。

布丽吉特绝对不是一台电脑,而是一个非常敏感且头脑聪明的人。由于她试图压抑自己的想法和情感,她遭受了抑郁、内心空虚(她常常觉得自己好像"面对一堵黑墙")、失眠和药物依赖,这些都是为了抑制她的自然活力。这个聪明小女孩的好奇心和求知欲,已经被转移到绝对的智力问题上,首先以"儿子门前的魔鬼"的形式表现出来,她试图把魔鬼从儿子身边赶走——仅仅因为在她的强迫性重复中,她想保护内心那个在情感上不安的父亲。每个孩子对邪恶的认识,都是根据父母的防御机制形成的:"邪恶"可以是任何让父母感到不安全的东西。这种情况会引起内疚感,除非它们的历史在意识层面得到体验,否则后来所有试图消除它们的努力都是徒劳。布丽吉特很幸运,因为她身上的这个"魔鬼",也就是那个充满活力、机警、好奇且爱批判的孩子,比她妥协的努力更为强大,并且她能够整合她人格中的这个精华部分。

在此期间,纳粹万字符对她儿子失去了吸引力,而且很明显,它们发挥了不止一种作用。一方面,它们是布丽吉特压抑的求知欲的"表现";另一方面,它们使她对父亲的失望转向了孩子。一旦有可能和治疗师一起体验所有这些感觉,她就不再需要通过孩子来达成目的了。

在听了我的一次演讲后,布丽吉特告诉了我她的故事。在我的请求下,她欣然同意让这个故事在此呈现,因为正如她所说,她有必要把自己的经历告诉别人,"并且不再保持沉默"。

我们都相信，她的困境反映了整整一代人的处境，他们从小就被教育要保持沉默，并且有意或（更经常）无意地遭受着沉默之痛。在召开班贝格德语精神分析协会会议（1980）之前，德国的精神分析学家们很少关注这个问题。因此，直到现在，只有少数人有幸在智力和情感上都把自己从沉默的禁忌中解放出来。[1]

当电影《大屠杀》（*Holocaust*）在德国播出时，反应强烈的同样是这一代人。对他们来说，这就像逃出了监狱：沉默的监狱，不能提问的监狱，不能感受的监狱，培育疯狂想法、认为这种恐惧可以"不带感情地处理掉"的监狱。把孩子培养成听到一百万儿童被送往毒气室都不感到愤怒和痛苦的冷漠者，这可取吗？如果历史学家的书写只关注史料的准确性，那他们对我们有什么用呢？这种在恐怖面前保持冷漠客观的能力有什么用？难道我们的孩子不会因此屈服于每一个新出现的法西斯政权吗？除了内心的空虚，他们将一无所失。事实上，这样的政权将给他们提供机会，为他们如今被科学客观性所分裂的毫无生气的感情找到新出口。最终他们会成为自大群体中的一员，并得以释放这些由于被封锁而怒不可遏的古老情感。

* * *

集体形式的荒谬行为无疑是最危险的，因为这种荒谬不再显而易见，而且被视为"正常"。大多数战后德国的孩子都理所当然地认为，向父母询问有关第三帝国的具体问题是不恰当的，

---

[1] 例如，参见克劳斯·特韦莱特（Klaus Theweleit）的《男性幻想》（*Male Fantasies*）。

至少是没有必要的，甚至常常被明确禁止。这段时期代表他们父母的过去，对这段时期保持沉默，就像在维多利亚时代对性行为闭口不谈一样，是人们对儿童"良好举止"的一种期望。

尽管证明这种新禁忌对当前神经症发展的影响并不难，但传统理论不愿意承认这种经验证据，因为这种禁忌的受害者不仅包括患者，还包括分析师。分析师更容易与患者一起追寻弗洛伊德很久以前揭示的性冲动和性禁忌（这些往往已经不再属于我们），而不是去揭示我们这个时代的压抑，因为这也属于他们自己的童年。但是第三帝国的历史告诉我们，骇人听闻的东西往往包含在"正常的"东西中，包含在大多数人觉得"相当正常且自然的"东西中。

那些在童年或青春期经历过第三帝国的胜利，并在后来的生活中开始关注自身正直问题的德国人，都必然会在这方面遇到困难。作为成年人，他们了解了纳粹主义的可怕真相，并在智力上整合了这些知识。然而，在这些人心中仍然回荡着与歌曲、演讲和欢呼的集会有关的声音，这些声音在很早期的时候就被听到了，并伴随着童年的强烈情感，而它们往往是他们后来的知识触及不到的。在大多数情况下，他们心中的骄傲、热情和欢乐的希望与这些印象联系在一起。

一个人怎样才能把这两个世界——童年的情感经历和后来与之相矛盾的知识——协调起来，而不否定自我的某个重要部分呢？像布丽吉特试图做的那样，麻木自己的感情，否认自己的根源，似乎是避免这种冲突及其固有的悲剧性矛盾的唯一方法。

在我所知的艺术作品中，没有什么能比汉斯-于尔根·西贝尔贝格长达七小时的电影《希特勒：一部德国的电影》（*Hitler:*

A Film from Germany）更清楚地表达了这一代大部分德国人的矛盾心理。西贝尔贝格的意图是呈现他自己的主观真相，由于他臣服于自己的感觉、幻想和梦境，所以他描绘出了一幅当代人的缩影，许多人都会在其中发现自己的影子，因为它结合了两种视角，即观察者的视角和被误导者的视角。

易受影响的孩子对瓦格纳音乐和游行盛况的痴迷，对广播中元首充满感情、难以理解的叫喊的狂热，将希特勒描绘为一个强有力的但同时又无足轻重且无害的傀儡——所有这些都在影片中呈现出来。但它与恐怖情节并存，最重要的是，与一种真正的成年人痛苦并存，而这种痛苦在以前关于这一主题的电影中几乎察觉不到，因为其前提是要从罪责和免罪的狭隘教育模式中解放出来。在影片的几个场景中，西贝尔贝格的这种痛苦显而易见：他既意识到了作为被迫害者的悲剧，也意识到了他自己在孩提时代作为被诱惑者的悲剧。最后但同样重要的是，在我看来，电影展示了所有意识形态的荒谬性，而这些意识形态正是童年早期的教育原则的延续。

只有接受自己曾被引入歧途并且不去否认的人，才能够像西贝尔贝格那样，带着强烈的悲伤来描述这一切。悲伤的体验是这部电影的一个重要部分，至少在几个强有力的场景中，它在情感层面向观众传达了更多纳粹主义意识形态的空虚，这比许多翔实、客观记录这一主题的作品都要成功。西贝尔贝格的电影是为数不多的尝试之一，它尝试接受难以理解的过去，而不是否认它的存在。

第 2 章
希特勒的童年：从隐秘到恐怖

> 我的教育方式是强硬的。软弱的东西必须被敲碎。在我的条顿骑士团堡垒中，年轻一代将成长起来，世界将为之颤抖。我希望年轻人暴力、霸道、无畏、残忍。年轻人必须具备这一切。他们必须能够忍受痛苦。他们绝不能软弱或温柔。自由而华丽的猛兽必须再次从他们的眼中闪过。我希望我的年轻人强壮而美丽。这样我就能创造出新的东西。
>
> 阿道夫·希特勒

引 言

直到我开始写这本书，我才想要更多地了解希特勒的童年，这让我感到非常惊讶。最直接的原因是我意识到，基于我做分析师的经验，人类的破坏性是一种被动的（而非天生的）现象，这一点要么被希特勒的案例所证实，要么就必须被完全修正（如果弗洛姆和其他人是对的）。这个问题非常重要，值得我尝试回答；尽管我一开始非常怀疑自己能否唤起对这个人的同情，我认为他是我知道的最坏的罪犯。同理心是我唯一的启发性工具，也就是说，在这个案例中，尝试从一个孩子的角度去理解，而不是通过成年人的眼光去评判他。没有同理心，整个调查将毫无意义。我很欣慰地发现，为了我的研究目的，我成功地使用了这一工具，并将希特勒当作一个人来看待。要做到这一点，我必须先解放自己，不能以传统和理想化的视角（即分裂和投射邪恶）来思考"什么是人"。我必须认识到，人和"野兽"并不彼此排斥。[1]动物不会遭受悲剧性的强迫，并在数十年后为幼年经历的创伤伺机复仇。而腓特烈大帝就是如此，他在童年时遭受可怕的屈辱后，被迫成了一个伟大的征服者。无论如何，我还不熟悉动物的无意识以及它对过去的意识，无法就这个问题发表任何看法。到目前为止，我只在人类领域发现了极端的兽行，只有在人类身上，我才能追踪它，搜寻它的动机。我不能放弃这种搜寻，除非我愿意成为残忍的工具，也就是说，成为毫不怀疑（因而无罪但盲目）的行凶者和传播者。

如果我们因为某件事难以理解而置之不理，只是愤愤不平地说它"不人道"，那么我们将永远无法了解它的本质。当我们下次遇到它的时候，就会有更大的风险，我们的无知和天真将会再次帮助并怂恿它。

在过去三十五年里，关于希特勒生平的著作层出不穷。毫无疑问，我不止一次听说希特勒被他的父亲殴打过，甚至几年前

---

[1] 参见本书第195页埃里希·弗洛姆的引语。

在黑尔姆·施蒂尔林[1]的专著中也读到过，但对这一事实并没有特别震惊。然而，自从我开始对儿童在生命早期受到的屈辱变得敏感以来，这个信息对我来说就更加重要了。我问自己，这个人的童年究竟是什么样的——他的一生都被仇恨所笼罩，而且很容易把别人也卷入他的仇恨之中。由于阅读了《黑色教育》，加上它在我心中唤起的情感，我突然能够想象并感受在希特勒家庭中长大的孩子会是什么样子。之前的黑白电影现在有了色彩，它逐渐与我自己关于"二战"的经验融合在一起，它不再是一部电影，而变成了现实生活。这种生活不仅发生在过去的某个时间和地点，我相信它的后果和重演的可能性关系到我们所有人。因为，希望通过理性的协议长久地阻止人类通往核毁灭，本质上就是一种非理性的一厢情愿，与我们所有的经验相矛盾。就在最近的第三帝国时期，更不用说在此之前，我们无数次看到理性只构成年人类的一小部分，并且不是占主导地位的部分。只需要一个疯狂的元首和几百万教养良好的德国人，就能在短短几年内消灭无数无辜的人类生命。如果我们不尽已所能了解这种仇恨的根源，即使是最详尽的战略协议也无法拯救人类。核武器储备只是象征着被压抑的仇恨情绪，以及与之相伴的，在感知并表达真实人类需求方面的无能。

希特勒童年的案例使我们得以研究仇恨的起源，其后果造成了数百万人的苦难。精神分析学家早就熟悉了这种破坏性仇恨的性质，但只要精神分析将其解释为死亡本能的表现，那么就不会

---

[1] 黑尔姆·施蒂尔林（Helm Stierlin, 1926—2021），德国著名精神病学家和心理治疗师，被誉为"德国家庭治疗之父"。——译者注

有什么帮助。梅拉妮·克莱因的追随者也不例外，尽管他们对婴儿期仇恨的描述非常精确，但仍将其定义为天生的（本能的）而非反应性的。海因茨·科胡特的"自恋暴怒"（narcissistic rage）概念最接近对这一现象的解释，我曾将之与婴儿对缺乏原初照料者的反应联系起来。

但如果我们想了解希特勒一生无法释怀的仇恨的根源，我们必须更进一步。我们必须离开驱力理论这个熟悉的领域，来探讨这样一个问题：一个孩子一方面受到父母的羞辱和贬低，另一方面又被要求尊重和爱那些以此方式对待他的人，并且在任何情况下都不能表达自己的痛苦，那么这个孩子身上会发生什么？尽管如此荒谬的事情很少发生在成年人身上（除了在明显的受虐关系中），但在大多数情况下，这正是父母对孩子的期望，而且在前几代人中，他们大多如愿以偿。在生命的最初阶段，一个孩子可能会忘记他或她遭受的极端虐待，并将施暴者理想化。但是孩子后来的行为表明，早期迫害的整个历史都被储存在某个地方。这出戏现在在观众面前展开，与原始场景惊人地相似，但有另一种伪装：在故事的重演中，曾经被迫害的孩子现在变成了迫害者。在精神分析治疗中，这个故事是在移情和反移情的框架下上演的。

如果精神分析能够摆脱对死亡本能的固执信念，它就能够基于儿童早期情境的现有材料，回答为什么会发生战争这个问题。然而，不幸的是，关于父母对孩子做了什么，大多数精神分析学家并不感兴趣，而是把这个问题留给家庭治疗师。由于家庭治疗师并不关注移情工作，而是专注于改善家庭成员之间的互动，因此，他们很少接触到在彻底的分析中可以获取的童年早期事件。

为了说明童年遭遇的贬低、虐待和心理蹂躏如何在以后的生活中表现出来，我只需要详细叙述一个案例的历史，但出于保护隐私的考虑，这不可能做到。另一方面，希特勒的一生，直到最后一天，都曾被如此多的目击者观察和记录，这些材料很容易用来证明童年早期情境的重演。除了目击者的证词和记录在案的历史事件，他的思想和感情也在许多演讲和《我的奋斗》（*Mein Kampf*）一书中表现得淋漓尽致，尽管是以隐晦的形式。从希特勒幼年受迫害的历史角度来解读他的整个政治生涯，将是一项非常有启发性和有意义的任务。但完成这项任务远远超出了本书的范围，我在这里唯一的兴趣是展示"有毒教育"的影响。由于这个原因，关于他的传记，我仅选择几个要点，并将赋予某些童年经历以特殊的重要性，而直到现在，它们还很少受到传记作家的关注。因为职业历史学家关注的是外部事实，而精神分析学家关注的是俄狄浦斯情结，所以似乎很少有人认真地提出这样一个问题：一个孩子从小就每天被父亲殴打和侮辱，他会有什么感受，他的内心积蓄着什么？

根据现有资料，我们很容易对希特勒的成长环境有一个基本印象。这种家庭结构完全可以被描述为极权政体的原型。父亲是唯一的、无可争议的统治者，且常常很残暴。妻子和孩子完全听命于他的意志、情绪和任性；他们必须毫无怀疑并满怀感激地接受羞辱和不公。服从是他们最基本的行为准则。当然，母亲在家里也有自己的权力范围，当父亲不在家时，她管制孩子们。这就意味着，在某种程度上，她可以把自己遭受的羞辱发泄到比她更弱小的人身上。在极权主义国家，治安警察也被赋予了类似的职能。他们监管着被压迫者（尽管他们自己也是被压迫者），执行独裁者的意愿，在他不在时充当副手，以他的名义灌输恐惧，实施惩罚，伪装成被压迫者的主人。

在这种家庭结构中，孩子是被压迫者。如果他们有弟弟妹妹，他们就有了消解自身屈辱的场所。只要有比他们更弱小、更无助的生物，他们就不是最低等的奴隶。然而，有时就像克里斯蒂亚娜的情况一样，孩子的地位会比狗更低——只要孩子在身边，狗就用不着挨打。

这种等级体系，可以从集中营的组织方式（包括守卫的等级）中观察到，它被"有毒教育"合法化，可能在今天的许多家庭中仍然存在。而它对一个敏感的孩子可能产生的后果，可以从希特勒的案例中详细地溯源。

希特勒的父亲
他的生平以及他与儿子的关系

在关于阿道夫·希特勒的传记中，约阿希姆·费斯特对其父阿洛伊斯·希特勒的背景和他在阿道夫出生以前的生活，做了这样的描述：

> 1837年6月7日，在施特罗内斯村十三号，约翰·特鲁梅尔-施拉格尔家中，一个名叫玛丽亚·安娜·席克尔格鲁贝的未婚女仆生下一名婴儿。同一天，这名婴儿接受洗礼，取名阿洛伊斯。在德勒斯海姆教区的出生登记册上，孩子父亲的名字空着。五年后，他的母亲嫁给失业的磨坊工人

约翰·格奥尔格·希德勒，孩子父亲的名字仍未登记。同年，她把儿子交给了丈夫的弟弟约翰·内波穆克·希德勒[1]，后者是施皮塔尔村的一位农民——可能是因为她认为自己无法妥善抚养孩子。无论如何，故事中说，希德勒一家非常贫困，"最后他们连一张床都没有，只能睡在牛棚里"。

阿洛伊斯的父亲可能是这两兄弟中的一位。还有第三种可能，根据一则相当离奇的故事（由希特勒的一个亲密伙伴讲述），其父或许是一个名叫弗兰肯贝格尔的格拉茨犹太人，据说玛丽亚·安娜怀孕时正在弗兰肯贝格尔家工作。无论如何，这就是汉斯·弗兰克的证词，多年来他一直是希特勒的律师，后来成为波兰总督。在纽伦堡审判过程中，弗兰克报告说，1930年希特勒收到了同父异母兄弟小阿洛伊斯之子写的一封信。这封信的意图可能是敲诈勒索。信中暗示了"我们家族历史中非常奇怪的情况"。弗兰克被指派秘密调查此事。他发现了一些迹象，表明弗兰肯贝格尔可能是希特勒的祖父。然而，由于缺乏确凿的证据，这一论点显得极为可疑——尽管如此，我们可能也想知道是什么促使弗兰克在纽伦堡审判中将希特勒的祖先说成是犹太人。最近的研究进一步动摇了这一说法，以至于整个观点几乎经不起推敲。无论如何，它的真正意义与它的真假无关。从心理学角度来说，

---

[1] 约翰·格奥尔格·希德勒（Johann Georg Hiedler）与约翰·内波穆克·希德勒（Johann Nepomuk Hüttler）兄弟的姓氏拼写略有差异，这里统称为"希德勒"。据称，阿道夫·希特勒母亲的直系祖先有位就叫格奥尔格·希德勒（Georg Hiedler）。他的后裔有时也将其姓拼成 Hüttler 或 Hitler。在那个时代，像莎士比亚时代的英国一样，拼写既无关紧要，也不规律。参见约翰·托兰著，郭伟强译，《希特勒传：从乞丐到元首》，浙江文艺出版社，2016年版。——译者注

重要的是，弗兰克的发现迫使希特勒怀疑自己的血统。1942年8月，盖世太保根据海因里希·希姆莱的命令，展开重新调查，但没有取得任何实质性的结果。其他关于希特勒祖父的说法也都漏洞百出，尽管有一些七拼八凑的奇思妙想，将阿洛伊斯的父系来源"近乎绝对肯定地"追溯到约翰·内波穆克·希德勒。这两种说法都在粗鄙、笨拙和庸俗的纠缠关系中渐渐烟消云散。简而言之，阿道夫·希特勒并不知道他的祖父是谁。

玛丽亚·安娜在施特罗内斯附近的小莫滕死于"胸腔浮肿引起的结核病"。二十九年后，也就是她丈夫去世十九年后[1]，其兄弟约翰·内波穆克·希德勒在三个熟人的陪同下，来到德勒斯海姆教区牧师察恩席尔姆面前。他要求为他的"养子"海关官员阿洛伊斯取得合法身份，阿洛伊斯现在快四十岁了。孩子的父亲不是他自己，而是他已故的兄弟约翰·格奥尔格。约翰·内波穆克公开承认了这一点，他的同伴们也可以作证。

教区牧师听任自己被骗或被说服。在旧的登记簿1837年6月7日的条目下，他把"非婚生"改为"婚生"，按要求填上了父亲的名字，并加了一条虚假的注释："以下联署人确认，格奥尔格·希特勒（登记为父亲）为联署人所熟知，是孩子母亲玛丽亚·安娜所说的阿洛伊斯的父亲，并要求将他的名字登记在这本洗礼名册上。联署人：+++（约瑟夫·罗梅德），+++（约翰·布赖特内德），+++（恩格尔贝特·保

---

[1] 即1876年。——译者注

克)。"由于这三位证人都不会写字,他们就用三个+表示,再由牧师把他们的名字填上。但他忘记了写日期。他自己的签名,以及两位父母(早已过世)的签名也没有。尽管几乎不合法,但它还是生效了:从1877年1月起,阿洛伊斯·席克尔格鲁贝就称自己为阿洛伊斯·希特勒。

毫无疑问,这个粗糙的阴谋是约翰·内波穆克·希德勒发起的,因为他抚养了阿洛伊斯,理所当然为他感到骄傲。阿洛伊斯刚刚又获得了一次晋升,他已经结婚,而且比之前任何一个希德勒家的人都取得了更大的成就:约翰·内波穆克很自然地想要把家族的姓氏给他的养子。但是,阿洛伊斯兴许也对"改姓"感兴趣,因为他是个有事业心的人,在这段时间里,他自己取得了相当大的成就。因此,他可能觉得有必要通过一个"体面的"名字,来为自己提供安全感和坚实的基础。十三岁时,他在维也纳给一个鞋匠当学徒。但后来他决定不做鞋匠了,转而进入奥地利财政部工作。作为一名海关官员,他进步很快,最终被提拔到他的学历所允许的最高的公务员职位。他喜欢在公共场合以当局权威代表的身份出现,并强调要用正确的头衔来称呼他。他在海关的一位同事形容他"严格、精确,甚至迂腐",他自己也告诉一位向他咨询儿子职业选择的亲戚,为财政部工作需要绝对的服从和责任感,不适合"酒鬼、借债者、赌徒和其他不道德的人"。在通常拍摄于升职典礼的照片上,能看出他是个身材魁梧的人,有着一副官员的谨慎面孔。在这副官员的面具之下,可以看出他在公共场合展示的资产阶级权力与快乐。他向观众展示了相当的尊严和自满，制服上的纽扣闪闪发光。[1]

应该补充的是，在儿子出生后，玛丽亚·安娜从费斯特提到的那位犹太商人那里，得到了长达十四年的子女抚养费。在1973年出版的希特勒传记中，费斯特并没有逐字逐句地引用希特勒御用律师汉斯·弗兰克的叙述，但他在1963年首次出版的早期著作《第三帝国的面孔》中引用了这段话：

> 希特勒的父亲，是一个名叫席克尔格鲁贝的厨娘的私生子，她来自林茨附近的莱昂丁，在格拉茨一户人家工作……这位厨娘，也就是阿道夫·希特勒的祖母，在她生孩子的时候（费斯特注：这里应该是"当她怀孕的时候"），正在为一户姓弗兰肯贝格尔的犹太家庭工作。在那个时候——这发生在19世纪30年代——弗兰肯贝格尔代他的儿子[2]付给席克尔格鲁贝一笔钱。那时她大约十九岁，这是一笔育儿津贴，从孩子出生一直支付到他十四岁。多年来，弗兰肯贝格尔一家与希特勒的祖母也有通信往来，主要内容是通信双方没有公开表达过的共识，即席克尔格鲁贝怀上孩子时的情况，令弗兰肯贝格尔一家有责任支付育儿津贴。

如果这些事在村里家喻户晓，以至于一百年后还在被人提起，那就很难想象阿洛伊斯对此一无所知了。同样难以想象的是，

---

[1] 引自约阿希姆·费斯特，《希特勒传》。
[2] 可能是这个儿子让厨娘怀孕的。

村民们会相信这种慷慨没有动机。不管真相是什么，阿洛伊斯承受着四重屈辱：贫穷，私生子，五岁时与生母分离，有犹太血统。前三个是肯定的，就算第四个只是谣言，也没多大帮助。对于一个没有被公开承认而只是在背后窃窃私语的谣言，一个人该如何为自己辩护呢？在确定的情况下生活更容易，无论它们的性质多么消极。例如，一个人可以在职业阶梯上平步青云，不留一丝贫穷的痕迹，阿洛伊斯做到了这一点。他还成功地让第二任和第三任妻子未婚先孕，为他的孩子复制了他作为私生子的命运，无意识地为自己复仇。但是，关于自己的种族出身问题，他一辈子都没有得到答案。

如果不是有意识地承认并为之遗憾，血统的不确定性将引起巨大的焦虑和不安，若像阿洛伊斯一样，涉及既不能证明也不能完全反驳的不祥谣言，那就更加不妙了。

最近，我听说有一位八十岁老年人，他来自东欧，与妻儿在西欧生活了三十五年。就在不久前，他惊奇地从苏联收到了五十三岁的私生子的来信。五十年来，他一直认为儿子已经死了，因为当母亲被枪杀时，这个三岁孩子就在她身边。孩子的父亲后来成了一名政治犯，他从来没有想过要去寻找儿子，因为他深信儿子已经离世。然而，这个只有母亲姓名的儿子在信中写道，他五十年来从未停歇，从一条信息找到另一条信息，一直在寻找新的希望，却一次又一次地碰壁。然而，五十年后，他终于找到了父亲，尽管一开始甚至不知道父亲的名字。我们可以想象，这个人如何将他未知的父亲理想化，他又是多么希望能再次见到他的父亲。因为身在苏联的一座小城而想寻找一个身处西欧的人，必定要花费巨大的精力。

这个故事表明，对一个人来说，弄清自己血统的未解之谜和认识未知的父母有多重要。阿洛伊斯·希特勒不太可能有意识地体验到这些需求。此外，他也不太可能把未知的父亲理想化——因为谣传他是个犹太人，在阿洛伊斯的环境里，这意味着耻辱和孤立。阿洛伊斯在四十岁时改了姓氏——加上费斯特描述的改姓过程中的所有重要"失误"——这一事实表明，血统问题对他来说有多么重要，同时又充满了冲突。

然而，情感上的冲突无法通过官方认证来消除。阿洛伊斯的孩子们首当其冲，承受着他的焦虑，尽管他试图通过成就，通过公务员的职业、制服和浮夸的举止将其拒之门外。

约翰·托兰写道：

> 他变得爱争吵，脾气暴躁。他的主要目标是小阿洛伊斯。有一段时间，这位父亲要求绝对服从，而这个儿子拒绝服从，于是他们之间发生了争执。后来，小阿洛伊斯痛苦地抱怨说，父亲经常"用粗皮鞭无情地"抽打他。不过，在当时的奥地利，殴打孩子并不罕见，人们认为这对孩子的精神有好处。有一次，为了制作一艘玩具船，这个男孩逃了三天学。曾经鼓励这种爱好的父亲，鞭打了小阿洛伊斯一顿，然后"掐着他的后颈把他按在树上"，直到他失去知觉。还有人说，阿道夫也被鞭打过，不过不是那么频繁；还有这家主人"经常打狗，直到狗缩成一团，尿在地板上"。据小阿洛伊斯说，这种暴力甚至延伸到了温顺的克拉拉身上。如果属实，这肯定给阿道夫留下了不可磨灭的印象。

有趣的是，托兰说"如果属实"，尽管他从阿道夫的妹妹葆拉那里得到了确凿的信息，但他并没有把这些信息写进书里。然而，黑尔姆·施蒂尔林在其专著《阿道夫·希特勒：家庭的视角》（*Adolf Hitler: A Family Perspective*）中，引用了托兰收集的材料。葆拉在接受采访时告诉托兰：

> 我哥哥阿道夫尤其惹我父亲生气，他每天都受到应有的殴打。他是个相当讨厌的小家伙，父亲想让他改邪归正，让他选择公务员的职业，但一切都是徒劳。

如果葆拉亲口告诉约翰·托兰，她的哥哥阿道夫每天都会受到"应有的殴打"，那么就没有理由怀疑她的话了。传记作家的特点是很难认同孩子，而且不自觉地弱化父母的虐待。弗朗茨·耶青格在《青年希特勒》（*Hitlers Jugend*）一书中的几段话很能说明一些问题：

> 有人声称，这个男孩被他父亲打得很惨，他们引用了安格拉（对她同父异母的弟弟）说的话作为证据："阿道夫，还记得以前父亲要打你的时候，我和母亲是怎样拉住他制服衣角的吗？"这一说法非常可疑。自从搬到哈费尔德之后[1]，这位父亲就没穿过制服，在他还穿制服的最后一年，也并没有和家人住在一起。照此说法，殴打应该发生在1892—1894年之间，当时阿道夫约四岁，安格拉约十二岁；她绝不敢拉住

---

[1] 1895年春，希特勒全家迁至哈费尔德村，一个多月后其父退休。——译者注

这样一位严厉父亲的衣角。因此,这是由某人编造的,年份有很大误差。

"元首"本人告诉他的秘书们,他的父亲曾在他背上抽打了三十鞭;但元首跟他们说的许多事情显然不是真的,他喜欢欺骗他们。这句话尤其不值得相信,因为他是在讲牛仔和印第安人的故事时说的,他吹嘘自己以真正的印第安人的方式,在挨打时一声不吭。这个任性又不听话的男孩很可能偶尔被抽打一顿,这是他完全应得的,但他肯定不能被称为一个"受虐待的孩子",他的父亲是个具有彻底进步信念的人。这种臆造的理论,根本无法解释希特勒为何变成现在这个样子,实际上只会使事情更加复杂!

更有可能的是,希特勒的父亲对这个男孩的行为睁一只眼闭一只眼,对他的教养也没多大兴趣,毕竟当他们住在莱昂丁时[1],这位父亲已经年过六旬。

如果耶青格所述的才是事实,也确实没有理由怀疑它们的正确性,那么他的"证据"证实了我的坚定信念,即阿道夫的父亲并没有等到儿子长大一些才开始打他,而是在他很小的时候(即"只有四岁")就开始了。实际上,耶青格的证明是多余的,因为阿道夫的一生作为证据就已足够。他自己在《我的奋斗》中"让我们假设"有一个三岁的孩子(参见第178页),这绝非偶然。耶青格显然不相信这一点。但为什么不相信呢?父母驱除的邪恶

---

[1] 1899年,希特勒全家迁至莱昂丁村。——译者注

常常被投射到孩子身上！[1] 毕竟，在第一部分引用的教育学著作以及施雷伯医生的书中（这些书在当时非常流行），都强烈建议体罚幼儿。

那些著作反复强调，邪恶越早驱除越好，这样"善良才能不受干扰地生长"。此外，我们还从新闻报道中得知母亲会殴打婴儿，如果儿科医生能把他们每天观察到的情况说出来，也许我们会对这个问题有更多了解。然而，直到最近，他们的职业保密誓词（至少在瑞士）仍明确禁止这样做，而现在他们仍然保持沉默，也许是出于习惯，或者"基于适当的理由"。如果有人怀疑希特勒在幼年时受过虐待，我刚才引用耶青格所著传记中的段落应该能提供客观证据，尽管耶青格实际上是想证明相反的情况——至少在意识层面是如此。但他感知到的比他意识到的要多，这可以从他叙述的明显悖论中看出来。因为如果安格拉不得不害怕她那"严厉的父亲"，阿洛伊斯就不会像耶青格描述的那样好脾气，如果他脾气很好，她就没必要害怕他。我对这段文字耿耿于怀，因为它可以作为一个例子，说明传记作家如何通过为主人公的父母开脱来歪曲传记。当希特勒说出痛苦真相时，耶青格使用了"欺骗"这个词，这意义重大。他声称希特勒"肯定"不是"一个受虐待的孩子"，"这个任性又不听话的男孩""完全应该"受到偶尔的殴打，因为"他的父亲是个具有彻底进步信念的人"。耶青格关于"进步信念"的概念当然还有待讨论，但除此之外，有些父亲看起来确实是以进步的

---

1 雷·E. 黑尔费尔和C. 亨利·肯佩主编的论文集《被殴打的孩子》（*The Battered Child*）第3版（芝加哥，1980），为读者提供了关于殴打幼儿动机的宝贵洞见。

方式思考，只有在涉及孩子时才会重演自己童年的历史，甚至只是针对其中某个孩子。

最奇怪的心理学解释来自教育学立场，该立场认为其主要任务是要保护父母免受子女的责备。我的观点是，希特勒童年对父亲情有可原的仇恨在对犹太人的仇恨中找到了出口；相反，费斯特则认为，直到1938年希特勒长大成年人，从弗兰克那里了解到自己的犹太血统时，才开始憎恨他的父亲。他写道：

> 当希特勒得知这些事实时，他正着手在德国赢得权力，谁也说不出这对他究竟有什么影响。但我们有理由认为，他对父亲那种隐约的敌意现在变成了明显的仇恨。1938年5月，就在德国吞并奥地利几个星期后，他将德勒斯海姆村及其周边地区变成了军事训练区。他父亲的出生地和祖母的墓地被国防军的坦克夷为了平地。

这种对父亲的仇恨，不可能在一个成年人身上从"理智的"反犹主义态度中全面爆发。像这样的仇恨一般深深根植于童年时期的黑暗经历。值得注意的是，耶青格还认为，在收到弗兰克的报告后，希特勒对犹太人的政治仇恨转变成了对他父亲和家人的个人仇恨。

阿洛伊斯去世后，1903年1月8日的林茨《每日邮报》(*Tagespost*)刊登了一篇讣告，内容如下：

> 偶尔从他嘴里吐出的尖锐字眼，并不能掩盖他粗犷外表下跳动的温暖的心。在任何时候，他都是法律和秩序的积极

捍卫者，而且博学多识，能够对正在讨论的任何问题发表权威的意见。

墓碑上贴着这位前海关官员的矩形照片，他的眼睛坚定地看着前方。[1]

B. F. 史密斯甚至说，阿洛伊斯"真正尊重他人的权利，真正关心他人的福利"。

这个受人尊敬的人展现的"粗犷外表"，对自己的孩子来说可能就是地狱。托兰举了一个例子：

> 为了表示反抗，阿道夫决定离家出走。不知为何，阿洛伊斯知道了这个计划，把男孩锁在了楼上。夜里，阿道夫试图从装有铁条的窗口钻出去。他没能成功，于是脱下衣服。当他挣扎着爬出窗户时，听到了父亲上楼的脚步声，于是急忙退了回来，用一块桌布遮住自己的裸体。这一次，阿洛伊斯没有用鞭子实施惩罚。相反，他突然大笑起来，大声喊克拉拉上来看看这个"长袍男孩"。这种嘲笑，对阿道夫的伤害比任何鞭打都要大，他曾向汉夫施滕格尔夫人透露，"花了很长时间才走出这段阴影"。

多年后，阿道夫告诉他的一位秘书，他曾在一本冒险小说中读到，不表现出痛苦是勇气的证明。所以，"我决定在父亲下次鞭打我的时候，决不发出任何声音。当那一刻到来的时候——我还记得母亲惶恐地站在门外——我默默地数着

---

[1] 引自约翰·托兰。

鞭打的次数。当我骄傲地笑着说'爸爸打了我三十二下'时,母亲以为我疯了"。

这些和类似段落给我们的印象是,阿洛伊斯通过反复殴打儿子来表达他对自身童年屈辱的盲目愤怒。显然,他有一种强烈的冲动,想要把自己遭受的贬低和痛苦强加在这个特定的孩子身上。

* * *

我听说的一件事或许能帮助我们理解这种冲动的根源。美国一档电视节目展示了一些接受团体治疗的年轻母亲,她们都报告曾虐待过自己的宝宝。一位母亲说,有一次,她再也无法忍受孩子的尖叫声,她突然把婴儿从床上抓起来,扔到墙上。她当时的绝望情绪对观众来说非常明显。她接着说,在束手无策的情况下,她拨了一个可以提供帮助的紧急电话。电话里的声音问她,她究竟想打谁。令她吃惊的是,她听到自己说"我自己",然后她就泣不成声了。

这件事支持了我对阿洛伊斯殴打儿子的解释,即这是阿洛伊斯的一种自我惩罚。但这并不能改变一个事实:作为一个孩子,阿道夫当然不可能知道这一切,他每天都生活在危险之中,生活在持续的恐惧和严重创伤的炼狱中。这也不能改变这样一个事实:他同时被迫压抑这些感觉,以拯救他的自尊心。他不能表现出这些痛苦,并不得不将其分裂出去。

这个小男孩,仅仅因为他的存在,就引起了阿洛伊斯不可抑制的无意识的嫉妒！他是一个"合法的"孩子，在合法婚姻中出生，而且是一个海关官员的儿子，有一个不至于贫穷到不得不放弃他的母亲，有一个他认识和了解的父亲（他不得不每天都强烈地、持久地感受到父亲的存在）。不正是这些东西给阿洛伊斯带来巨大的痛苦吗？这些就是他一生拼尽全力也无法得到的东西，因为我们永远无法改变自己童年的事实。我们只能接受它们，学会接受我们过去的现实；或者完全否认它，给他人带来苦难。

许多人都很难接受这样一个可悲的事实：无辜者往往受到残酷的对待。我们从小就了解到，在成长过程中遭受的所有虐待，都是对我们错误行为的惩罚。一位老师曾告诉我，她班上的几个孩子在看完电影《大屠杀》后说："但犹太人肯定有罪，否则不会受到这样的惩罚。"

记住这一点，我们就能理解所有的希特勒传记作者试图把每一种可能的罪行，特别是懒惰、顽固和不诚实，都归咎于小阿道夫。但孩子天生就是骗子吗？说谎难道不是在这样的父亲身边生存并保持尊严的唯一方法吗？有时候，欺骗和学校里的糟糕成绩，为阿道夫（并不止他一个人！）这样任凭别人心血来潮摆布的人，提供了秘密发展些许自主性的唯一途径。在此基础上，我们可以假定，希特勒后来关于他与父亲在职业选择上的公开争吵的描述经过了篡改，这不是因为儿子"天生"是懦夫，而是因为他父亲不允许任何讨论。更有可能的是，《我的奋斗》中下面这段话反映了事情的真实情况：

> 在某种程度上，我已经能够保留我的个人意见，我并不总是需要立即反驳他。我自己永不做公务员的决心，足以让

我的内心完全平静。

值得注意的是，当康拉德·海登在其希特勒传记中引用这段话时，他在结尾处说："换句话说，有点鬼鬼祟祟。"我们期望在极权主义环境下的孩子，能够坦诚和开放，但同时也要默默地服从，从学校带着好成绩回家，不与父亲顶撞，并始终履行自己的职责。

描述希特勒在学校遇到的问题时，另一位传记作家鲁道夫·奥尔登写道：

> 冷漠和糟糕的表现很快变得更加明显。随着父亲的突然去世，他失去了严厉的指导，一个关键的激励因素消失了。

在这里，殴打被认为是对学习的一种"激励"。下面正是传记作家鲁道夫·奥尔登所描绘的阿洛伊斯：

> 即使在退休后，他仍然保持着典型的官僚自豪感，坚持让别人称他为"先生"，再加上他的头衔，而农民或工人之间只使用非正式的称呼（"你"）。当地人对他表示他要求的尊重，实际上是在取笑这个外来者。他和认识的人关系从来都不好。为了弥补这一点，他在自己家里建立了一个小型的独裁政权。妻子很崇拜他，他对孩子们也很严厉。他尤其不理解阿道夫，并对其施行暴政。如果他想让阿道夫来找他，这位前海关官员会用两根手指吹个口哨。

这段描述写于1935年,当时希特勒家族在布劳瑙[1]的许多熟人还健在,收集这类信息还不是那么困难;而据我所知,在战后的传记中并没有出现这段描述。吹口哨把孩子叫到身边,就像孩子是只狗,这一形象不禁让人想起集中营的报道;当今的传记作家不愿将两者联系起来,也就不足为奇了。此外,所有的传记都倾向于淡化父亲的暴行,认为在那个时代,殴打很正常,甚至用复杂的论据来反对"诋毁"父亲,就像耶青格所提出的那样。可悲的是,耶青格的详细研究,为后来的传记提供了重要的资料来源,尽管他的心理学见解与阿洛伊斯之流的思想相差无几。

希特勒无意识地模仿父亲的行为,并将其展现在世界历史舞台上,表明了这个孩子究竟是怎样看待他父亲的:那个精力充沛、穿着制服、有点可笑的独裁者,如卓别林在电影中所描绘的,如希特勒的敌人所看到的,也是阿洛伊斯在他挑剔的儿子眼中的样子。被德国人民爱戴和敬仰的英雄元首,是另一个阿洛伊斯,一个被他顺从的妻子克拉拉爱戴和敬仰的丈夫——阿道夫在很小的时候,无疑和她一样敬畏和崇拜他。在阿道夫后来的许多行为中,都可以看到他对父亲这两个方面的内化(关于"英雄"方面,我们只需要想到"希特勒万岁"的问候语和群众的崇拜等等),以至于给我们的印象是:在后来的生活中,他那非凡的艺术天赋促使他再现了对暴君父亲的最初记忆——深深烙印在他心里,尽管是无意识的。他的形象,对当时活着的每个人来说都是难忘的。与他同时代的一些人从一个受虐待的孩子感受到的恐惧视角来看待这个独裁者,而另一些人,则从一个无辜的孩子完全

---

[1] 布劳瑙,希特勒的出生地,奥地利边境的一个小镇。——译者注

忠诚和接受的视角来看待他。每一位伟大的艺术家都会汲取童年的无意识内容，希特勒的精力本可以投入到艺术创作中去，而不是去摧毁数百万人的生活，那样人们就不必承受这种未解决的痛苦的冲击，而他也可以用艺术的形式来回避这种痛苦。然而，尽管他对侵略者有自大的认同感，《我的奋斗》中还是有一些段落展示了希特勒对其童年的体验：

> 在由两个闷热的房间组成的地下室公寓里，住着一个工人阶级的七口之家。在五个孩子中，让我们假设，有一个三岁的男孩……房间的狭窄和拥挤并不会带来和睦的环境。争吵和打斗会经常出现……但是，如果这种争吵在父母之间进行，而且几乎每天都在进行，其形式也往往粗俗不堪，那么，这种视觉教育的结果终将在孩子身上显现出来，即使只是潜移默化的。如果争吵的形式是父亲对母亲的野蛮攻击、醉酒殴打，那么它们将不可避免地扮演的角色，是任何一个不了解这种环境的人都难以想象的。这个可怜的小男孩在六岁时就怀疑存在一些可怕的事情，即使是成年人也只能对这些事情感到恐惧……这个小家伙在家里听到的所有其他事情，都不会增加他对亲爱的同胞的尊重。
>
> 如果男人一开始就一意孤行，而女人为了孩子的缘故反对他，结局就会很糟糕。然后是打斗和争吵，随着男人与妻子逐渐疏远，他与酒精变得更加亲密。当他终于在星期天甚至星期一晚上醉醺醺地回到家时，却总是身无分文；这样的情景经常发生，上帝保佑吧！
>
> 这种情况我见过几百次了。

尽管这对希特勒的尊严造成了深刻而持久的伤害，使他无法在《我的奋斗》的第一人称叙述中承认"让我们假设，有一个三岁的男孩"就是他自己的处境，但他描述的内容毫无疑问指向他的童年。

如果一个孩子的父亲不叫他的名字，而是像唤狗一样朝他吹口哨，那么这个孩子在家庭中的身份就和第三帝国的"犹太人"一样，没有权利，没有地位。

通过无意识的强迫性重复，希特勒实际上成功地将他家族的创伤转移给了整个德意志民族。"种族法"的出台迫使每个公民追溯其血统到前三代，并承担随之而来的后果。起初，有问题或不确定的血统意味着耻辱和堕落；后来，它就意味着死亡——这是在和平年代，在一个自称文明的国度。这样的现象在历史上绝无仅有。例如，宗教法庭因为犹太人的宗教信仰而迫害他们，但如果他们接受洗礼，就有机会生存下来。然而，在第三帝国，任何行为、功绩或成就都无济于事；仅凭血统，犹太人就被定罪，先是被贬低，然后被处死。这难道不是希特勒命运的双重写照吗？

1. 尽管希特勒的父亲付出了所有努力，取得了成功，在职业生涯里从鞋匠晋升为首席海关检查员，但他不可能消除过去的"污点"，就像后来禁止犹太人去除他们被迫佩戴的"黄星"一样。那个污点一直存在，并终生压迫着阿洛伊斯。也许他频繁搬家（据费斯特说是十一次），除了职业原因外，还有另一个原因，那就是要抹去他的痕迹。这种倾向在阿道夫的生活中也非常明显。费斯特写道："1942年，当他被告知在施皮塔尔村（他父亲出生的地方）有一处纪念碑时，他突然暴跳如雷……"

2. 与此同时,"种族法"代表了希特勒自己童年戏剧的重演。就像犹太人现在没有机会逃脱一样,小阿道夫也一度无法逃脱父亲的殴打,这些殴打并不是由孩子的行为造成的,而是由父亲未解决的问题造成的,比如他拒绝向自己的童年致哀。正是这样的父亲,如果他们不能接受某种情绪(也许只是在某些社交场合感到无足轻重和没有安全感),就有可能把熟睡的孩子从床上拖起来,并殴打他们,以恢复他们自恋的天平(参见克里斯蒂亚娜的父亲)。

就像这个熟睡的孩子一样,犹太人在第三帝国中履行了相同的"职责"——帝国试图以牺牲他们为代价,从魏玛共和国[1]的耻辱中恢复过来。这是阿道夫整个童年的"职责",他必须接受这样一个事实:任何时候,一场暴风雨都有可能在他那无助的头顶袭来,而他却找不到任何办法来避免或逃脱。

* * *

由于阿道夫和父亲之间没有任何感情纽带(在《我的奋斗》中,阿道夫称阿洛伊斯为"父亲先生",这一点很重要),他对父亲的仇恨与日俱增,毫不含糊。对有些孩子来说,情况则有所不同:他们的父亲有时会大发脾气,然而在不发脾气时,又可以和孩子友好地玩耍。在这种情况下,孩子的仇恨不可能变得如此纯粹。这些孩子成年后会经历另一种困难:他们会寻找性格像父亲

---

[1] 魏玛共和国,成立于德意志帝国在第一次世界大战中战败后,结束于希特勒及纳粹党在1933年上台执政之时。——译者注

一样极端的伴侣。他们被千条锁链捆绑在伴侣身上，无法离开他们，总是希望对方善良的一面最终会胜出；然而，每一次新的激烈争吵，都会让他们陷入新的绝望。这些施虐受虐的纽带，可以追溯到父母的模棱两可和不可预知，比真正的爱情关系更牢固。它们无法被打破，并预示着自我的永久毁灭。

而小阿道夫确定他会不断挨打，他知道，无论做什么，都不会改变每天被鞭打的事实。他所能做的只有否认痛苦，换句话说，就是否认自己，认同施暴者。没有人能帮助他，甚至他母亲也不能，这对她来说，也意味着危险，因为她也被殴打过（参见托兰）。

这种持续的危险状态，在第三帝国犹太人的命运中反映得非常清楚。让我们试着想象以下场景：一个犹太人走在街上，也许是买完牛奶回家，一个戴着纳粹臂章的人袭击了他；这个人有权对犹太人做任何他想做的事，任何由他的幻想恰好决定的事，任何他的无意识此刻渴望的事。这个犹太人无法改变这种情况，他的处境犹如小阿道夫曾经的处境。如果这个犹太人想要自卫，他就会被踩踏致死。他就像十一岁的阿道夫，曾在绝望中与三个朋友离家出走，打算用自制的木筏顺流而下，以逃离他暴力的父亲。仅仅因为想要逃跑，他就几乎被打死（参见施蒂尔林）。犹太人同样不可能逃脱，所有的生路都被切断，只通向死亡，就像在特雷布林卡和奥斯维辛集中营走到尽头的铁轨，象征着生命本身的终结。这就是任何一个日复一日被殴打的孩子的感受，他要是敢逃跑，就会被打得半死。

在我刚才描述的场景中，犹太人不得不像无助的孩子一样忍受一切，这一场景在1933至1945年间，以各种形式发生了无数次。他必须服从这个戴着纳粹臂章的生物，后者已经变成了一个尖叫、狂暴的怪物，把牛奶倒在他头上，并召唤其他人到现场来分享乐趣（就像阿洛伊斯曾嘲笑阿道夫的"长袍"一样）。他必须让这个戴纳粹臂章的人感到自己高大强壮，同时还有个人完全任其摆布、受其掌控。如果这个犹太人珍惜自己的生命，他就不会为了证明自己的坚强和勇敢而去冒险。相反，他将保持被动，但内心会对这个人充满厌恶和蔑视，就像阿道夫当年那样，他逐渐看透父亲的弱点并开始通过在学校表现糟糕来略施报复，他知道这会让父亲很生气。费斯特并不认为阿道夫在学校的糟糕表现与父子关系有关，而认为这是他在林茨市遇到了更高的学业要求的结果，在那里他没办法与来自稳定的中产阶级家庭的同学们竞争。另一方面，费斯特写道，阿道夫是"一个非常精明、活泼、明显有能力的学生"[1]。这样一个男孩为什么会在学校里遇到困难？如果不是由于阿道夫本人给出的原因，而是费斯特认为的阿道夫有"懒惰的倾向"以及"不能坚持常规学习……这很早就出现了"，多少有点说不过去。这些更像是阿洛伊斯会说的话，这位写出最详尽的希特勒传记的作家引用了无数的证据，证明他的主人公后来的工作能力。但此时，他在这里站在父亲一边针对儿子，如果这一事实反映的不是普遍规则，那就太令人惊讶了。几乎所有的传记作家都毫无疑问地接受了这种教育观念的评判标准，即父母永远是对的。如果孩子没有一直按照预期发挥，他们就是懒惰的、被宠坏的、固执的、脾气坏的。当孩子们说出任何不利于父母的话时，人们就常常怀疑他们在撒谎。费斯特写道：

---

[1] 引自费斯特，《希特勒传》。

后来，为了在画面中引入一些黑暗的色调[1]，儿子甚至试图把阿洛伊斯描述为一个酒鬼。据希特勒说，在"令人憎恶的耻辱"的场景中，他责骂和恳求父亲,把他拽出"臭气熏天、烟雾缭绕的酒馆"，带他回家。[2]

为什么是"黑暗的色调"？因为传记作家们一致认为，尽管这位父亲喜欢在小旅馆喝酒，然后还在家里闹事，但他"不是一个酒鬼"。如果父亲不被诊断为"酒鬼"，那么他所做的一切都可以被忽略，孩子也可以完全不再去想自身经历的意义，也就是目睹这些可怕场景带来的羞耻和耻辱。当治疗中的人向亲属询问已故父母的情况时，也会发生类似的事情。父母在世时完美无缺，死后自动升为天使，给他们的孩子留下无尽的自责。由于孩子认识的这些人不太可能证实他们早年对父母的负面印象，所以他们必须把这些印象藏在心里，并认为拥有这些印象是非常邪恶的。对十三岁的希特勒来说，当他失去父亲时，情况并没有什么不同，从那时起，他在各方面遇到的都是一个理想化的父亲形象。即使在今天，如果传记作家仍试图将那些经常性的殴打描述为无害的，那么谁会向这个男孩承认他父亲的残忍和凶暴呢？然而，一旦希特勒成功将自己内心的邪恶转移到"犹太人"身上，他就立马打破了自己的孤立状态。

欧洲各国人民对犹太人的仇恨可能是最可靠的共同纽带。当权者总是能够操纵这种仇恨以达到自己的目的。例如，它似乎

---

1 好像有必要多此一举似的！
2 引自费斯特,《希特勒传》。

非常适合于团结那些相互冲突的利益，因此，即使是彼此极端敌对的群体也可以一致地认为犹太人有多么危险和讨厌。希特勒意识到了这一点，他曾对劳施宁说："如果不存在犹太人，他们就得被发明出来。"

反犹主义不断自我更新的能力从何而来？答案并不难找。犹太人并不是因为做了什么而被人憎恨。犹太人的所作所为，同样适用于其他群体。犹太人之所以被憎恨，是因为人们怀有一种被禁止的仇恨，并急于将其合法化。犹太人特别适合成为这种需求的对象，因为他们已经被教会和国家的最高权威迫害了两千年，没有人需要为憎恨犹太人而感到羞耻，即使这个人按照最严格的道德原则长大，并在其他方面对灵魂最自然的情感感到羞耻（参见第104—105页）。一个过早被要求穿上"美德"盔甲的孩子，将会抓住唯一允许的释放途径。他会牢牢抓住反犹主义（即他的仇恨权利），并在余生中保留这一权利。然而，希特勒可能不容易获得这种释放，因为这将触及他的家庭禁忌。后来，在维也纳，他很乐意摆脱这一无声的禁令，当他掌权后，他便宣布西方传统中这种合法的仇恨是雅利安人的最高美德。

我怀疑血统问题在阿道夫家族中被列为禁忌，是因为他后来非常重视这个问题。他对弗兰克1930年所递交报告的反应更证实了我的猜测，因为它揭示了对一个孩子来说典型的一知半解，并反映了整个家族对这个问题的困惑。弗兰克写道：

> 希特勒知道他父亲不是玛丽亚·安娜和格拉茨的犹太人所生的孩子，他是从父亲和祖母告诉他的事情中得知的。他知道，他父亲是祖母和她后来嫁的那个男人由于婚前关系生

下的。但他们都很穷，那个犹太人多年来支付的抚养费，对这个贫困家庭来说是极好的补给。犹太人完全有能力付这笔钱，因此被人当作是孩子的父亲。犹太人支付了这笔钱，而没有上法庭，可能是因为他无法面对法律调解带来的公众关注。[1]

耶青格对希特勒的反应是这样描述的：

这一段显然复制了希特勒对弗兰克的报告所说的话。当然，他一定非常不安，但不能在弗兰克面前表露出来，而是表现得好像他对报告内容并不陌生。他说，据他父亲和祖母所说的事，他知道父亲不是格拉茨那个犹太人的孩子。但在这一点上，希特勒在一时的慌乱中，确实做得过头了！他出生时，祖母已经去世四十多年，她不可能告诉他任何事！而他的父亲呢？必须在阿道夫十四岁之前告诉他，因为他父亲之后就不在世了。而这种话是不会对那个年纪的孩子说的，如果根本不存在祖父是犹太人的问题的话，更不会对孩子说"你的祖父不是犹太人"。希特勒进一步回应说，他知道父亲是他祖母和后来嫁的那个男人由于婚前关系生下的。那么，他为什么之前在书中写到他父亲是一个贫穷的小农场工人的儿子呢？这个磨坊工人，是他祖母唯一可能与其发生过婚前关系的人——但也只是在她再次生活在德勒斯海姆之后——而他这一辈子从来没有做过农场工人！而指责这位祖母卑鄙

---

[1] 引自耶青格，《青年希特勒》。

无耻——不管是希特勒还是弗兰克所为——声称有支付能力的人是她孩子的父亲,这暴露了不道德之人普遍存在的心态,但对其出身却证明不了什么!阿道夫·希特勒对自己的血统一无所知!孩子们通常是不会被告知这些事情的。

对家庭背景难以忍受的困惑,可能是造成孩子学业问题的原因(因为知识被禁止,因此具有威胁性和危险性)。无论如何,希特勒后来想从每一个公民那里准确地了解到在其家族三代之中是否有犹太人藏身。

* * *

对于阿道夫在学校的糟糕表现,费斯特发表了几点意见。例如,他指出,在其父去世后,阿道夫的学业并没有改善,并以此作为证据,证明他的糟糕表现与父亲无关。以下几点可以反驳费斯特的观点:

1.《黑色教育》收录的文章非常清楚地表明,老师们非常乐意接替父亲来管教学生,而且他们也能从中收获很多,可以稳定地满足自恋。

2. 当阿道夫的父亲去世时,他的形象早已被儿子内化,老师们现在成了父亲的替代品,阿道夫在某种程度上可以更成功地保护自己。在学校表现不好,是孩子用来惩罚老师(父亲)的少数几种方式之一。

3. 当阿道夫十一岁时,他试图逃离这种无法忍受的处境,并差点被殴打致死。他的弟弟埃德蒙也确实在这个时候去世了。

虽然我们没有这方面的资料，但可能阿道夫对他弱小的弟弟有一定的控制权。无论如何，正是在这一时期，他开始在学校表现不佳，与之前的好成绩形成鲜明对比。谁知道呢，如果他的好奇心和活力在学校得到更多的滋养，也许这个聪明而有天赋的孩子会找到一种不同的、更人道的方式来处理被压抑的仇恨。但是，由于早期与父亲的关系存在严重问题（这种关系后来又转移到老师和学校身上），他甚至连对知识价值的欣赏也无法实现。

这个孩子，像他父亲一样易怒，长大后下令焚烧自由作家的书籍。希特勒很讨厌这些书，但他从来没有读过。如果一开始就允许他开发自己的潜能，也许他可以阅读和理解这些书籍。焚烧书籍和责难艺术家都是报复行为，因为这个有天赋的孩子被阻止享受学校生活。也许下面这个故事能说明我的意思：

有一次，我坐在一个陌生城市的公园长椅上。一位老年人坐在我旁边，他后来说他已经八十二岁了。我注意到他对附近玩耍的孩子说话时那种专注而尊重的态度，便和他攀谈起来。在交谈过程中，他给我讲了他在第一次世界大战中当兵的经历。"你知道，"他说，"我有一个守护天使，她总是和我在一起。我的朋友们经常被手榴弹或炮弹击中身亡，而我，虽然站在那里，却毫发无伤。"这一切是否完全如他所述并不重要。重要的是，这个人在表达他的自我，表达他对仁慈命运的完全信任。因此，当我问起他的兄弟姐妹时，我并不惊讶于他的回答："他们都死了，我是我母亲的宠儿。"他说，他的母亲"热爱生活"。在春天，有时她会在清晨叫醒他，在他上学前，和她一起听鸟儿在树林里唱歌。这些是他最快乐的回忆。当我问他是否被打过时，他回答说：

"几乎没有,我父亲可能会偶尔失手。这让我每次都很生气,但他从没有在我母亲面前这样做过,她绝不会允许。"他继续说:

"但你知道,有一次我被老师狠狠揍了一顿。在三年级之前,我是最好的学生,然后在四年级时,我们换了一个新老师。有一次,他因莫须有的罪名而指控我。然后,他把我拉到一边,开始打我,不停地打,像个疯子一样一直喊:'现在你能说实话了吧?'可我怎么说呢?毕竟,我只有撒谎才能满足他,而我以前从来没有屈服过,因为我没有理由害怕我父母。所以,我忍受了一刻钟的殴打,但从那以后,我就再也不想上学了,成了一个差生。后来,我经常为没有拿到高中毕业证而苦恼。但我认为我当时别无选择。"

作为一个孩子,这个男人明显得到了母亲的尊重,他反过来也能够尊重和表达自己的感受。因此,当父亲"失手"时,他能意识到自己对父亲的愤怒;他也能意识到老师在逼他说谎,在贬低他;他还能感受到悲伤,因为他当时别无选择,不得不忽视学业为自己的正直付出代价。我注意到,他没有像大多数人那样说"我的母亲非常爱我",而是说"她热爱生活"。我记得我曾经这样评价过歌德的母亲。这位老年人曾和他母亲在森林里度过了最快乐的时光,他感受到母亲对鸟儿的喜爱,并与她一起分享。

母子之间温暖的关系仍在他苍老的眼睛里闪烁,而母亲对他的重视,也从他现在对玩耍的孩子们说话的方式中清楚地表现出来。在他的态度中,没有任何高人一等或居高临下的感觉,只有关心和尊重。

*　*　*

我花费这么长时间讨论希特勒在学校的问题，是因为其原因和影响在数百万其他案例中也很典型。希特勒有那么多狂热的追随者，这一事实表明他们的性格结构与其相似，也就是说，他们有着相似的成长经历。当代的许多传记表明，我们的思想距离认识到孩子有权受到尊重还甚为遥远。费斯特煞费苦心地描绘了希特勒的生活，他不相信这个儿子所说的自己因父亲而遭受了巨大痛苦，认为阿道夫只是在"戏剧化"这些困难，好像有谁比阿道夫本人更有资格判断这种情况似的。

当我们考虑到精神分析方法自身的局限性时，费斯特对父母的宽容就不足为奇了。只要精神分析的追随者仍然认为主要目标是为性自由而战，他们就忽略了其他关键的问题。当我们考虑到未成年人卖淫和当前的毒品市场时，我们可以看到，一个没有得到尊重并因此缺乏自尊的孩子在性"解放"方面做了什么。在这里，我们还可以了解到，孩子的"解放"可能会导致灾难性的依赖（对他人和海洛因的依赖）。如果这种"解放"伴随着自我堕落，那就名不副实了。

虐待孩子的现象及其后果在生活中司空见惯，我们几乎不会对其荒谬性感到震惊。青少年在战争中相互厮杀以及（在生命刚绽放时）为某种事业而牺牲的"英雄意愿"，可能源于在青春期重新激活和强化的童年早期被压抑的仇恨。如果给青少年一个明确的敌人，允许他们自由而不受惩罚地仇恨，他们就可以将对父母的仇恨调转矛头。这也许就是为什么在第一次世界大战中，那么多年轻的画家和作家自告奋勇地上前线。他们希望摆脱家庭的束缚，能够在军乐队的伴奏下享受前进的乐趣。海洛因的作用之一就是取代这种功能，不同的是，毒品的破坏性愤怒针对的是本人的身体和自我。

* * *

劳埃德·德莫斯是一名心理历史学家，他对动机以及描绘其背后的群体幻想特别感兴趣。他曾经研究过主导侵略国的幻想。在浏览资料时，他注意到这些国家领导人的发言一次又一次地提及与分娩有关的画面。他们以惊人的频率谈论国家被勒住脖子，他们希望战争能最终扭转这种局面。德莫斯认为，这种幻想反映了婴儿在出生时的实际情况，这个过程会给每个人带来创伤，从而演变成一种强迫性重复。

为了支持这一论点，我们可以做一些观察：在真正受到威胁的国家（如1939年的波兰），并不会出现被勒死和必须获得自由的感觉；反而在没有受到威胁的国家（如1914年和1939年的德国，或越南战争期间的美国），却会出现这种感觉。因此，宣战无疑是为了摆脱被威胁、被束缚和被贬低的幻想。根据我现在对童年的了解，以及我试图用希特勒的例子来证明的观点，我肯定倾向于得出这样的结论：不是出生时的创伤（像德莫斯假设的那样），而是其他经历在对战争的渴望中被重新激活了。即使最艰难的分娩也是一种有界限的独特创伤，尽管我们渺小和软弱，但我们通常都靠自己或在第三方的帮助下顺利出生。与此相反，殴打、心理羞辱和其他虐待是反复的经历；无法逃避，也没有人伸出援手，因为没有人认为这就是地狱。这是一种持续的状况，或者说是一种反复的遭遇。这里不可能有最终的解放，只有借助分裂和压抑，这些经历才能被遗忘。现在，正是那些从未被接受的事件，必须在强迫性重复中寻找出口。宣战者的欢呼表现的是重新燃起的希望，即他们终于能够为之前的羞辱复仇，也可能是终于被允许仇恨和呐喊的解脱感。从前的孩子抓住机会活跃起来，打破被迫的沉默。如果哀悼过程无法实现，一个人就会用强迫性重复来尝试挽回过去，通过现在的活动来驱逐过去的悲剧性被动。由于这不可能成功，因为过去无法改变，所以这种战争不会给侵略者带来解放，即使最初取得了胜利，但最终还是会导致灾难。

尽管有这些考虑，可以想象，出生幻想在这里确实起了作用。对那些每天挨打却又必须保持沉默的孩子来说，出生可能是他们在童年时期唯一的胜利，不仅在幻想中如此，在现实中也是如此，否则，他们不可能活下来。他们奋力穿过一条狭窄的通道，然后被允许尖叫，尽管如此，他们还是得到了援助之手的照顾。这种幸福能与后来的遭遇相提并论吗？如果我们想用这个伟大的胜利来帮助自己克服后来的失败和孤独，这并不令人奇怪。从这个角度看，出生创伤和宣战之间的联系，可以被解释为是在否认真实的、隐藏的创伤，这种创伤从未被社会认真对待，因此需要展现自身。在希特勒的一生中，学生时代的"布尔战争"、《我的奋斗》和第二次世界大战都属于那冰山一角。至于为什么他会以这样的方式发展，隐藏的解释无法在挣脱子宫的经历中找到，这是希特勒与所有人共有的经历。另一方面，并不是所有人都像他小时候那样饱受折磨。

这个儿子竭尽所能来忘记父亲的殴打带来的创伤：他征服

了德国的统治阶级，赢得了民众的支持，使欧洲的政府屈服于他的意志。他几乎拥有了无限的权力。然而，到了晚上，在他的睡梦中，当无意识让人类了解自己早期的童年经历时，他就无处可逃了：那时，他的父亲回来吓唬他，他的恐惧无边无际。劳施宁写道：

> 然而，希特勒有近乎被害妄想的状态和双重人格。他的失眠不仅仅是神经过度紧张的结果。他经常在半夜醒来，焦躁不安地走来走去。然后，他还要求必须到处都有光。最近，在这种时候，他会派人去找一些年轻人，让他们在他异常痛苦的时候陪伴他。有时，他的情况很糟糕。一个每天都与希特勒有密切接触的人告诉我：希特勒夜里会在抽搐的尖叫声中醒来。他大声呼救，坐在床边，动弹不得。他吓得浑身发抖，整张床都在颤动。他喃喃自语，说着完全听不懂的话。他大口喘气，仿佛快要窒息。
>
> 我的线人向我详细描述了一个不同寻常的场景——如果不是如此可靠的消息来源，我是不会相信这个故事的。希特勒站在房间里摇摇晃晃，疯狂地四下张望。"是他！是他！他在这里！"他气喘吁吁地说。他嘴唇发紫，汗流满面。突然，他开始滔滔不绝地说出奇怪的数字、古怪的单词和断断续续的句子，完全不知所云。这听起来很可怕。他使用了奇怪的、完全非德语的构词法。然后，他静静地站在那里，只有嘴唇在动。有人给他按摩，给他喝东西。然后他突然说——
>
> "你瞧，你瞧！在角落里！那是谁？"
>
> 他用大家熟悉的方式跺脚、尖叫。人们告诉他房间里没

有什么异常，然后他才慢慢平静下来。之后，他睡了好几个小时，再过了一段时间，一切恢复了正常。

尽管希特勒身边的大多数人在童年时都遭受过虐待，但没有人理解他的恐慌与"难以理解"的数字之间的联系。童年时期，他在默数父亲的鞭打时压抑的恐惧，如今在孤独的夜里以噩梦的形式突然袭来，压垮了这个处在巅峰状态的成年人。

即使让整个世界都成为他的牺牲品，他仍然不能把内化的父亲赶出卧室，因为一个人的无意识是不能通过摧毁世界来消灭的。然而，尽管如此，如果希特勒活得更久，世界将继续付出沉重的代价，因为他的仇恨之泉在不停流淌，甚至在他的睡梦中。

* * *

那些从未体验过无意识力量的人可能会觉得，试图将希特勒的行为解释为童年经历的产物是幼稚的。现在仍然有许多人认为"童年的事情只是幼稚的事情"，而认为政治是严肃的事情，是成年人的事情，不是小孩子的游戏。这些人认为童年和后来的生活之间的联系是牵强或荒谬的，因为他们有充分理由想要完全忘记早年的现实。希特勒的这种人生尤其具有教育意义，因为在他的一生中，早期和后期之间的连续性如此清晰可见。甚至在他还是个小男孩的时候，他就在战争游戏中表达了他对摆脱父亲枷锁的渴望。他先是率领印第安人，然后是布尔人与那些压迫者作战。他在《我的奋斗》一书中写道："不久之后，伟大的英雄斗争（1870—1871年的普法战争）就成了我最伟大的内心体验。"

在同一段话中，我们可以发现那些反映了他童年的不幸游戏与未来的致命事件之间的宿命关系："从那时起，我越来越热衷于一切与战争或军队有关的事情。"

希特勒的法语和德语老师许默博士报告说，在青春期，希特勒"对建议或责备表现出难以掩饰的敌意。与此同时，他要求同学们对自己无条件地服从"[1]。据一位来自布劳瑙的证人说，由于早年对暴君父亲的认同，阿道夫在很小的时候就会站在山顶上，"发表冗长而充满激情的演讲"。[2] 由于希特勒仅在布劳瑙度过了他生命的前三年，这表明他作为"元首"的事业开始得有多早。在这些演讲中，这个孩子在模仿他见到的滔滔不绝的威严父亲，同时也把他自己——那个在生命头三年里充满敬畏和钦佩的孩子——看作听众。

同样的情况也会出现在有组织的民众集会上，这些集会后来重现了元首幼稚的自我。元首和人民之间的自我陶醉的共生统一，在他青少年时期的朋友奥古斯特·库比策克的话中表现得非常清楚。他说，希特勒"忘乎所以地"发表了许多演讲。托兰写道：

> 这些演讲，通常是在他们穿过田野，或在荒芜的林间小路上发表的，这让库比策克想起了喷发的火山。它又像舞台上的一幕戏剧。"我只能呆呆地站在那里，张口结舌，忘记了鼓掌。"过了好久，库比策克才意识到他的朋友不是在演戏，而是"郑重其事"。他还发现，希特勒只期望他做一件事，

---

[1] 参见托兰。
[2] 这个消息是保罗·摩尔（Paul Moor）口头告诉我的。

那就是赞同。库比策克更多是被阿道夫的雄辩所吸引,而不是他所说的内容,因此欣然表示赞同……阿道夫似乎也很清楚库比策克的感受。"他总是能够强烈地感觉到我的反应,就好像这些反应也是他的。有时我感觉到,他过着自己的生活,也过着我的生活。"

也许没有比这更好的评论来说明希特勒的奇特魅力了:犹太人代表了他童年时被羞辱、被打败的一面,他竭力想要摆脱;而库比策克扮演的崇拜他的德国人民,则是他善良、美好的一面,爱他的父亲也被父亲所爱。德国人民和朋友库比策克扮演了好孩子阿道夫的角色。希特勒作为父亲,通过驱赶和摧毁"邪恶的犹太人"以及"邪恶的思想",保护孩子纯洁的灵魂远离危险,从而使父与子的自然合一最终得以实现。

当然,这种解释不是为那些不相信无意识的人写的,他们认为梦是"虚无缥缈的东西",认为无意识是"病态思维"的发明。但我可以想象,即使那些对无意识有所了解的人,看到我试图根据希特勒的童年经历来理解他的行为时,也会表示疑虑或愤慨,因为他们不愿被迫去思考整个"不人道的故事"。然而,我们真的可以认为,亲爱的上帝突然想到要把一个"恋尸癖野兽",就像弗洛姆描述的希特勒,送到人间吗?弗洛姆写道:

> 我们该如何解释,这两个善良、稳定、非常正常,当然也没有破坏性的人,生下了未来的"怪物"阿道夫·希特勒?[1]

---

[1] 引自弗洛姆,《人类的破坏性剖析》。

我毫不怀疑，每一桩罪行背后都隐藏着个人悲剧。如果我们更仔细地调查这些事件及其背景，也许能为预防犯罪做得更多，而不是像现在这样愤怒和说教。也许有人会说：但并不是每个受虐儿童都成了杀人犯，那样的话，会有更多的人成为杀人犯。这话没错。然而，人类如今已经陷入了可怕的困境，这不应该只是一个纯理论问题。此外，我们永远不知道，面对遭受的不公，一个孩子将会做出怎样的反应——有无数的"技巧"来处理这种情况。最重要的是，我们还不知道，如果孩子在没有屈辱的环境中长大，如果父母完全尊重孩子的个性，世界又将会是什么样子。无论如何，我没有听说过哪个人在童年时享有这种尊重[1]，长大后还有置他人于死地的需要。

我们几乎仍未意识到，以有辱人格的方式对待儿童是多么有害。尊重他们，认识到他们被羞辱的后果，绝不是智力上的问题。否则，它们的重要性早就被普遍承认了。当一个孩子无助、受伤或被羞辱时，对他的感受感同身受，就像突然从镜子里看到自己童年的痛苦——这是许多人出于恐惧而不得不避开的事情，而另一些人则能够以哀悼的方式来接受它。那些如此哀悼过的人，会对心理的动力机制有更多了解，比他们从书本上学到的要更多。

迫害有犹太背景的人，从祖辈起就必须证明"种族纯洁"的必要性，根据个人可证明的"种族纯洁"程度来调整禁令——所以这些乍一看都荒唐可笑。一旦我们意识到，就希特勒无意识的幻想而言，它是两种非常强大的倾向的强化表达，其意义就变

---

[1] 这里说的对孩子的尊重，并不是指"放任式"的教养，后者本身就是一种教化形式，因此显示了对孩子世界的漠视。

得显而易见了。一方面,他的父亲是可恨的犹太人,他可以鄙视、迫害、恐吓和用法规来威胁父亲,因为他父亲如果还活着,也会受到种族法的影响。另一方面,种族法标志着阿道夫与父亲及其背景的最后决裂。除了复仇之外,希特勒家族令人痛苦的不确定性,也是种族法的一个重要动机:整个国家都必须将其"纯洁性"追溯到前三代,因为希特勒想要确切知道他的祖父是谁。最重要的是,犹太人承担了孩子从他父亲身上看到的所有邪恶和卑鄙的特征。在希特勒看来,犹太人是一种特殊的混合体:一方面是路西法式的高贵和优越(世界犹太集团[1]及其毁灭整个世界的打算),另一方面则是丑陋、软弱和虚弱。这种观点反映出,即使是最软弱的父亲,也可以对自己的孩子无所不能,这一点在希特勒的例子中可以看到——一个没有安全感的海关官员的狂怒成功地摧毁了他儿子的世界。

在心理分析中,批判父亲的第一个突破,通常是病人记忆中浮现出被压抑的父亲的一些无关紧要和可笑的特征。例如,在孩子眼里特别高大的父亲,可能穿着短小的睡衣,看起来很滑稽。孩子从来没有亲近过父亲,一直对他心存恐惧,但有了这段关于紧身睡衣的记忆,孩子的想象力就提供了一种武器。既然矛盾心理已经在分析中被突破,他便能够小规模地报复神一般的、不朽的父亲形象。以类似的方式,希特勒在纳粹期刊《冲锋报》(*Der Stürmer*)上散布他对"臭"犹太人的仇恨和厌恶,以煽动人们

---

1 世界犹太集团(World Jewry),反犹主义用语。反犹主义者认为,散落于世界的犹太人不会效忠他们身处的国家,而是作为一个集体实施着统治世界的阴谋。——译者注

烧毁弗洛伊德、爱因斯坦和数不清的其他犹太知识分子的书籍。这个想法的突破——使他有可能将自己对父亲压抑的仇恨转移到犹太人身上——非常有启发性。这在《我的奋斗》中有一段相关的描述。

  自从我开始关心这个问题并注意到犹太人之后,维也纳在我看来就和以前不一样了。无论我走到哪里,我都开始看到犹太人,我看得越多,他们在我眼中就越明显地跟其他人不一样。特别是内城和多瑙河以北的地区,聚集着一群甚至在外表上都与日耳曼人毫无相似之处的人……

  这一切实在不能被称为赏心悦目。但当你发现这些"上帝的选民"除了身体上的不洁,还有道德上的污点时,他们就变得非常令人厌恶了……

  随便找一桩污秽或放荡的行为,特别是在文化生活中,都会发现至少有一个犹太人参与其中。

  如果你小心翼翼地切开这样一个脓包,就会发现一个该死的犹太佬——它就像腐烂身体里的蛆虫,常常被突如其来的光亮弄得晕头转向。

  ……我开始渐渐痛恨他们。

一旦他成功地将所有压抑的仇恨都指向一个对象,第一反应就是巨大的解脱("无论我走到哪里,我都开始看到犹太人")。被禁止和长期回避的情感现在可以放任自流了。它们越是压得满满的,他就越感到高兴,因为终于找到了替代目标。现在不需要憎恨自己的父亲了,阿道夫可以尽情宣泄而不会挨打了。

然而,这种替代满足不过是激发了人们的欲望——希特勒的例子最好地说明了这一点。虽然从来没有一个人拥有过希特勒那样的权力,能如此大规模地毁灭人类生命而不受惩罚,但这一切仍然不能给他带来平静。他的临终遗嘱仍要求继续迫害犹太人,这就是令人印象深刻的证据。

当我们阅读施蒂尔林对希特勒父亲的描述时,我们看到这个儿子在性格上与他的父亲是多么相似。

然而,他社会地位的提高,对他自己和他人来说并非没有代价。虽然他勤奋认真,但他的情绪不稳定,极度不安,有时可能还会精神失常。据说,他可能曾进过精神病院。此外,至少有一位分析师认为,他将压倒一切的决心和灵活的良心相结合,同时保持着表面的合法性,这尤其体现在他如何操纵规则和记录以达到自己的目的。(例如,在向教皇申请批准他与法定远亲克拉拉[1]结婚时,他强调他有两个没有母亲的孩子,需要克拉拉的照顾,但没有提到她怀孕了。)

只有孩子的无意识能如此精确地模仿父母,以至于父母的每一个特征后来都能在孩子身上找到。然而,这一现象往往没有引起传记作家的注意。

---

[1] 克拉拉是约翰·内波穆克·希德勒的外孙女,因此在法律上,也是阿洛伊斯的外甥女。——译者注

希特勒的母亲
她在家庭中的地位以及在阿道夫生活中的角色

所有传记作者都认为,克拉拉非常爱她的儿子,并且把他宠坏了。首先必须说明,如果我们把爱理解为母亲对孩子的真实需求保持开放和敏感,那么传记作家的观点就是自相矛盾的。如果孩子被宠坏了,换句话说,父母满足了他的每一个愿望,并送给他大量他不需要的东西,以替代父母因自身问题而无法给孩子的东西,那么孩子的真实需求恰恰没有得到满足。因此,如果一个孩子被宠坏,那么他有的其实是严重的匮乏,这会在以后的生活中得到证实。如果希特勒小时候真的被爱过,那他也就会有爱人的能力。他与女人的关系,他的变态行为(参见施蒂尔林,第214页),以及他与一般人疏离而冷漠的关系,都表明他从未在任何方面得到过爱。

在阿道夫出生之前,克拉拉有三个孩子,他们在一个月内相继死于白喉。第三个孩子出生时,前两个孩子或许就已经生病了,第三个孩子出生三天就夭折了。十三个月后,阿道夫出生了。我在此引用施蒂尔林非常有用的表格:

序号	姓名	出生	死亡	年龄
1	古斯塔夫(Gustav)	1885-5-17	1887-12-8	两岁七个月
2	伊达(Ida)	1886-9-23	1888-1-2	一岁四个月
3	奥托(Otto)	1887	1887	大约三天
4	阿道夫(Adolf)	1889-4-20		
5	埃德蒙(Edmund)	1894-3-24	1900-2-2	大约六岁
6	葆拉(Paula)	1896-1-21		

经过美化的传说将克拉拉描绘成一位慈爱的母亲，在她前三个孩子去世后，她把所有的爱都倾注在阿道夫身上。所有描绘这幅可爱圣母像的传记作者都是男性，这或许并非偶然。而直率的当代女性，身为母亲，也许会对阿道夫出生前的事件有更真实的了解，对围绕着他出生第一年的那种情感氛围有更准确的把握，而这段时间对孩子的安全感至关重要。

十六岁时，克拉拉·珀茨尔搬到"阿洛伊斯舅舅"家，照顾他生病的妻子和两个孩子。后来，主人的妻子还没去世，她就已经怀孕。在她二十四岁时，嫁给了四十八岁的阿洛伊斯。在两年半的时间里，她生下三个孩子，并在四五周的时间内失去全部孩子。让我们想象一下都发生了什么。第一个孩子古斯塔夫在11月得了白喉，克拉拉几乎无法照顾他，因为她即将生下第三个孩子奥托，奥托很可能从古斯塔夫那儿感染了这种疾病，三天后便夭折。不久之后，在圣诞节前，古斯塔夫去世。三周后，第二个孩子伊达也死了。因此，在四五周的时间里，克拉经历了一个孩子的出生和三个孩子的死亡。不需要多敏感，这样的打击就足以让一个女人崩溃，特别是像克拉拉这样的人，在差不多还是青少年时，就面对着一个专横苛刻的男人。作为虔诚的天主教徒，她也许会把这三次死亡看作对她与阿洛伊斯通奸的惩罚。也许她还会责备自己，因为第三个孩子的出生使她无法照顾古斯塔夫了。

无论如何，只有铁石心肠才能承受命运如此的打击，而克拉拉并非心如铁石。可是，没有人能帮助她体验她的悲伤。她对阿洛伊斯的婚姻义务仍在继续，在女儿伊达去世的同一年，克拉拉再次怀孕。第二年四月，她生下阿道夫。在这种情况下，她无法充分处理自己的悲伤，正因如此，新生儿一定重新激活了她近期遭受的打击，调动了她最深的恐惧以及对身为母亲的极大不安。有了这些经历，哪个女人在再次怀孕期间不会担心重蹈覆辙？很难想象，她儿子在与母亲的早期共生关系里，在吮吸母亲的乳汁时能一道吸收平静、满足和安全的感觉。更有可能的是，母亲的焦虑，阿道夫的出生重新激活的对三个死去孩子的记忆，以及对这个孩子也可能死去的有意识或无意识的恐惧，都直接传递给了孩子，母亲和孩子此时仿佛一体。当然，克拉拉也不可能体验到她对丈夫的愤怒，这个以自我为中心的男人让她独自承受痛苦。这样，她的孩子——毕竟不像她专横的丈夫那样让人害怕——就更能感受到这些负面情绪的力量了。

这一切都是命运，无法寻找罪魁祸首。许多人都有类似的命运。例如，诺瓦利斯、荷尔德林和卡夫卡也因失去数个兄弟姐妹而受到强烈影响，但他们都能够表达自己的悲伤。就希特勒而言，还有一个额外因素：他无法向任何人诉说自己的感受，也无法诉说因早年与母亲的紊乱关系而产生的深度焦虑。他不得不压抑这一切，以避免引起父亲的注意，从而招来新的殴打。因此，剩下的唯一可能就是认同侵犯者。

这种不同寻常的家庭结构还导致了其他一些结果：失去一个孩子后又生了另一个孩子的母亲，通常会把死去的孩子理想化（就像不快乐的人经常幻想他们生命中错过的机会一样）。活着的孩子会感觉有必要做出特别的努力，完成一些不同寻常的事情，以免在死去的同胞面前黯然失色。但母亲的真爱，通常指向已死去的理想化的孩子，她想象这个孩子拥有一切美德——如果他还活着就好了。例如，同样的事情也发生在梵高身上，不过他只有一个兄弟去世了。

曾有一位向我咨询的病人，他用夸张的热情讲述了他快乐和谐的童年。我已经习惯这种理想化，但在这个案例中，我对他语气中的一些东西印象深刻，但在一开始我无法理解。在交谈的过程中，这个男人透露他有一个姐姐，在不到两岁时就去世了，而她显然拥有她这个年龄段的超人能力：据说她在母亲生病时照顾她，为母亲唱歌"以抚慰她"，能背诵整篇祈祷文，等等。我问那个男人，在他姐姐那个年纪是否有可能做这些事，他看着我，好像我刚刚犯了可怕的亵渎罪，他说："通常不行，但这个孩子可以——她不同寻常，是个奇迹。"我对他说，母亲经常会把死去的孩子理想化，并告诉他梵高的故事；我还说，活着的孩子有时非常艰难，因为他要不断与一个永远无法企及的宏伟形象做比较。这个男人又继续说起他姐姐的能力，说她的去世有多么糟糕。然后，突然间，他停了下来，为他差不多在三十五年前去世的姐姐悲痛万分——至少他是这么认为的。我有一种印象，这是他第一次为自己的童年流泪，因为这些眼泪太真实了。直到现在，我才明白一开始我听到的那种奇怪的、做作的语气。也许他是不自觉地被迫向我展示他母亲是如何谈论长女的。他滔滔不绝地谈论童年时光，就像他母亲谈起死去的孩子一样，但与此同时，他用不自然的语调向我传达了他童年命运的真相。

当有类似家庭结构的病人来找我时，我经常想起这个故事。和他们探讨这个问题时，我一次又一次地听说了与死去孩子有关的迷信，这个迷信通常会持续几十年。母亲的自恋平衡越不稳定，她描绘的与孩子一同逝去的美好光景就越光彩夺目。这个孩子会弥补她的一切损失，弥补丈夫给她带来的任何痛苦，弥补那些活着的孩子带来的所有麻烦。这个孩子将是保护她免受一切伤害的理想"母亲"——要是他没有去世该多好啊！

　　由于阿道夫是在其他三个孩子夭折后出生的第一个孩子，我无法想象他母亲对他的感情能像传记作家描述的那样，单纯地被解释为"全身心的爱"。他们都声称，希特勒从母亲那里得到了太多的爱（他们认为，由于无节制的爱，希特勒被宠坏了，或者如他们所说经历了"口欲期宠溺"），而这应该是他如此渴望得到赞赏和认可的原因。他们认为他与母亲有如此美好和长久的共生关系，所以他才会在与大众的自恋式融合中一再寻求这种关系。诸如此类的说法，有时在精神分析的案例史中也能找到。

　　在我看来，这些解释中透露着一个根植于我们所有人内心的教育学理念。教养手册中也经常包含这样的建议：不要给予孩子太多的爱和关心来"宠坏"他们（这是"溺爱"或"娇惯"），而要从一开始就培养他们适应现实生活。精神分析学家在这里的表达方式有所不同；例如，他们说"必须让孩子准备好承受挫折"，就好像孩子在生活中学不到这些一样。事实上，情况恰恰相反：一个得到过真正的爱的孩子，就算在成年后缺少爱，也能比从未有过爱的人过得更好。因此，如果一个人渴望或"贪恋"爱，这总是表明他在寻找从未拥有过的东西，而不是他不想放弃在童年拥有太多的东西。

　　表面上个体的每一个愿望都得到了满足，但事实并非如此。因此，一个孩子可能会被食物、玩具和过度关心所宠坏，而从来没有人看到或注意到他真正的样子。以希特勒为例，很容易想象，如果他表现出憎恨父亲的样子，他就永远得不到母亲的爱，而事实上他非常恨父亲。他的母亲没有能力去爱，只是一丝不苟地履行她的职责。她强加给儿子的条件一定是让他做个好孩子,"原谅并忘记"父亲对他的虐待。B. F. 史密斯指出了一个有启发性的细节,说明阿道夫的母亲在他与父亲的问题上多么无能为力:

> 这位老年人的权力使他成为妻子和孩子们永远尊敬甚至敬畏的对象。即便在他死后,他的烟斗仍然放在厨房储物柜的架子上,当他的遗孀想要提出一个特别重要的观点时,她就会朝烟斗比个手势,好像在调用主人的权威。[1]

既然克拉拉很"崇敬"丈夫,甚至在他死后,还将其延伸到他的烟斗上,我们几乎无法想象她儿子会被允许向她吐露自己的真实情感,尤其考虑到三个死去的同胞在母亲心目中肯定"总是很乖",而现在他们身在天堂,更是无法做任何坏事。

因此,阿道夫只能以完全掩饰和否认自身真实感情为代价,才能得到父母的爱。这逐渐形成了他的整个精神面貌,费斯特发现这种模式在希特勒的生活中一直持续着。费斯特的传记以下面这段话开篇,强调了这个切题的核心观点:

> 终其一生,他尽了最大的努力来隐藏和美化自己的个性。就个人生活而言,历史上几乎没有任何其他著名人物能像他那样妥善地掩盖自己的踪迹。他以强硬而迂腐的一贯风格塑造了自己的个人形象。他眼中自己的形象与其说是一个

---

[1] 引自施蒂尔林,《阿道夫·希特勒》。

人，不如说是一尊塑像。从一开始，他就设法躲在这尊塑像的后面。[1]

一个体验过母爱的人，永远不需要用这种方式来伪装自己。

希特勒有计划地试图切断与过去的一切联系：他不允许同父异母的哥哥小阿洛伊斯接近自己，还让替他打理家务的妹妹葆拉改名。但在世界政治的舞台上，他不自觉地在另一种伪装下重演了童年的真实剧情。他，和父亲一样，现在是独裁者，是唯一有话语权的人。这里所有其他人都必须保持沉默并服从。他是一个令人恐惧的人，但也赢得了人民的爱戴，他们拜倒在他的脚下，就像顺从的克拉拉曾经拜倒在丈夫的脚下一样。

众所周知，很多女性尤其迷恋希特勒。对她们心中羞涩的小女孩来说，他代表了令人钦佩的父亲，他清楚地知道什么是对的，什么是错的；而且，他还能为她们提供一个出口，宣泄她们从小就被压抑的仇恨。这种结合使希特勒在女性和男性中都有大批追随者。因为所有这些人都曾被教育要听话，在责任和基督教美德的氛围中长大，他们不得不在很小的时候就学会压制自己的仇恨与需求。

现在出现了这样一个人，他并不质疑这种资产阶级道德的基础，相反，他能很好地利用他们从小就被灌输的顺从，他从不让他们面对尖锐的问题或内心的危机，而是为他们提供一种普遍的手段，使他们最终能够以一种完全可接受的合法方式来发泄他们压抑了一生的仇恨。谁不会抓住这样的机会呢？现在犹太人被

---

[1] 引自费斯特，《希特勒传》。

指责为一切的罪魁祸首,而真正的在过去实施迫害的人——他们自己残暴的父母——得以被尊重和理想化。

我认识一个女人,她加入过纳粹德国女青年团,即女性版的希特勒青年团,在此之前,她从未与犹太人有过任何接触。她从小就受到非常严格的教育。在她兄弟姐妹(两个哥哥和一个姐姐)离开家后,父母需要她在家里帮忙。由于这个原因,她不被允许谋求职业,尽管她非常想这么做,而且也有必要的资质。很久以后,她告诉我,当她在《我的奋斗》中读到"犹太人的罪行"时,她是多么热情高涨;当她发现可以如此明确地憎恨一个人时,她是多么如释重负。她从未被允许公开嫉妒她的兄弟姐妹能够追求自己的事业。但她叔叔不得不向一个犹太银行家支付贷款利息,受这个银行家剥削,她很认同她的叔叔。她自己其实也一直被父母剥削,并嫉妒她的兄弟姐妹,但一个懂规矩的女孩是不允许有这些感觉的。现在出乎意料的是,有这么一个简单的解决办法:她想怎么恨就怎么恨。而她仍然是(也许正是因为这个原因)父母的乖女儿,是祖国有用的女儿。此外,她还可以把自己心中一直鄙视的"坏的"和弱小的孩子投射到软弱无助的犹太人身上,并感受自身的完全强大、完全纯正(雅利安人)和完全善良。

而希特勒本人呢?这就是他整个复仇过程的开端。他同样是在犹太人身上虐待那个无助的孩子,就像他父亲虐待他一样。父亲从不满足——每天用鞭子抽打他,在他十一岁时几乎把他打死——希特勒也一样。在杀害了六百万犹太人之后,他仍然在遗嘱中写道,有必要消灭犹太人的最后残余。

这里揭示的,如阿洛伊斯等殴打孩子的父母的情况一样,是他们对分裂出去的部分自我的回归和复活的恐惧。这就是为什么殴打是一项无止尽的"任务"——在打人背后,隐藏着对自己被压抑的软弱、羞辱和无助的恐惧,而这些是他们一生努力通过浮夸的行为来逃避的:阿洛伊斯成为高级海关官员,阿道夫成为元首,有人成为笃信电击疗法的精神科医生,或是进行猴脑移植实验研究的医生,或是规定学生应该相信什么的教授,或者仅仅是养育孩子的父母。这些努力实际上针对的都不是他人(或猴子)——当这些人鄙视和贬低别人时,他们所做的一切,只是试图消除自己从前的弱点,试图避免悲痛。

施蒂尔林对希特勒饶有趣味的研究源于这样一个前提:阿道夫的母亲无意识地"指派"阿道夫来拯救她。根据这一观点,被压迫的德国就成了母亲的象征。这也许是正确的,但毫无疑问,根深蒂固且强烈个人化的无意识问题,也在希特勒后来残暴的疯狂行为中得到了表达,这代表了一场巨大的净化自我的斗争,净化他无尽堕落的所有痕迹,而德国是他自我的象征。

然而,一种解释并不一定排斥另一种:拯救母亲,也意味着孩子为自己的生存而奋斗。换句话说,如果阿道夫的母亲是个坚强的女人,在孩子心中,她就不会让他受到这些折磨,并持续感到恐惧和害怕。但因为她自己也被贬低了,完全沦为丈夫的奴隶,所以她无法保护孩子。现在,他必须把母亲(德国)从敌人手中拯救出来,这样才能有一个善良、纯洁、坚强的母亲,不受犹太人的污染,可以给她安全感。孩子们经常幻想,他们必须拯救或解救母亲,这样她就能成为他们一开始需要的那个母亲。这甚至可以成为未来的全部工作。但是,由于孩子不可能拯救母亲,如果没有认识和体验到这种无力状态的根源,强迫性重复这种状态必然会导致失败甚至灾难。施蒂尔林的想法可以沿着这样的思路更进一步，用象征的方式来表述，可能会得出以下可怕的结论：解放德国，消灭最后一个犹太人，也就是说，彻底除掉坏父亲，将使希特勒成为快乐的孩子，拥有心爱的母亲，在平静祥和的环境中长大。

这种无意识的象征性目标当然是一种错觉，因为过去永远无法改变。然而，每一种错觉都有其意义，一旦知悉了童年的情况，就很容易理解。这种意义常常被案例史和传记作家提供的信息所扭曲，因为牵涉到防御机制，他们恰恰忽略了最重要的材料。例如，关于阿洛伊斯的父亲是否真的是犹太人，以及阿洛伊斯是否可以被称为酒鬼的问题，人们做了大量研究和论述。

然而，通常情况下，孩子的心理现实与传记作家后来"证明"的事实关系并不大。对一个孩子来说，仅仅是怀疑家人有犹太血统，比确定这一点更难承受。阿洛伊斯本人肯定也受到过这种不确定性的折磨；而且毫无疑问，阿道夫知道这些谣言，尽管没有人愿意公开谈论此事。父母试图隐藏的事情正是孩子最为关心的事情，尤其是涉及父母的重大创伤时（参见第184页）。

对犹太人的迫害"使希特勒有可能"在幻想层面上"纠正"他的过去，从而允许他：

1. 报复他的父亲——他被怀疑有一半犹太血统；

2. 将他的母亲（德国）从迫害者手中解放出来；

3. 以更少的道德制裁和更真实的自我表达来获得母亲的爱（德国人民之所以爱希特勒，是因为他是狂热的反犹主义者，而不是母亲面前那个乖巧的天主教男孩）；

4. 转换角色——他现在成了父亲那样的独裁者，人们必须听命并服从他；他建立集中营，那里的人们受到和他小时候一样的待遇（如果不从经验中有所了解，他不太可能想象出某些可怕的东西，我们太倾向于拒绝认真对待一个孩子遭受的痛苦）；

5. 此外，迫害犹太人使他得以迫害自己内心那个软弱的小孩，后者现在被投射到受害者身上。这样，他就不必为过去的痛苦而悲伤；因为母亲没能阻止伤害，这种痛苦尤其难以忍受。在这一点上，以及在对童年的迫害者无意识的报复方面，希特勒与许多在类似环境中长大的德国人很相似。

* * *

在施蒂尔林描绘的希特勒家庭画像中，我们仍然可以看到一位慈爱的母亲，她把拯救者的职责委派给孩子，同时保护他不受暴力父亲的伤害。在弗洛伊德版本的俄狄浦斯传说中，我们也能找到这个受人喜爱、充满爱的理想化母亲形象。在特韦莱特关于男性幻想的书中，作者稍微接近了一点这些母亲的真相，尽管他也不愿从材料中得出这样的结果。他确定，在他分析的法西斯意识形态代表人物案例中，严格、惩罚性的父亲和忠诚、保护性的母亲形象不断出现。这位母亲被称为"世界上最好的妻子和母亲"，被认为是"善良的天使"，"聪明，性格坚强，乐于助人，笃信宗教"。特韦莱特分析说，法西斯主义者赞赏他们的岳母或战友母亲身上的某些品质，但他们显然不想把这些品质归给自己的母亲：严词厉色、热爱祖国、普鲁士风格（"日耳曼人不哭"）——这位钢铁母亲"听到自己儿子的死讯连眼睫毛都不会眨一下"。

特韦莱特引用了一个例子：

然而，对这位母亲来说，这个消息并不是压垮她的最后一根稻草。四个儿子在战争中丧生，她都挺了过来。相比之下，一些荒唐的事情却会让她崩溃。洛林省变成了法国人的地盘，那里的矿产被开采。[1]

但是，如果慈爱和严厉这两面都属于自己的母亲呢？在特韦莱特的书中，赫尔曼·埃尔哈特讲道：

> 有一次，在一个冬天的夜晚，我郁闷地在外面的雪地里站了四个小时，直到母亲最后说我已经受到了足够的惩罚。

在这位母亲说儿子"已经受到了足够的惩罚"来"拯救"他之前，她要让他在雪地站上四个小时。一个孩子无法理解为什么他深爱的母亲如此伤害他，无法理解为什么他眼里这个高大的女人，实际上却害怕她的丈夫，像个小女孩一样，并不自觉地将她童年的屈辱传给她的小男孩。一个孩子不得不忍受这种残酷的虐待。但他不敢宣泄这种痛苦，也不敢表现出来。他别无选择，只能将其分裂出来并投射到其他人身上，也就是说，将他母亲的苛刻品质归咎于其他母亲，甚至开始欣赏她们身上的这些品质。

只要克拉拉还是她丈夫身边顺从的女仆，她能够帮助自己的儿子吗？丈夫在世时，她怯生生地叫他"阿洛伊斯舅舅"；丈夫死后，她会朝着摆在厨房里的烟斗比手势来强调她要表达的观点。

---

1 引自《男性幻想》。

当孩子不得不反复看到那个爱他的母亲，为他精心准备饭菜的母亲，为他唱着动听歌曲的母亲，变成一根"盐柱"[1]，眼睁睁地看着他被父亲残酷地殴打时，他会作何感想？当他一次又一次地希望她会帮助他，会来拯救他，却总是大失所望时，他该作何感受？当他在痛苦中等待她最终为他反戈一击（在他眼里，母亲十分强大），却总是希望破灭时，他该作何感受？母亲看着孩子被羞辱、嘲笑和折磨，却不为他辩护，也不做任何事来拯救他。由于她的沉默，她与迫害者串通一气。她抛弃了自己的孩子。我们能指望孩子去理解这一点吗？如果他那受到压抑的怨恨也指向他的母亲，我们应该感到惊讶吗？也许这个孩子会在意识层面深爱着他的母亲，但后来在与其他人的关系中，他会反复体验到被抛弃、牺牲和背叛的感觉。

希特勒的母亲当然也不例外，她符合常规，甚至还是许多男人的理想。但是，一个被奴役的母亲能给予孩子足够的尊重来发展他的活力吗？根据《我的奋斗》中对群众的描述，我们可以推断希特勒理想中的女性气质：

> 广大群众的心理不能接受任何三心二意和软弱的东西。
> 就像一个女人，她的精神状态不是由抽象的理性所决定，而是由一种难以名状的情感所决定，她在情感上渴望一种能弥补她本性的力量，因此，她宁可向强者低头，也不愿意支配弱者。同样，群众爱指挥官胜过爱请愿者，他们内心对一

---

[1] 据《圣经》记载，所多玛城被毁后，罗德携妻儿奔出，天使告诉他们不可回头，但罗德之妻回头了，于是化为盐柱。——译者注

种武断的教义感到更满意，而不喜欢看起来无序的自由，他们通常对这种自由无能为力，并且容易感觉自己被抛弃了。他们同样不知道自己在精神上受到无耻的恐吓，也不知道自己的人身自由受到可怕的虐待，因为他们完全没有怀疑整个教义的内在疯狂。他们看到的一切，都是经过精心策划的无情的暴力和残忍，他们最终总是屈服于这种表象。

在他对群众的描述中，希特勒准确地描绘了他的母亲和她的顺从。他的政治方针建立在早年的经验基础之上：暴行总是赢得胜利。

希特勒对女性的蔑视，结合他的家庭背景才可以理解，而兰茨·冯·利本费尔斯[1]的理论强化了这种蔑视：

> （利本费尔斯的）种族理论充斥着性嫉妒情结和根深蒂固的反女性情结。他坚持认为，女人给这个世界带来了罪恶，正是她们招架不住野蛮的次等人的淫荡诡计，致使日耳曼民族的血统受到玷污。[2]

也许克拉拉称她丈夫"阿洛伊斯舅舅"纯粹是出于胆怯，但不管什么原因，他觉得这可以接受。他甚至曾要求这样的称呼——就像他希望邻居称呼他时用正式的"先生"，而不是通常

---

[1] 原名阿道夫·约瑟夫·兰茨（Adolf Josef Lanz，1874—1954），后化名为兰茨·冯·利本费尔斯（Lanz von Liebenfels），法西斯主义者，奥地利政治和种族理论家、神秘学家。——译者注

[2] 引自费斯特，《希特勒传》。

惯用的"你"一样。甚至阿道夫在《我的奋斗》中也称父亲为"希特勒先生",这可能要追溯到他在很小的时候就内化的父亲的心愿。很有可能,通过坚持使用这些称呼,阿洛伊斯试图弥补他童年早期的痛苦(被母亲送走、私生子身份、贫穷、出身可疑),并最终将自己视为"先生"。从这个推测来看,几乎正是由于这个原因,德国人在十二年里不得不互相问候"希特勒万岁"。就像克拉拉和阿道夫曾经不得不向他们强权的主人低头一样,整个德国都不得不屈从于元首哪怕是最古怪的、完全个人化的要求。

希特勒奉承"德国的、日耳曼的"女人,因为他需要她的尊敬、她的投票以及她的其他服务。他也曾需要他的母亲,但他从来没有机会与她建立真正温暖、亲密的关系。施蒂尔林写道:

> N. 布龙贝格(1971)曾描述过希特勒的性习惯:"……他能获得完全性满足的唯一方式,就是看着一个年轻女子蹲在他头上,在他脸上大小便。"他还报告说:"……有一段性受虐的情节,对方是一名年轻的德国女演员,希特勒扑倒在她脚下,要求她踢他。当她提出异议时,他恳求她满足他的愿望,并不断谴责自己,以一种痛苦的方式跪在她脚下,最后她同意了。当她踢他时,他变得兴奋起来。在他的催促下,她继续踢他,他变得越来越兴奋。希特勒和那些与他发生过性关系的年轻女性之间的年龄差距,通常接近二十三岁,也就是他父母之间的年龄差距。"

完全无法想象,一个如大多数传记作家声称的那般从小就得到母亲关心和喜爱的人，会产生这些施虐受虐的冲动，这些冲动表明了童年早期的障碍。但我们对母爱的概念，显然还没有完全摆脱"有毒教育"的观念。

总　结

有些读者认为我对希特勒童年早期的描写是故作感伤，甚至是试图为他的行为开脱，他们自然有权按照"合适的"方式来解释他们读到的内容。例如，那些从小就不得不学会"咬紧牙关"的人会极其认同父母，他们认为对孩子任何形式的同理心都是情绪化或多愁善感。对于罪责问题，我选择希特勒的原因是，我不知道还有哪个罪犯要对这么多死亡负责。但是，使用"罪责"这个词并没有什么好处。我们当然有权利也有义务把威胁我们生命的杀人犯关起来。就目前而言，我们不知道有什么更好的解决办法。但这并不能改变这样一个事实，即谋杀的必然发生是悲惨童年的结果，而牢狱是这种命运的悲惨结局。

如果我们停止寻找新的事实，而在已知图景中强调某些因素的重要性，那么在研究希特勒的过程中，我们将会遇到一些其他信息来源，迄今为止它们仍未得到恰当评估，因而既让人难以把握，也没能受到广泛关注。例如，据我所知，很少有人注意到这样一个重要事实：克拉拉那个驼背且患有精神分裂症的妹妹，也就是阿道夫的姨妈约翰娜，在他整个童年期都住在他们家。至少在我读过的传记中，我从未发现有人将这一事实与第三帝国的

"安乐死法案"[1]建立联系。要在这一联系中找到任何意义，必须能够并愿意理解孩子产生的感受，这个孩子每天都接触到极其荒诞和可怕的行为形式，但同时他的恐惧和愤怒或他的质疑又被禁止表达。即使有一个精神分裂的姨妈，孩子也可以积极应对，但前提是他能在情感层面与父母自由交流，能与他们谈论他的恐惧。

阿道夫出生时，弗兰齐斯卡·赫尔是希特勒家的仆人，她在一次采访中告诉耶青格，她后来再也无法忍受这位姨妈，并以此为由离开了希特勒家，她直接说她拒绝和"那个疯狂的驼背"待在一起。

可家里的孩子是不被允许说这种话的。由于无法离开，他必须忍受一切；直到长大成年人才能采取行动。希特勒长大并掌权后，他终于能够为自己的不幸，向这位不幸的姨妈疯狂报复。他把德国所有的精神病患者都处死了，因为他觉得他们对"健康"社会（也就是对儿时的他）来说"毫无用处"。成年后，希特勒再也不用忍受任何事情，他甚至能够把整个德国从精神疾病和弱智的"瘟疫"中"解救"出来，并且不失时机地为这种完全私人的报复行为寻找意识形态上的掩饰。

* * *

在本书中，我没有深入探讨"安乐死法案"的背景，因为我关心的是通过一个典型案例来描述羞辱孩子的后果。因为这种

---

[1] 纳粹德国曾对"无价值的生命"（包括精神病人）实施"安乐死计划"。——译者注

羞辱以及禁止言语表达,是教养中经常遇到的普遍因素,所以它对孩子后来的影响很容易被忽视。有人认为打孩子(包括打屁股)是普遍现象,认为这是激励孩子学习的必要手段,这种观点完全忽略了童年的悲剧层面。由于没有意识到打孩子与后来的犯罪行为之间的关系,这个世界对它看到的犯罪行为感到恐怖,而忽视了导致犯罪的条件,仿佛杀人犯是从天上掉下来的。我希望以希特勒为例说明:

1. 即使是有史以来最坏的罪犯,也并非生来如此;

2. 同情一个孩子的不幸遭遇,并不意味着原谅他后来所做的残忍行为(对阿洛伊斯和阿道夫来说都是如此);

3. 那些迫害他人的人,是在逃避自己作为受害者的命运;

4. 有意识地体验自己的受害经历,而不是试图回避它,有助于避免成为虐待狂,避免强迫性地折磨和羞辱他人;

5. "第四诫条"和"有毒教育"中包含的"宽恕父母"的告诫,怂恿我们忽视童年发展中的关键因素;

6. 作为成年人,我们不会因为指责、愤慨或内疚而有所收获,只有理解相关情况才能获得成长;

7. 真正情感上的理解与廉价的怜悯无关;

8. 某种情况普遍存在并不能免除我们审视它的义务。相反,我们必须审视它,因为它可能是我们每一个人的命运;

9. 宣泄仇恨与体验仇恨是相反的。体验是一种内在的现实,而宣泄是一种可能让他人付出生命的行为。如果体验情感的道路被"有毒教育"的禁令或父母的需求阻挡,那么这些情感就只能被宣泄。这可能以破坏性的形式发生,就像希特勒那样;也可能以自我毁灭的形式发生,像克里斯蒂亚娜那样。或者,像大多数被关进监狱的罪犯一样,这种宣泄既会毁灭他人也会毁灭自我。下一章节讲述的于尔根·巴尔奇的故事就是典型的例子。

第 3 章
于尔根·巴尔奇：回首往事看人生

> 但是，先把罪责问题放在一边，还有另一个问题永远也不会有答案：为什么会有这样的人？他们生来就这样吗？亲爱的上帝，他们出生前犯了什么罪？[1]

引　言

那些信奉统计学研究并从这些资料中获得心理学知识的人会认为，我为理解克里斯蒂亚娜和阿道夫这两个孩子所做的努力既不必要，也无足轻重。只有当统计数据证明一定数量的虐童案件在之后催生了几乎相同数量的杀人犯时，他们才会信服。然而，这种证明无法提供，主要由于以下原因：

1. 虐童通常秘密进行，往往不会被发现。孩子会隐瞒并压

---

[1] 引自于尔根·巴尔奇在监狱里写的一封信。

抑这些经历。

2. 尽管存在大量证词，但总能找到支持相反观点的人。即使后一种证据自相矛盾，比如耶青格引述的例子（参见第169—170页），它也比孩子更容易得到信任，因为它有助于保护父母。

3. 到目前为止，犯罪学家甚至大多数心理学家都很少注意到虐待婴幼儿与后来的谋杀行为之间的联系。因此，关于这一主题的统计数据非常少之。不过，相关的研究确实存在。

即使统计数据证实了我的结论，我也不认为它们是可靠的信息来源，因为它们往往基于不加批判的假设和想法，这些假设和想法要么毫无意义（如"受庇护的童年"），要么含混不清、模棱两可（"得到了大量的爱"），要么具有欺骗性（"父亲严厉但公平"），甚至包含明显的矛盾（"他被爱并被宠坏了"）。这就是为什么我不想依赖那些漏洞百出以致错过真相的概念体系，而宁愿尝试走一条不同的路线，就像在论述希特勒时所做的那样。我不是在寻求统计学上的客观性，而是在同理心允许的程度上，寻求那些受害者的主观性。在这个过程中，我发现了爱和恨之间的相互作用：一方面，对依赖于父母需求的孩子缺乏尊重，对这个独特的个体缺乏兴趣，侵犯、操纵、剥夺自由、羞辱和虐待；另一方面，爱抚、溺爱和挑逗，以至于孩子被视为父母自我的一部分。我的观察具备的科学有效性，在于它们可以重复进行，可以在最少的理论假设下进行，甚至可以被非专业人士验证或反驳。在与心理学领域相关的非专业人士当中，法律界人士当然是其中之一。

统计学研究很难使公正无私的法学家变成具有同理心和洞察力的人。然而，每一宗犯罪都迫切需要被理解，因为它们是童年戏剧的演绎。报纸每天都在报道这些故事，但不幸的是，通常只报道最后一幕。对犯罪根本原因的了解能改变司法的执行方式吗？只要考虑的是定罪和施加惩罚，就不能。但总有一天，人们可能会理解于尔根·巴尔奇案中清晰呈现出来的事实：被告从来不应承担所有罪责，他也是一系列悲惨事件的受害者。即便如此，要保护社会，监禁就不可避免。但是，根据"有毒教育"的原则使用监禁来惩罚危险的罪犯，与察觉人类的悲剧并让当事人在监禁期间接受心理治疗有所不同。例如，因犯可以被允许参与集体绘画或雕塑，这不需要付出很大的经济代价。通过这种方式，他们有机会创造性地表达童年早期一直不为人知的关键经历——他们遭受的虐待以及随之而来的仇恨。这样，犯人将仇恨转化为残酷现实行为的需要将得以消解。

要接受这样的看法，我们必须首先认识到，仅仅宣判一个人有罪是无用的。我们如此沉迷于宣判有罪这个习惯，以至于很难理解任何其他方法。这就是为什么我的观点有时被解释为父母应该为一切"负责"，而同时又有人指责我过度关注受害者，轻率地为父母开脱，忘记了每个人都必须对自己的行为负责。这些指责也是"有毒教育"的症状，并表明从小就被灌输罪责的观念是多么有效。看到迫害者或谋杀者自身的悲剧，同时不低估犯罪行为的残忍性或罪犯的危险性，要学会理解这一点必定很困难。如果我将自身立场的两面舍弃其一，它将更适合于"有毒教育"的框架。但我打算只传播信息，避免说教，以摆脱这个框架。

教育家尤其对我表达观点的方式感到不安，因为如他们所写，他们"不知道该坚持什么"。如果他们一直坚持的是棍棒教育或特定的教养方式，那么这一转变并不意味着多大损失。放弃教养的原则，教育家可能会体验到曾以暴力或巧妙方式灌输给他们的恐惧和内疚，因为他们不再将这些情绪宣泄到他人和孩子身上。与坚持教养原则相比，体验这些以前被回避的情绪会给他们带来更真实、更有价值的东西。[1]

* * *

一位病人的父亲从来没有谈论过自己非常艰难的童年，却经常以极其残酷的方式对待他的儿子，他一直在儿子身上看到自己的影子。他和儿子都没有意识到这种残酷行为，反而认为这是一种"管教措施"。当这个出现严重症状的儿子接受心理治疗时，用他自己的话说，他"非常感谢"父亲对他的严格教育和"严厉惩罚"。我的病人曾在大学里学习教育学，在治疗期间，他发现了布劳恩米尔和他的反教育学著作，后者给他留下了深刻印象。在这段时间，他回家探望家人，第一次清晰地体验到父亲如何不断伤害他的感情：要么根本不听他说话，要么嘲笑他说的每一句话。当儿子向他指出这一点时，这位身为教育学教授的父亲非常严肃地说："你应该为此感谢我。你一辈子都得忍受那些不重视你或不认真听你说话的人。现在你已经习惯它了，因为你从我这里学到了这一点。你年轻时学到的东西，会让你受用一辈子。"这个二十四岁的儿子听到这个回答后大吃一惊。他曾多少次听到父亲说类似的话，却从未质疑过这些话的正确性！然而，这一次，他变得愤愤不平，根据他在布劳恩米尔著作中读到的内容，他说：

---

[1] 参见我的《童年的囚徒：天才儿童的悲剧》。

"如果你打算继续这样对待我，照此下去，实际上你不得不杀了我，因为总有一天我也会死。这是你让我为死亡做好准备的最好方法。"他的父亲指责他无礼，表现得好像自己无所不知，但这对儿子来说是一次非常关键的经历。从那以后，他的学习和研究走向了完全不同的方向。

很难判断这个故事究竟是"有毒教育"还是所谓无害教育学的一个例子。我在这里想起这个故事，是因为它为于尔根·巴尔奇的案例提供了过渡。我这个二十四岁的天才病人，在治疗中被残酷和虐待的幻想折磨，以至于他有时会在恐慌中想到自己可能会成为谋杀儿童的凶手。但由于在治疗中彻底体验了幻想，并体验了他与父母的早期关系，这些恐惧和其他症状一起消失了，他得以自由和健康地发展。在我的理解中，他反复出现的复仇幻想（即他想谋杀儿童），是对父亲的仇恨的浓缩表达，因为父亲压抑了他的生命力，同时这也是对谋杀儿童（病人自己）的侵略者的认同。之所以在介绍巴尔奇的案例之前举出这个例子，是因为我对这两个人的心理动力机制的相似性感到震惊，尽管他们故事的结局大不相同。

"祸从天降？"

我和许多读过卡塔琳娜·鲁奇基的《黑色教育》的人交谈过，他们对"过去"抚养孩子的残忍方式感到气愤。在他们的印象中，"有毒教育"绝对是很久以前的事了，这种做法大概在他们祖父母还是孩子时就应该停止了。

20世纪60年代末,一个名叫于尔根·巴尔奇的性犯罪者的审判在西德引起了巨大轰动。在十六岁到二十岁之间,这个年轻人以无法形容的残忍方式谋杀了许多儿童。1972年,保罗·摩尔出版了《于尔根·巴尔奇的自画像》(*Das Selbstporträt des Jürgen Bartsch*)一书,该书不幸已经绝版,他在其中介绍了以下事实:

> 卡尔-海因茨·扎德罗津斯基——后来改名为于尔根·巴尔奇——生于1946年11月6日,是一位患有肺结核的战争遗孀和一位荷兰季节工的私生子。母亲把他遗弃在医院,自己偷偷溜走了;没过几周,母亲便撒手人寰。几个月后,埃森市一位富裕屠夫的妻子格特鲁德·巴尔奇到这家医院做大手术。她和丈夫决定收养这个被遗弃的婴儿,不过福利局的收养官员持保留意见,因为孩子的背景可疑——保留意见十分强烈,以至于七年后他才被正式收养。新父母对孩子的抚养非常严格,将他与其他孩子完全隔离,因为他们不想让他发现自己是被收养的。当父亲开了第二家肉铺(他想尽快让于尔根有自己的生意),而巴尔奇夫人不得不在那里工作时,孩子先是由祖母照顾,然后由一些女佣照顾。
>
> 于尔根十岁时,父母把他送到莱茵巴赫的一所儿童之家,那里住着大约二十个孩子。十二岁时,他被带离这个相对愉快的环境,并被送入一所天主教学校。在那里,有三百名男孩,其中有问题儿童,他们都接受严格的军事化管理。
>
> 在1962至1966年间,于尔根·巴尔奇谋杀了四名男孩;除此之外,他估计还进行了一百多次不成功的尝试。每起谋

杀虽有细微差别，但基本过程是一样的：他先把男孩引诱到已经废弃的防空洞——在黑格街，距离巴尔奇在朗根贝格的家不远——然后殴打男孩，使其屈服，再用肉店的绳子把他绑起来，摆弄他的生殖器，有时候自己手淫。勒死或打死男孩之后，他剖开男孩的身体，完全掏空腹部和胸腔，最后掩埋尸体。其他手段包括：将尸体切成小块，砍掉四肢，斩首，阉割，剜眼，从臀部和大腿上切下肉块（然后闻一闻），以及不成功的肛交尝试。在初步审讯和审判期间，巴尔奇在极其详细的描述中强调，他由性唤起的高潮不发生在手淫时，而是在切割尸体时，这让他持续高潮。在第四次也是最后一次谋杀中，他终于达成了心中一直以来的终极目标：他把受害者绑在柱子上，在杀死之前，如屠宰牲畜般肢解了这个尖叫不止的男孩。

当这样的行为被曝光时，合乎情理地引发了气恼、愤慨甚至惊恐的浪潮。人们也惊讶于竟会发生如此残忍的行为，尤其是发生在一位友好、可爱、聪明、敏感的年轻人身上——他没有表现出任何凶恶的罪犯迹象。此外，他的整个背景和童年乍看之下也没有显露任何特别的残忍迹象。和很多人一样，他在传统的中产阶级家庭中长大，家里有很多毛绒玩具，这样的家庭很容易让人产生认同。人们很可能会说："在我们看来，情况并没有太大的不同；一切都很正常。如果像这样的童年都要为他的行为负责，那么每个人都会成为罪犯。"除了这个年轻人生来就"不正常"之外，似乎没有别的解释。甚至神经学专家也一再强调，巴尔奇小时候并没有受到忽视，而是来自一个"受庇护的家庭"，一个悉心照料他的家庭，因此他对自己的行为负有全部责任。

就这样，像在希特勒的案例中一样，我们在这里又看到了一幅受人尊敬的无辜父母的画像，由于无法解释的原因，善良的上帝或魔鬼本人送给他们一个怪物。但是，怪物并不是从天堂或地狱派送到体面的中产阶级家庭的。一旦我们熟悉了把教养变成迫害的机制——认同侵略者，分裂和投射，把自己的童年冲突转移到孩子身上——我们就不会再满足于陈旧的解释了。此外，当我们意识到这些机制对个体的强大影响，以及它们所能施加的强烈而强迫性的控制时，我们就会在这些"怪物"的生活中看到童年遭遇的后果。我将试图通过于尔根·巴尔奇的生活来说明这一点。

但首先，我必须解决一个问题：让公众了解关于人类的心理学发现，为何如此困难？保罗·摩尔在美国长大，后来在西德生活了三十年，他对参与巴尔奇一审的官员所持的人性观感到非常惊讶。他不明白，为什么巴尔奇案件让他这个外国人无比震惊，而相关人员却对这些方面毫无觉察。当然，一个社会的规范和禁忌在每个法庭上都有所反映。一个社会看不到的东西，身处其中的法官或检察官也不会看到。但是，在这里只谈"社会"就太过简单了，因为专家和法官毕竟也是人。也许他们的成长过程与于尔根相似。他们从小就把这个系统理想化，并找到了合适的宣泄方法。怎么能指望他们注意到这种教养的残酷，而不让他们整个的信仰大厦倾倒崩塌呢？"有毒教育"的主要目标之一，就是使人们从一开始就不可能看到、感知和评价自己儿时遭受的一切。在专家们的证词中，我们一次又一次地发现了这种典型的说法：毕竟，"其他人"也在类似环境中长大，但他们并没有成为性罪犯。

这样一来，如果能证明只有少数"不正常者"会成为罪犯，那么现有的教养制度就是合理的。

没有客观的标准让我们把某个童年定义为"特别糟糕"，而把另一个童年定义为"差强人意"。孩子如何体验自己的处境，部分取决于他们的敏感度，而这因人而异。此外，每个孩子的童年都可能得到微小的拯救，或是遭受破碎的境遇，而外部观察者可能会忽略这些。我们很难改变这些命中注定的因素。然而，能够且必须改变的是我们对自己行为后果的意识状态。既然我们知道空气和水污染会影响我们的生存，保护环境就不再是利他主义或"行善主义"的问题。只有基于这些认识，才能实施法律来制止对环境的肆意污染。这与道德无关，而是关乎生存的问题。

这同样适用于心理发展的研究结果。只要孩子被视为容器，我们毫无顾虑地把所有"情感垃圾"都往里扔，"有毒教育"的做法就很难有所改变。与此同时，我们震惊于青少年当中精神病、神经症和吸毒成瘾的迅速增加；我们对性变态和暴力的行为感到愤慨，并习惯于把大规模屠杀视为当今世界不可避免的一个方面。但是，如果心理学的认识成为公众意识的一部分——这有一天肯定会发生，因为新一代人在成长过程中受到的约束更少——那么，考虑到全人类的利益，"父母权力"法则中隐含的对孩子的压制将不再公平合理。父母肆无忌惮地把自己的愤怒发泄在孩子身上，而孩子从小就被要求控制自己的情绪，这样的状况将不再被接受。

当父母了解到，他们以前真诚实践的"必要管教"实际上是在羞辱、伤害和虐待孩子，他们的行为肯定也会发生些许变化。此外，随着公众对犯罪行为与儿童早期经验间关系的了解日益增多（每一宗犯罪背后都有隐藏的故事，可以从犯罪行为实施的方式和细节中破译出来），这将不再是只有专家才知道的秘密。我们对这种关系研究得越仔细，就能越快打破这道保护墙，而未来的罪犯就在这道保护墙背后恣意生长。随后的报复行为可以追溯到这样一个事实：成年人可以自由地把他的攻击性发泄在孩子身上，而孩子的情绪反应——甚至比成年人的更强烈——却必须通过武力和最严厉的处罚来压制。

一旦我们意识到，那些表现良好、行为低调的人，必须忍受多少情感压抑、侵犯，以及健康损害，我们可能就会认为，没有沦为性犯罪者是一件幸运的事，而非理所当然。可以肯定，还有其他方法让人们学会忍受这些压抑的感觉，比如说精神疾病、药物成瘾，或者一种完美的调节方式——将父母被压抑的感觉传递给孩子（参见第 222—223 页的例子）。但是，在每一起性犯罪的背后都有一些特定因素，这些因素出现的频率比我们通常愿意承认的要高得多。它们在心理分析中常常以幻想的形式浮出水面，而这些幻想不必转化为行动，原因很简单，因为体验这些冲动让它们得以整合，得以成熟。

谋杀案背后的凶手童年

通过长时间的通信，保罗·摩尔试图理解于尔根·巴尔奇这个人；他还访谈了许多了解并愿意谈论巴尔奇的人。摩尔调查了巴尔奇一岁以内的情况，得到如下资料。

在1946年11月6日出生那一天，于尔根·巴尔奇就身处致病的环境中。出生后，他立即被从患有结核病的母亲身边带走，几周后母亲去世了。没有人来代替母亲的位置。在埃森市，我找到了一位名叫安妮的护士，她仍然在这间产科病房工作，她对于尔根记忆犹新："让孩子在医院待两个月以上很不寻常，于尔根却和我们一起待了十一个月。"现代心理学认为，人生的第一年是最重要的一年。母亲的温暖和身体的接触，对孩子的后期发展有着不可替代的价值。

当这个婴儿还在育婴室的时候，他未来养父母的经济和社会态度就开始影响他的生活了。护士安妮说："巴尔奇夫人付了额外的钱，让他和我们住在一起。她和丈夫想收养他，但政府部门犹豫不决，考虑到孩子的背景，他们有保留意见。孩子的母亲和他一样是私生子，也曾被政府抚养过一阵子。没有人知道孩子的父亲是谁。通常情况下，一段时间后，我们会把没有父母的孩子送到另一个病房，但巴尔奇夫人不希望这样。在另一个病房里有各种各样的孩子，其中一些来自下层社会。我至今仍然记得，这个婴儿的眼睛有多么明亮。他很小的时候就会笑，用眼睛盯着物体，还会抬头，这一切都发生在这个小不点身上。有一次，他发现一按下按钮，护士就会来，这让他非常高兴。他当时吃东西也没有任何问题。他是个完全正常、发育良好的婴儿，与周围人有很好的联系。"

另一方面，也出现了一些早期的病理性发展。病房里的护士不得不想出特殊的方法来照顾他，因为这么大的婴儿在这里是个例外。令我吃惊的是，护士们在他十一个月大之前就训练他如厕。安妮显然觉得我大惊小怪了。"请不要忘记当时的情况,那是'二战'结束后的第一年。我们甚至都没有轮班制。"她有些不耐烦地回答了我的询问,她和其他护士是这样做到这一点的:

"在他六七个月大的时候,我们把他放到便盆上就行了。医院里有的孩子十一个月大就会走路了,他们也几乎都接受了如厕训练。"在这种情况下,她那一代德国护士,即使像她这样善良的人……也很难指望她使用更开明的方法来训练孩子。

经历十一个月致病的生活方式之后,现在这个被叫作于尔根的孩子,被养父母带走了。但凡对巴尔奇夫人稍有了解的人,都说她是个"洁癖恶魔"。出院后不久,这个婴儿在过早的如厕训练方面出现了倒退,这使巴尔奇夫人感到厌恶。

巴尔奇家里的熟人注意到,大约在那个时候,这个婴儿身上总是青一块紫一块的。巴尔奇夫人每次对这些瘀伤都有不同的解释,但总不能令人信服。在此期间,这位情绪沮丧的父亲格哈德·巴尔奇至少有一次向朋友坦白正在考虑离婚:"她打孩子打得太厉害,我简直无法忍受。"还有一次,在辞别的时候,巴尔奇先生为自己的匆忙辩解道:"我必须回家了,不然她会把孩子打死。"

当然,于尔根无法报告这段时期的情况,但我们可以假设,他所说的频繁焦虑发作是这些殴打的结果。"在我很小的时候,我总是非常害怕我父亲那笨拙的样子。而且我几乎没见他笑过,这一点我很早以前就注意到了。"

"我为什么要谈论这种恐惧?与其说这是我的忏悔,不如说是对其他孩子的恐惧。你不知道我在低年级时是个替罪羊,也不知道他们对我做的所有事情。保护自己?如果你是班上个头最小的,你就试试吧!我太害怕了,甚至不敢在学校唱歌,也不敢做操!有几个原因:那些在校外不露面的同学是不被接受的,其他孩子会说'他不想和我们打交道'。孩子们不会区分他是不想还是不能,而我是不能。有些下午要和老师许内迈尔先生待在一起,有些天在韦尔登我奶奶家,在那儿我得睡地板上,其余下午待在卡特恩贝格的商店里。最终结果是:到处都是家,却无处可去;没有伙伴,没有朋友,因为我谁都不认识。这些是主要原因,但还有其他一些重要原因。在开始上学之前,大部分时间我都被关在破旧的地下监狱(祖母家的地窖)——带铁栅栏的窗户,人工照明,墙壁十英尺[1]高。这该死的一切。只有奶奶牵着,我才能走出来,但不能和其他孩子一起玩。就这样过了六年。我可能会弄得脏兮兮,'反正谁也不会跟你玩'。所以我只好随它去,但我在那里碍手碍脚,从一个角落被推到另一个角落,在不应该挨打的时候被打,在应该挨打的时候又侥幸逃脱。我父母忙得不可开交。我害怕父亲,因为他动不动就大喊大叫,而我母亲早已歇斯底里。但最重要的是:我不能和其他同龄人接触,因为就像我说的,这是被禁止的!那么我怎么能适应呢?怎么能摆脱跟人玩耍时的害羞呢?六年过去了,一切都太迟了!"

---

1 1英尺约等于0.3米。——译者注

童年时期被关起来是一个重要因素。后来，巴尔奇将小男孩引诱到地下防空洞，在那里将他们杀害。因为小时候没有人理解他的不幸，所以他无法体验它，只能压抑自己的痛苦，"不让任何人看到他的悲惨"。

"我并不是对什么事都胆小，但如果让别人注意到我的痛苦，我就会成为懦夫。也许这不对，但我就是这么想的。因为每个男孩都有自尊，你当然知道。我每次被打都不会哭——我认为那是'娘娘腔'——所以至少我在这件事上很勇敢，不让任何人看到我的悲惨。可是说真的，我该去找谁呢？我该向谁吐露心声呢？我的父母吗？尽管我很喜欢他们，但很遗憾地说，在这方面，他们从来没有，真的从来没能有哪怕一丁点的理解。我是说，从来不'能'，不是从来不'做'，请注意我的好心！这不是责备，这是简单的事实，我坚信——是的，我甚至亲身感受过——我父母从来都不知道如何对待孩子。"

直到入狱后，于尔根才第一次责备他的父母：

"你不应该把我和其他孩子分开，不然我在学校就不会那么胆小了。你不应该把我送给那些穿着黑色长袍的虐待狂，在我因为受牧师虐待而逃跑后，你不应该再把我送回那所学校。但你不知道这些。妈妈，你不应该把我十一二岁时从玛尔塔姨妈那里得到的生理课本扔进炉子里。为什么二十年来你从来没有陪我玩过一次？也许其他父母也会这样做吧。至少我是个被人喜爱的孩子。尽管二十年来我一直都不知道,但今天我明白了,只不过为时已晚。

"每当妈妈把门帘甩到一边,像个亚马孙女战士一样冲出店铺,而我又挡住去路时,她就会扇我巴掌!啪啪!啪啪!巴掌打在我的脸上。仅仅因为我挡了路,这常常是唯一的原因。几分钟后,我突然又变成了那个被她搂着亲吻的可爱男孩。然后,她惊讶地发现,我抗拒她,我害怕她。在很小的时候,我就害怕那个女人,就像我害怕父亲一样,只是我很少见到他。今天我问自己他怎么受得了。有时,他从早上四点一直工作到晚上十点或十一点,通常是在厨房里做香肠。有好几天我根本看不到他,即使我听到或看到他,也只是在他大喊着跑来跑去的时候。但我当时还是个婴儿,尿布上弄得一团糟时,是他在照顾我。他自己会说:'是我一直洗尿布、换尿布。我妻子从来没做过。她做不到,她没办法让自己做这个。'

"我并不想贬低我的母亲。我很喜欢我的母亲,我爱我的母亲,但我不相信她有哪怕一丁点理解能力。我母亲一定很爱我。我觉得这真的很令人惊讶,否则她不会为我操心又操劳。我经常受到严厉的惩罚。她有时用衣架打我,直到衣架被打坏,比如在我没做对作业或者做得不够快时。

"这已经成为我洗澡时的惯例。我母亲总是给我洗澡。她从来没停过,我也从来没抱怨过,尽管有时我想说,'现在,看在上帝的分上……',但我不知道,也有可能到最后我理所当然地接受了。无论如何,我父亲是不允许进来的。如果他进来了,我就会大叫。

"直到我在十九岁被逮捕之前,情况都是这样的:我自己洗手洗脚,母亲给我洗头、脖子和后背。这可能还算正常,但她有时还会洗我的肚子,一直往下,还有我的大腿,几乎从上到下都洗了。你完全可以说她洗的比我洗的还要多。通常我什么都不做,尽管她说'洗你的手和脚',但通常我很懒。母亲和父亲都没告诉过我,包皮下的阴茎应该保持清洁。母亲给我洗澡时也没洗过那里。

"我是否觉得整件事很奇怪?这种感觉只会间歇性地涌起,持续几秒钟或几分钟,可能就要喷涌而出,但没有完全浮出水面。我感觉到了异样,但并不直接。我只是间接地感觉到奇怪,如果有可能间接地感觉到什么的话。

"我不记得我曾自发地和母亲有过亲昵的举动,也不记得我曾经搂住她,试图拥抱她。我模糊地记得,当我晚上躺在床上,躺在父母中间看电视时,她这么做过,这在四年里可能发生过两次,而我很抗拒。我母亲对此从来都不是特别高兴,但我总是对她心怀恐惧。我不知道该怎么称呼它,也许是命运的扭曲,或者比这更悲惨。当我还是个小男孩时,每当我梦到母亲,她不是在出售我,就是拿着刀冲向我。不幸的是,后者在后来真的成了现实。

"那是1964年或1965年。我想那天是星期二,那时我母亲只在星期二和星期四到卡特恩贝格的店铺去。到了中午,肉就被拿掉,这样就可以清洗柜台。母亲洗一半,我洗另一半。连放在桶里的刀也洗干净了。我说我洗完了,但她今天心情不好,她说:'你离洗完还早呢!''不,我洗完了,'我说,'你看看。'她说:'你看看这些镜子,所有镜子都必须重新擦一遍。'我说:'我不要重新擦,它们已经很闪亮了。'她站在柜台后的镜子旁。我在离她三四码[1]远的地方。她向桶弯下腰去。我心想,这是要干什么?然后,她拿出一把很长的切肉刀,朝我扔了过来,大概扔得有我肩膀那么高。我不记得它是不是被秤弹了回来,反正它落在架子上。如果我没有在最后一刻躲开,那把长刀就会直接砍向我。

"我只是僵硬地站在那里。我甚至不知道自己身在何处。这在某种程度上如此不真实,简直难以置信。然后她走到我面前,朝我脸上吐口水,开始大骂我是一坨屎。她大声喊道:'我要给比特先生打电话(他是埃森福利局的局长),让他马上过来接你,让你从哪儿来就回哪儿去,因为那里才是你的归宿!'我跑进厨房找在店里工作的奥斯科普夫人。她正在清洗午餐后的餐具。我站在橱柜旁边,紧紧抓住它。我说:'她朝我扔了一把刀。''你疯了,'她说,'你不知道自己在说什么。'我跑到楼下的厕所,坐下来像个婴儿一样哭了起来。当我回到楼上时,母亲正在厨房里走来走去,还打开了电话簿。可能她真的在找比特先生的电话。有很长一段时间,她都没有和我说话。她大概是在想:'他是个坏家伙,让人向他扔刀子,然后跳到了一边去。'我不知道。

"你应该听听我父亲的声音!他那一对肺异于常人,还有一副标准的教官嗓门。太可怕了!各种原因都会让他大呼小叫——他妻子或某些让他不高兴的琐事。有时他的叫嚷很可怕,但我相信他根本不这么想。他也没办法,但这对我这

---

[1] 1码约等于0.9米。——译者注

个孩子来说太可怕了。我还记得很多类似的事情。

"他总是发号施令,为某些事情责怪我。他也没办法,我经常这样说。他脑子里想的事太多了,所以我们也就不怪他了。

"在第一次审判中,律师问:'巴尔奇先生,马林豪森的学校是什么样子的?你儿子应该被打了很多次。那里的条件应该非常恶劣。'我父亲竟然回答:'还好吧,他毕竟没有被打死。'多么直截了当的回答。

"通常来说,我父母白天总是很忙。母亲不时地从我身边闪过,风驰电掣一般。她没有时间照顾孩子,这可以理解。我几乎不敢开口说话,因为无论我在哪里,都会碍手碍脚,而所谓的耐心,母亲从来没有过。我经常被打,原因很简单——我挡了她的路,因为我想问她一些事情。

"我一直无法理解她内心在想些什么。我知道她很爱我,现在仍然爱我,但我一直认为,一个孩子也应该能感觉到这一点。我举个例子(这绝不是个案,类似的事情经常发生):母亲前一分钟还搂着我、亲吻我,后一分钟如果看到我忘了穿鞋,就会从衣柜里拿出衣架打我,直到把它打断。这样的事情经常发生,每一次我内心的某些东西都会破碎。我永远都无法忘记那些事情和我被对待的方式,永远不会忘记。我很抱歉,但我无能为力。有些人会说我忘恩负义。事实并非如此,因为这一切无非是我的一种印象,一种基于亲身经历的印象,而真相应该好过虔诚的谎言。

"我父母一开始就不应该结婚。两个都几乎不能表达感情的人组建家庭,在我看来只会惹上麻烦。我听到的全是:'闭

嘴,你只是小不点,你也说不出什么。你只是个孩子,大人说话你不要插嘴。'

"我在家的时候感觉最难过,家里的一切都消过毒,我不得不踮着脚尖走路。在平安夜,一切都那么干净。我下楼到客厅,那里有很多给我的礼物。这真是太棒了,至少在这个晚上,我母亲多少控制住了她那喜怒无常的脾气,所以你想,也许今晚你可以暂时忘记你自己的(我是说我的)邪恶,但不知为什么,空气中弥漫着紧张的气氛,所以你知道,你又惹上麻烦了。至少我们能唱一首圣诞颂歌。我母亲说:'现在唱圣诞颂歌吧。'我说:'哦,别,我唱不了,我已经长大了。'但我心想:'儿童杀手唱圣诞颂歌,真是够疯狂的。'我打开礼物,感到'高兴',至少我是这样表现的。母亲拆开她的礼物,那些是我送的,她真的很高兴。与此同时,晚餐已经准备好了,还煲了鸡汤。父亲回家了,比我晚两个小时。他一直工作到现在。他丢给母亲某种家用电器,母亲被感动得热泪盈眶。他咕哝着什么,听起来像是'圣诞快乐',然后在餐桌前坐下:'嗯,怎么回事,你们来不来?'我们默默地喝着鸡汤,甚至都没有碰鸡肉。

"整个过程中没有人说一句话,只有收音机在轻声地播放,几个小时以来一直开着。'希望和坚定在这个时代带来力量和安慰……'我们吃完了。父亲直起身来,朝我们喊道:'太好了!我们现在要做什么?'他非常大声,听起来真的很可怕。'我们现在什么也不做!'母亲尖叫着,哭着跑进厨房。我在想:'是谁在惩罚我,命运还是仁慈的上帝?'但我马上就知道不可能是这样,这使我想起了在电视上看到的

一幕:'和去年一样吗,夫人?'——'年年如此,詹姆斯!'

"我轻声地问:'难道你不想看看你的礼物吗?''不想。'他只是坐在那里,呆呆地盯着桌布。现在还不到八点。我没什么兴趣继续待下去,所以上楼回房间了。我走来走去,认真地问自己:'你现在到底要不要跳窗户?'为什么我活在地狱里,为什么我要经历这些事情?还不如死了算了!因为我是个杀人犯?事情不可能这么简单,因为今天和往年没有什么不同。这一天总是最糟糕的,当然主要是我还在家的最近几年。然后,所有事情,真的是所有事情,在这一天里都凑到了一起。

"当然,我父亲(还有我母亲)笃信纳粹的'教育'方式也有好的一面。我可以说,'这一点毋庸置疑'。我甚至听到父亲(在和其他老年人的谈话中——这些老年人几乎都是这样想的!)说:'那时我们还有纪律,还有秩序。他们在受到侵扰时不会有愚蠢的想法。'我想大多数年轻人和我有同样的感受,他们宁愿不去调查自己在第三帝国时期的家族史,因为每个人都害怕在这个过程中会暴露出一些我们不想知道的事情。

"我敢肯定,母亲在店里朝我扔刀的事情发生在第三起谋杀案之后,但类似的事情在那之前也发生过(当然只发生在母亲身上),只是没那么糟糕。大约每半年一次,甚至在第一起谋杀案之前就有过,总是在她对我大打出手的时候。每当我避开她的拳头时,她总是勃然大怒。她认为我应该站在原地,乖乖挨打。大约从十六岁半到十九岁,当她想用手里的东西打我时,我就把它从她手里夺过来。这对她来说简直不可忍受。她认为这是反叛,尽管这只是自卫,因为她非常强悍。在这个时候,她会毫无顾忌地伤害我。这样的事情还有很多。

"那些时候,我不是触犯了她对秩序的热爱('前屋已经打扫过了,我今天不想让任何人进去!'),就是和她顶嘴了。"[1]

我没有打断于尔根的故事,以便读者能够对心理治疗的过程有所了解。治疗师坐在那里,倾听着,如果你相信病人,不要告诉他该怎么想,也不要给他提供任何理论,有时地狱之门就会在一个受庇护的家庭中打开,而父母和病人从来没有察觉到这个地狱的存在。

我们是否可以说,如果于尔根的父母知道儿子日后的行为会把他们的所作所为带到公众面前,他们会成为更好的父母?虽然这是有可能的,但也可以想象,由于他们自己无意识的强迫性冲动,他们对待孩子的方式不可能有任何不同。不过我们可以假设,如果他们更了解情况,就不会把他从和睦的儿童之家带出来,然后送到马林豪森的私立学校,也不会在他逃离后强迫他回到那里。于尔根在给保罗·摩尔的信中讲述的关于马林豪森的一切,以及在审判期间证人的证词揭露的一切,都表明了"有毒教育"在今天仍然盛行。略举几例:

"相比之下,马林豪森简直就是地狱——尽管这是一所

---

[1] 引自保罗·摩尔,《于尔根·巴尔奇的自画像》。

天主教学校，但情况并没有因此好转——不仅仅是普利茨神父的原因。我时常想起，当我们在学校、唱诗班或教堂里时，那些穿着长袍的牧师不假思索地殴打我们。还有虐待性的惩罚（穿着睡衣在院子里站成一圈，一站就是几个小时，直到有人倒下），强制孩子每天下午在极其炎热的环境下在地里干活（拔干草、收土豆、拔萝卜，动作慢的孩子会挨打），无情地将男孩子之间低级趣味的'娱乐'妖魔化（认为这对一个人的成长是必要的），在吃饭时以及一天中的某个时间后不近人情地'静默'，等等。还有他们对孩子们说的那些让人匪夷所思的话，例如，'任何人只要看一眼在厨房工作的女孩，就会被痛打一顿！'。

"一天晚上，在我们的卧室里，助祭哈马赫尔痛打了我一顿（当时我说了些什么，而晚上有严格的静默规定），以至于我躲在床底下不敢出来。就在那之前，一位传教员猛打我的后背，打断了一根戒尺，却一本正经地说我得赔偿。

"六年级的时候，有一次我得了流感，住在医务室，传教员在那里值班。他不仅是宗教老师，还负责医务室的工作。一个发高烧的男孩躺在我旁边的床上。传教员走了进来，把体温计放进他的身体，然后走了，几分钟后又回来，拿出体温计，看了看，然后狠狠地揍了他一顿。那个男孩毕竟发着高烧，号啕大哭。我不知道他是否明白是怎么回事。不管怎样，那位传教员咆哮着，然后吼道：'他竟然把体温计放在暖气片上！'——而当时还没到冬天，暖气根本没有打开。"

在这里我们看到，这个孩子不得不学会接受教育者的荒谬和奇思怪想，不得有任何反抗，不得有任何仇恨，同时谴责并扼杀任何在身体或情感上与他人建立亲密关系的渴望，以此减轻压力。这是一项超人的成就，但只作为对孩子的要求，成年人则无需遵守。

"一开始，普利茨神父就说道：'不要让我们逮到你们成双成对！'当这种情况真的发生时，首先是像往常一样的鞭打，可能比平时更严重，这就说明了一些问题。当然，第二天第一件事就是开除。天啊，比起被开除，我们更害怕挨打。然后是常见的教诲，教你如何辨别这样的男孩，等等。比如，任何手湿的人都是同性恋，会做下流的事，做这些下流事的人都是罪犯。这差不多就是他们所教导的，最重要的是，这类犯罪行为仅次于谋杀——是的，用他们的话说，仅次于谋杀。

"普利茨神父几乎每天都谈论这个问题，好像他自己从来不会被诱惑似的。他说，'血液淤滞'[1]（用他的话来说）实际上是很自然的事。我一直认为这是一个可怕的说法……他说他从来没有向撒旦屈服过，并为此感到骄傲。我们几乎每天都听到这样的话，不是在课堂上，就是在课间。

"我们总是在早上六点半起床。最严格的规则是保持沉默。然后默默地做好准备,总是排成整齐的两排,下楼去教堂，然后做弥撒。做完弥撒回来，仍然保持沉默，排成两排。

"私人接触、交朋友之类的事情是被禁止的。甚至频繁

---

[1] "血液淤滞"，应指阴茎勃起。——译者注

和另一个男孩玩耍也被禁止。在某种程度上，你可以偷偷做这些，因为他们不可能同时四处查看，但这仍然是被禁止的。他们认为友谊是可疑的，因为一个人交到了真正的朋友，肯定会把手伸进对方裤子里。他们能觉察到每一个眼神背后与性有关的东西。

"很明显，你可以通过殴打孩子灌输给他们一些东西，而且它们会保留下来。今天，这些东西常常被否认，但如果它们在合适的条件下被灌输，如果你知道你不得不将其保留，那么它们就会留下来，很多东西直到今天还被保留着。

"当普利茨神父想要查明一些事情时，比如谁做了什么，他就会把我们赶到学校的院子里，让我们不停地跑，直到有些人完全喘不过气来，瘫倒在地上。

"他经常（实际上非常频繁地）向我们详细讲述第三帝国对犹太人的恐怖大屠杀，还给我们看了很多照片。他似乎很喜欢这样做。

"在唱诗班里，普利茨神父喜欢不分青红皂白地攻击任何他够得着的人，同时他还会唾沫横飞。他打我们的时候，经常打断棍子，然后他就会变得异常狂躁，唾沫星子到处飞。"

这个人总是警告男孩们不要有性行为，并威胁他们会因此受到惩罚。但当于尔根生病时，他把于尔根引诱到他的床上：

"他想拿回他的收音机。两张床隔得很远。我发着高烧从床上爬起来，把收音机递给他。突然，他说：'既然你过来了，就上我的床吧！'

"我仍然没有意识到是怎么回事。刚开始我们只是挨着躺了一会儿,然后他让我紧靠着他,把手伸进我的短裤里。这是件新鲜事,但也不那么新鲜。我不记得这种事发生了多少次,可能是四次,也可能是七次。早晨我们并肩坐在唱诗班里,他不停地做一些动作,以便够到我的短裤。

"我们躺在床上,他把手伸进我的睡衣里,'抚摸'我。他还把手伸到了前面,试图为我手淫,但没有成功,可能是因为我发烧了。

"我不记得他说了什么,但他告诉我,如果我把这些说出去,他就杀了我。"

在没有帮助的情况下,一个孩子要摆脱这样的处境是多么艰难啊。然而,于尔根还是鼓起勇气要逃走,这让他更清楚地意识到自己的处境多么令人绝望,他又是多么独立无援。

"在马林豪森,在普利茨神父做那种事之前,我真的从来没有感觉想家,但当父母把我送回马林豪森时,突然间我非常想回家。我经常在普利茨神父左右,我无法想象不得不待在那里。现在我离开了马林豪森,也无法想象再回到那里。另一方面,我想,如果我现在回家,肯定会被痛打一顿。这就是我害怕的原因,我不能向任何方向移动。

"广场附近有一大片树林,我就跑了进去。我几乎整个下午都在那里转悠。黄昏时分,母亲突然出现在树林里。可能有人看到我了。我从树后面看到了她,她在喊叫着:'于尔根,于尔根,你在哪里?'于是我就跟她走了。当然,她马上就开始叫骂起来。

"我父母立即打电话到马林豪森。我什么都没有告诉他们。他们给马林豪森打了好几天的电话。然后,他们来跟我说:'好吧,他们又给了你一次机会!你又可以回去了!'我自然是号啕大哭:'求求你们,求求你们,我不想回去。'但是任何认识我父母的人都知道,这是没有用的。"

于尔根不仅从自己的角度讲述了马林豪森的情况,他还描述了一位朋友的命运。

"他是我的好朋友,在马林豪森待的时间比我长得多。他来自科隆,是班里最矮的一个。他不允许任何人说他家乡的坏话。我数不清他有多少次因为有人侮辱他的城市而打架了。因为世上本无所谓什么'城市',只是因为那里有他在乎的人,这可能就是他总是想家的原因吧。

"他在唱诗班待的时间也比我长。因为他真的是最矮的一个,所以他总是站在唱诗班的最前排,这样几乎每次排练的时候,他的肚子和脸蛋都会挨揍。老天,他替其他人承受了许多,因为后排相对来说受到了保护。我不知道他被踢打了多少次。这不是什么英雄崇拜——他永远不会原谅我们的。因为他不是英雄,也不想成为英雄。如果普利茨神父或那个肥胖的传教员抓住了他,他就会发出凄惨的尖叫,痛苦地咆哮着,让你觉得那些可恨的圣墙就要倒塌。

"1960年的一个夏天晚上,当我们在尼代根市附近的拉特露营时,普利茨神父让人'绑架了他'。这本来是一场游戏,很有趣。但赫伯特不知道,没有人告诉过他。晚上,他被拖到树林深处,被绑起来,堵上嘴,塞进一条白色睡袋里,然后就地平躺。他在那里一直待到午夜。恐惧、哀求、绝望、孤独——都是徒劳,我说不出他的感受。午夜过后,他们嘲笑他,拿他寻开心。在他们看来,这只是一场游戏,非常有趣。

"几年后,他离开了马林豪森,但当他还未长大成年人时,在山里摔死了。他生来就被殴打和折磨,最后死于非命。他是我们班上最矮的男孩,名叫赫伯特·格雷韦,是个好伙伴。"

像马林豪森这样的地方还有很多。

"1970年初,报纸和电台报道了一件与科隆市鲍思高慈幼会[1]有关的丑闻。在马林豪森没有人感兴趣的情况,现在震惊了科隆市福利局,他们把所有孩子带离鲍思高慈幼会,因为他们声称把孩子留在这个地方是不负责任的。那里的老师把孩子从楼梯上摔下去,踩踏他们,把他们的头塞进马桶里,等等,就像我们在马林豪森经历的一样,完全一样。而那里是著名的鲍思高慈幼会,由善良的慈幼会神父管理。报告还称,有四名教师曾多次殴打学生。1960年后的某段时间,普利茨神父也在那家慈幼会教了几年书。"

即使在地狱般的学校,于尔根也经历了一些积极的事情,

---

[1] 鲍思高慈幼会,成立于1857年,由意大利天主教神父若望·鲍思高(Giovanni Bosco)创办,分布于世界各地,主要为儿童和青少年提供服务。——译者注

他对此表示感激:他第一次没有像在家里以及当地学校那样,成为唯一的替罪羊。这里有一种一致对外的感觉——"反对虐待狂教师"。

"美好的部分对我来说意义重大,我甚至因此愿意忍受更糟糕的部分。最重要的是有了一次不被排斥的美妙体验。所有的男孩罕见地团结起来反对虐待狂教师。我曾经读过一句阿拉伯谚语:敌人的敌人就是朋友。你应该感受得到我们团结一致的感觉,我们团结一致的方式。记忆或许会夸大一些事情,但我真的不认为我在这么做。这一次,我不再是局外人。我们都宁愿被打得体无完肤,也不愿背叛伙伴。这简直不可想象。"

精神病学支持了对巴尔奇"邪恶冲动"的追责。专家认为他无法控制自己的"过度性欲",为了帮助他,医疗当局给他开出了阉割的处方,他同意了。[1]如果我们考虑到于尔根在十一个月大时就完成了如厕训练,这个想法就近乎荒唐了。他一定是个特别有天赋的孩子,能这么早就做到这一点,尤其是在一家没有固定照料者的医院里。于尔根由此证明,他能在很大程度上"控制自己的冲动"。但这也正是他的悲剧所在。如果他没有这么成功地控制自己,养父母可能根本就不会收养他,或许他会遇到更能理解他的人。

---

[1] 诡异的是,他在手术时死了——也许这是他对当局完全误解他真实性格的无意识回应。

于尔根的天赋主要帮他适应处境以求生存：默默地承受一切，被关在地窖也不反抗，甚至在学校表现良好。但事实证明，青春期的情绪爆发冲破了他的防御机制。（我们可以在吸毒案例中观察到类似的情况。）如果青春期的爆发没有导致悲剧发生，那么我们只能说"太幸运了"。

"自然，我经常对母亲说：'等我二十一岁时再看吧！'我只够胆说这句话。然后，我母亲会说：'是的，是的，我可以想象。首先，你太笨了，除了和我们在一起，你哪儿也去不了。如果你真的去了外面的世界，你会发现，两天后你又会回到这里。'她一说完，我就知道这是真的。我不相信自己能独自在外面待两天以上。我也不知道为什么。而且我确信，当我二十一岁的时候，我也不会离开。这对我来说非常清楚，但我必须偶尔发泄一下。但如果你认为我有任何严肃的意图，那就错得离谱。我绝对不会那么做。

"当我开始我的'工作'时，我没有说'我喜欢它'，也没有说'太可怕了'。实际上，我并没有想太多。"

因此，他想要拥有自己生活的任何希望都被扼杀在萌芽之中。除了灵魂谋杀，这还能被称作什么？到目前为止，犯罪学家从未关注过这种谋杀，甚至从未承认过它，因为作为教养的一部分，这完全合法。在一连串犯罪行为中，只有最后一环才会受到法庭的惩罚。通常，这整个环节会详尽无遗地揭示犯罪的全部悲惨背景，而犯罪者对此一无所知。

在与保罗·摩尔的通信中，巴尔奇关于自己"行为"的描述明确表明,这些罪行实际上与"性冲动"没多大关系,尽管巴尔奇确信情况正好相反,并最终决定为此阉割自己。从巴尔奇的信件中,分析师可以对其性变态的自恋起源有所了解,而这在专业文献中还没有得到充分论述。

其实,巴尔奇自己也不明白这一点,他反复思考为什么他的性冲动和他做的事情是分开的。有一些和他年龄相仿的男孩吸引着他,他爱他们,他想和他们成为亲密的朋友,但他显然把这一切与他对小男孩所做的事情区分开来。他说,他甚至很少在他们面前手淫。他在这里表现的是,曾经那个穿着皮短裤的小男孩遭受的深深的羞辱、恐吓、尊严受损、权力丧失和折磨。当他看到受害者惊恐、顺从和无助的眼睛时,他看到了自己的影子。他怀着极大的兴奋,在受害者身上反复进行着自我毁灭的动作——现在他不再是无助的受害者,而是强大的迫害者!

由于保罗·摩尔那本令人震惊的书已经绝版,我将在这里引用巴尔奇描述自己行为的一些段落。他的第一次尝试是和附近一个叫阿克塞尔的男孩:

"几周后,情况完全一样。'跟我去树林里吧。'我说。'不,那样你又会发疯的!'阿克塞尔回答说。但我还是把他带走了,因为我保证不对他做任何事。但后来我又确实表现得很疯狂。我又一次强行剥光了那个男孩的衣服,突然间我有了一个邪恶的念头。我再次对他吼道:'就像你现在这样,趴在我腿上,屁股朝上!如果疼的话,你可以踢腿,但你的胳膊和其他部位必须静止不动。现在我要在你屁股上打十三下,一下比一下用力!如果你不配合,我就杀了你!''杀'这

个字,在当时还是空洞的威胁,至少我自己是这么认为的。'你想这样吗?'

"他想这样——他能有什么选择?在他屁股朝上趴在我腿上之后,我完全照我说的做了。我不停地打他,越打越用力,男孩发疯地踢着腿,但除此之外没有反抗。我数到十三时并没有停下来,而是在手疼得不能再打他时才停。

"之后,同样的事情发生了:我完全冷静下来,为自己和我如此喜欢的人感到无比羞辱,可以说,真是极其痛苦。阿克塞尔并没有哭,他甚至也没有表现得特别难过。他只是在很长一段时间内都非常安静。

"我提出来让他打我。他可以把我打死,我不会试图阻止,但他不想这么做。最后,我忍不住放声痛哭。'现在你肯定不想再和我有任何瓜葛了。'在回家的路上我对他说。但他没有回答。

"第二天下午,他还是来到了我家门口,但不知何故,他比以前更安静、更谨慎了。他只说了一句话:'求求你——以后别再那样了。'你不会相信的,我一开始也不敢相信——他甚至都没有怨恨我!在那之后的一段时间里,我们还经常一起玩耍,直到他搬走。但我心里清楚,我刚刚告诉你的事让我很害怕自己,以至于我安静了一段时间。就像《圣经》上所说的,'等不多时'。"

"关于最糟糕的事情,我只能说,从某个年龄(大约十三四岁)开始,我总有一种不能再掌控自己的所作所为的感觉,真的无法控制。我祈祷,希望这至少会有一些作用,但并没有用。

"他们都那么小，比我小得多。他们都很害怕，根本不敢反抗。"

"在1962年之前，我只是脱掉他们的衣服，触摸他们，诸如此类。后来，当谋杀成为其中的一部分时，我几乎立刻就开始肢解他们。一开始我总是想到剃须刀片，但第一次之后，我就开始想到屠刀，我们家的刀。"

注意，巴尔奇顺口说的话十分重要：

"如果我爱某个人，就像男孩爱女孩那样，那么他就完全不符合我心目中的受害者形象。这并不是说我要努力以某种方式抑制自己，这样想很荒谬。在这种情况下，冲动自然地消失了。"

对那些小男孩来说，完全是另外一回事：

"在关键时刻，我希望男孩们能做出一些抵抗，尽管他们的无助通常会让我兴奋。但说实话，我确信男孩们根本赢不了我。

"我试着亲吻弗雷泽，但这并不在计划之内。这只是一时兴起。我不知道为什么，亲吻他的欲望一刻也不消停。我觉得偶尔做这件事会很棒。这对我来说是件新鲜事。我没有亲过维克多和德特勒夫。如果我现在说他想被吻，每个人都会说：'你这家伙，你以为谁会相信？'——但这是真的。在我看来，这只能用一个事实来解释，就是在那之前我把他打得太惨。如果我设身处地为他想想，我可以想象，他唯一关心的是哪个更糟，哪个更痛。我是说，被一个讨厌的人亲吻总比被那个人痛打一顿要好。从这个意义上讲，这可以理解。但当时我很惊讶。他说：'再来！再来！"所以我继续吻他。一定是这样，他唯一关心的是哪件事更容易忍受。"

令人惊讶的是，巴尔奇如此详细地描述了他对受害者的所作所为——尽管他知道这会引起别人的反感——他却不情愿透露自己作为无助受害者的往事。他强迫自己以简洁而不精确的方式讲述这些事情。八岁时，他被十三岁的堂兄引诱；十三岁时，他又被老师引诱。在这里，我们可以看到主观现实与社会现实之间的明显差异。在一个小男孩的价值体系框架里，巴尔奇把谋杀现场的自己看作一个强大的人，有强烈的自信，尽管他知道每个人都会谴责他的这种行为和态度。然而，在其他场景中，作为受辱的受害者的痛苦浮出水面，使他产生难以忍受的羞耻感。这就是为什么很多人要么完全不记得小时候被打过，要么只记得事件却没有相应的情感，也就是表现得相当冷漠和"冷静"。

我用巴尔奇自己的语言讲述他的童年故事，并不是为其"开脱罪责"（法律界人士常指责心理治疗师这样做），也不是为了把责任推到他父母身上，而是为了表明他的每一个行为都意味着某种东西——只有当我们让自己不再忽视社会和文化背景，才能发现其中的意义。当然，报纸上关于于尔根·巴尔奇的报道让我震惊，但我并没有在道德上感到愤怒，因为我知道，当病人能够意识到源自童年早期被压抑的复仇欲望时，类似于巴尔奇的行为经常会浮现在他们的幻想中（参见第223页）。但正因为他们能够跟另一个人谈论和倾诉这些仇恨、愤怒和复仇欲望，他们才不需要将自己的幻想转化为行动。于尔根没有任何机会来表达他的感受。在他出生的第一年，他没有固定的照顾者，然后在他上学之前，他都不被允许与其他孩子一起玩，他的父母也从不和他一起玩。在学校里，他很快就成了其他男孩的替罪羊。可以理解，这样一个被孤立的孩子，在家里被打得服服帖帖，在同龄人中无法保持自己的地位。他感到非常害怕，这使其他孩子变本加厉地迫害他。他从马林豪森逃跑后的场景，显示了这个青少年夹在"受庇护的"中产阶级家庭和天主教寄宿学校之间的无限孤独。他需要告诉父母一切，但又确定他们不会相信他；他害怕回家，但又渴望在家里痛哭一场——这不正是成千上万青少年的处境吗？

在天主教学校，巴尔奇作为父母的乖孩子，遵守所有规则。因此，当一名以前的同学在审判中指证巴尔奇"当然"和别的男孩睡过觉时，他的反应是惊讶和愤怒。当时，绕过规则是可能的，但对那些从婴儿期就被迫在严重威胁下学会服从的孩子来说，就不太可能了。这样的孩子很感激被允许担任辅祭，至少这样能够更接近牧师，更接近一些其他人。那些被父母视为自身财产的孩子经常接触到的暴力和性唤起，往往会在日后表现为变态和犯罪行为。同样，在巴尔奇犯下的谋杀案中，他童年的许多特征都被精准地反映了出来：

1. 巴尔奇谋杀男孩的地下防空洞让人想起那个地窖，那个他曾经被关起来的地方——窗户上有铁栅栏，墙壁有三米高。

2. 巴尔奇精心挑选他的受害者。他在商场里走几个小时，寻找合适的男孩。他的父母在收养他之前，也曾精挑细选。

3. 后来（不是一下子，而是像他的受害者那样慢慢地），他被剥夺了生存的权利。

4. 他用一把屠刀——如他所说"我们家的刀"——肢解受害儿童。在于尔根的想象中，父母每天对他的殴打和他们屠宰动物的景象混合在一起，产生了不祥的预兆，就像达摩克利斯之剑，悬在他的头顶上。最后，他自己拿起了屠刀，试图主动避免自己的毁灭。

5. 当他看着男孩们惊恐无助的眼睛时，他被性唤起了。在他们眼中，他看到了自己，以及他不得不压抑的感情。同时，他也体验到自己扮演的成年人角色——性唤起的诱惑者——而他曾经被这样的成年人所支配。

6. 从母亲对待他的方式中，巴尔奇了解到亲吻和殴打之间的密切联系。

巴尔奇的谋杀行为展示了以下几个机制：

1. 他不顾一切地想要秘密满足自己被禁止的欲望。

2. 他要发泄的内心深处的仇恨是社会不能接受的，因为父母和老师禁止他表达自发的感情，只对他的"行为"感兴趣。

3. 他曾受父母和老师暴力行为的摆布，他重演了这一情形，它现在被投射到了穿皮短裤的小男孩身上（于尔根小时候也穿皮短裤）。

4. 他表现出对社会的反感与厌恶的强迫性挑衅，巴尔奇一岁时尿湿并弄脏尿布时，他母亲就表达过厌恶。

强迫性重复意在（许多变态行为都是如此）赢得童年时期母亲的注意。但巴尔奇的"行为"给公众带来了情有可原的恐惧，就如同克里斯蒂亚娜的挑衅行为，实际上意在操纵她那不可捉摸的父亲（参见第124页），却给楼管、老师和警察造成了真实的困难和不快。

那些试图相信"病态的性冲动"是谋杀儿童的唯一动机的人，会发现我们这个时代的许多暴力行为无法理解，也无法处理。在这方面，我要简要地介绍一起案件，在该案中，性行为并没有发挥特别的作用，但该案清楚地反映了犯罪者的童年历史。

* * *

1979年7月27日，《时代》（*Die Zeit*）周报刊登了保罗·摩尔的一篇文章，内容有关十一岁的玛丽·贝尔，她在1968年因两项谋杀罪被英国法院判处终身监禁。这篇文章发表时，她已经二十二岁，仍在监狱里，至今未接受过任何心理治疗。

以下内容引自那篇文章：

> 两个小男孩，一个三岁，一个四岁，惨遭杀害。纽卡斯尔法院书记官要求被告起立。女孩回答说她已经站着了。这个女孩就是玛丽·贝尔，被指控犯下两项谋杀罪，当时年仅十一岁。
>
> 1957年5月26日，在盖茨黑德市科布里奇的迪尔斯顿厅医院，十七岁的贝蒂·麦克生下了玛丽。据说贝蒂哭喊着："让那东西离我远点。"孩子出生几分钟后被放在她怀里时，她表现出退缩姿态。玛丽三岁时，母亲贝蒂有一天带她出门，贝蒂好奇的姐姐偷偷跟在后面。原来贝蒂要带玛丽去一家领

养机构。一个女人哭着从接待室走出来,说家里人不想让她生孩子,因为她太年轻了,而且要移民到澳大利亚。贝蒂见状立即对她说:"我正要把这个孩子送去领养。你把她带走吧。"然后,贝蒂把小玛丽推向陌生人,就离开了……在学校里,玛丽是个捣蛋鬼:多年来,她对其他孩子拳打脚踢、又抓又挠。她会拧断鸽子的脖子,有一次她把小表妹从两米半高的防空洞顶部推到地面上。第二天,她试图在操场上掐死三个小女孩。九岁时,她开始在一所新学校上学。她的两位老师后来说:"最好不要深入探究她的生活和环境。"后来,一位在玛丽审前羁押期间认识她的女警官做出如下描述:"她觉得很无聊,站在窗边,看着一只猫爬上排水管,问是否可以把它放进来……我们打开窗户,她把猫抱了进来,开始用一根毛线在地板上逗它玩……后来我抬头看,一开始注意到她正揪着猫的颈背,然后我才意识到,她把猫抓得太紧了,以至于它无法呼吸,舌头都耷拉在外。我跑过去,把她的手拉开。我说:'你不能这样做,你会伤到它的。'她回答说:'哦,它没有任何感觉,反正我喜欢伤害那些没法保护自己的小东西。'"

玛丽告诉另一名女警官,她想成为一名护士,"因为那样我就可以把针扎进他人体内,我喜欢伤害别人"。玛丽的母亲贝蒂最终嫁给了比利·贝尔,但另一方面,她也培养了一群相当特殊的客户。在玛丽受审结束后,贝蒂向一位警官吐露了她的"专长"。"我鞭打他们,"她说话的口气好像惊讶于听者竟然不知道这件事,"但我总是把鞭子藏起来,不让孩子们看到。"

玛丽的母亲在十七岁时生下她，然后抛弃她，以鞭打他人为职业。玛丽的行为毫无疑问地表明，她的母亲曾经折磨、威胁，甚至可能试图杀死自己的孩子，就像玛丽对待那只猫和那两个孩子一样。[1]然而，却没有法律禁止她母亲的行为。

心理治疗并不便宜，并因此经常遭人诟病。但是，把一个十一岁的孩子关上一辈子，成本会更低吗？而且那又有什么用呢？一个在小小年纪就受到虐待的孩子，必须能够以某种方式说出她受到的伤害，以及她受到的虐待。如果她无法诉说，就只能重演人们对她所做的事情。这唤起了我们的恐惧，但这种恐惧应该指向第一次"谋杀"，这起谋杀是秘密进行的，并没有受到惩罚。然后，我们也许能够帮助孩子在意识层面体验她的故事，这样她就不必再通过灾难性的行为来重演它了。[2]

沉默之墙

我在这里陈述于尔根·巴尔奇的故事，目的是通过具体例子来说明谋杀是如何发生的，这可以为理解发生在童年的灵魂谋杀提供线索。这种灵魂谋杀发生得越早，受影响者就越难以理解，也越难以通过记忆和言语来证实它。如果他想表达痛苦，唯一的

---

[1] 在本书德文版出版后，我了解到玛丽的母亲在小时候就患有精神分裂症，她曾经四次试图杀死她的女儿。参见吉塔·塞雷尼（Gitta Sereny），《玛丽·贝尔案件》(*The Case of Mary Bell*），纽约：麦格劳希尔出版公司，1972。

[2] 我后来了解到，玛丽·贝尔在这期间已长成了"一个有魅力的女人"，她从监狱中被释放出来，并"表示希望住在她母亲附近"。

办法就是付诸行动。因此，如果想了解犯罪行为的潜在根源，就必须关注孩子最早期的经历。尽管我很专注，但写完这章后，在翻阅摩尔书中划线的段落时，我发现我忽略了对我来说最重要的段落。那就是有关巴尔奇在婴儿期被殴打的文字。

这些段落对证实我的论点至关重要，可我却对其视而不见，这一事实表明，对我们来说，想象一个婴儿被母亲殴打有多么困难；直面这幅画面，让其全部含义在情感层面上被接受，又有多么困难。这也解释了为什么精神分析学家很少关注这些事实，以及为什么这种童年经历的后果很少被研究。

如果读者基于这一章，认为我将罪责归咎于巴尔奇夫人，那将是对本人意图的歪曲和误解。我的立场是避免道德说教，只展示原因和结果。也就是说，被殴打的孩子会殴打别人，被恐吓的孩子会恐吓别人，被羞辱的孩子会羞辱别人，灵魂被谋杀的孩子会谋杀别人。就道德而言，人们必然会说，没有母亲会无缘无故殴打自己的孩子。由于我们对巴尔奇夫人的童年一无所知，所以这些原因仍然模糊不清。但毫无疑问，这些原因是存在的，就像希特勒的例子一样。谴责一位母亲殴打自己的孩子，然后草草了事，当然比接受真相更容易，但这是一种非常可疑的道德准则。因为我们的义愤使那些虐待婴儿的父母更加孤立，并增加了他们的痛苦，使他们进一步采取这些暴力行为。这样的父母有一种强迫性的冲动，他们把孩子作为发泄口，原因就在于他们无法理解这种真实的痛苦。

将这一切视为悲剧，并不是我们袖手旁观，任由父母摧残孩子的身体和灵魂的理由。剥夺这些父母养育子女的权利，并为他们提供心理治疗，是理所当然的事情。

谈论于尔根·巴尔奇的想法并非源于我。这要归功于一位德国读者，读了我的第一本书之后，她给我写了一封信，经她许可，我引述如下：

诚然，书籍不能帮助我们劈开监狱之门，但有些书可以给我们勇气，让我们有胆量摇晃监狱的大门。您的作品，对我来说就是这样一本书。

您在书中谈到体罚儿童，并说您不能代表德国说话，因为您不熟悉德国的情况。[1]我可以让您放心，并证实您最坏的猜想。在德国人教养孩子的过程中，如果使用藤条、笞帚、细枝条和九尾鞭等物品来体罚不是家常便饭，纳粹时期的集中营怎么会成为可能？我今年三十七岁了，是三个孩子的母亲，但我仍在努力克服父母的严厉带来的毁灭性的情感后果，并取得了些许成功——不为别的，只为我的孩子能更自由地成长。

在一场持续将近四年的"英勇斗争"中，我仍然没有成功地摆脱——或者至少是理解——我内心中那个咄咄逼人、爱惩罚人的父亲。如果您的著作再版的话，我相信，就虐待儿童而言，您可以放心地把德国排在第一位。在我们的街头巷尾，因虐待致死的儿童比在任何其他欧洲国家的都要多。代代相传的教养方法遗留的问题，则隐藏在一堵沉默和防御的厚墙背后。那些受内心痛苦所迫，在分析师的帮助下窥视墙后的人将保持沉默，因为他们知道，当他们报告自己在那

---

[1] 她在这里误解了我的意思。

里看到的东西时,没有人会相信他们。为了不让您产生误会,让我澄清一下,我并不是在下层阶级的住宅群落中被鞭打的,我生长在富裕、"和谐"的中上层家庭中。我父亲是一名牧师。

写这封信的人提醒我关注保罗·摩尔的书,因此,我把涉及于尔根·巴尔奇生平的工作归功于她,从中我了解到很多东西,包括我自己的阻抗。当时我知道巴尔奇的审判,但没有深入了解这个故事。正是这位读者的来信使我义无反顾地要把这条路走到底。

在这条道路上,我还了解到,认为德国儿童比其他国家儿童更普遍地受到虐待,这种假设何其错误。有时我们难以承受太过痛苦的事实,就借助幻觉来回避它。一种常见的防御形式就是时间和空间的位移。例如,我们更容易想象在过去几个世纪里,或者在遥远的国度里儿童受到虐待,而不是认识此时此地自己国家的真相。然后还有另一种幻觉。就像刚才那位读者一样,做出勇敢的决定,不再对自己的历史视而不见,而是为了孩子而正视它时,她至少愿意保持这样一种信念:世界各地的情况并非那么令人不安,其他国家的情况会比她周围的情况更好、更人道,或者其他时代的情况会更胜一筹。如果没有一些希望,我们几乎无法生活下去,而希望也许是以一定的幻想为前提的。我相信我的读者能够坚持他们需要的幻想,现在我想介绍一些今天在瑞士(不仅仅是德国)仍然被容忍和默认的教养方式的信息。以下例子来自瑞士伯尔尼州艾夫利根镇的"求救热线"档案;它们被发送给两百多家报纸,只有两家报道了这里描述的事实。[1]

---

[1] 后来我了解到,有三家面向家长的杂志也决定发表这份文件。

2月5日，阿尔高。七岁男孩被他的父亲严重虐待（捶打、鞭打、关禁闭等）。据母亲说，她也遭到了殴打。原因：酗酒和经济拮据。

圣加仑。十二岁女孩再也无法忍受待在家里。每次出了什么问题，她的父母都会用皮带抽她。

阿尔高。十二岁女孩的父亲用拳头打她，用皮带抽她。原因：不允许她有任何朋友，因为父亲想要完全占有女儿。

2月7日，伯尔尼。七岁女孩离家出走。原因：她母亲总是用笤帚殴打她。据这位母亲说，在学龄之前，殴打孩子是没有问题的，因为在那之前，不会对他们造成情感上的伤害。

2月8日，苏黎世。十五岁女孩被父母严格管教。作为惩罚，父母经常扯她的头发，拧她的耳朵。她的父母认为，必须对女儿严加管束，因为生活是残酷的，必须让孩子从小就意识到这一点，否则她在以后的生活中会很软弱。

2月14日，卢塞恩。父亲让十四岁的儿子躺在他的大腿上，并把他弯曲到背部咔嚓作响（"像香蕉一样弯"）。医生的证明显示他的脊椎移位了。虐待原因：儿子在超市偷了一把小刀。

2月15日，图尔高。十岁女孩陷入绝望，因为作为惩罚，父亲当着她的面杀死了她的仓鼠，并把它切成几块。

2月16日，索洛图恩。十四岁男孩被无条件地禁止自慰。他的母亲威胁说，如果他再这样做，就割掉他的阴茎。据他母亲说，这样做的人最终会下地狱。自从她发现丈夫这样做后，就不遗余力地打击这种可耻的行为。

格劳宾登。父亲用尽全力打十五岁女儿的头。女孩失去了意识。医生的证明显示她的颅骨骨折了。原因：女儿回家晚了半小时。

2月17日，阿尔高。十四岁男孩极其不开心，因为他没有可以说话的人。他说这其实是他自己的错，因为他害怕别人，尤其是女孩。

2月18日，阿尔高。十三岁男孩被迫与他叔叔发生性行为。这个男孩想自杀，与其说因为性行为本身，不如说因为现在他害怕自己是同性恋。他不敢对父母说，因为害怕挨打。

巴塞尔州，十三岁女孩被她的男友（十八岁）殴打，并被迫发生性行为。因为这个女孩非常害怕她的父母，所以她打算把这些都闷在心里。

巴塞尔。七岁男孩惊恐发作。他说，他的焦虑在中午时分袭来，一直持续到傍晚。母亲不想带儿子去看心理医生。她说首先她没钱，而且再说他也没有疯。然而，她确实也有疑虑，因为儿子已经有两次企图跳窗了。

2月20日，阿尔高。父亲殴打女儿，并威胁说，如果她继续和男朋友交往，就把她的眼睛挖出来。原因：他俩失踪了两天。

2月21日，苏黎世。父亲把十一岁的儿子倒挂在墙上四个小时。然后，把他放进冷水浴缸中。原因：他在超市偷了东西。

2月27日，伯尔尼。教师反复用拳头打学生的耳朵，然后让学生不停地翻筋斗，直到他们体力不支。

2月29日，苏黎世。十五岁女孩被她母亲殴打了六年(用扫帚、炊具、电线等)。她很绝望，想要离开她的母亲。

在这条求救热线开通的两年里,接线员记录了以下身体虐待的方式:

殴打。打耳朵:手掌、拳头、拇指(握拳时弯曲的拇指)反复用力击打耳朵。夹击耳朵:同时使用双掌、双拳或双手拇指(同上)。手掌:双手交替用力击打身体。拳头:双拳交替击打身体。双拳:双手握拳猛击身体。肘部:用肘部用力击打身体。手臂:用手臂和肘部交替击打身体。击打头部:撞击或侧击头部,用戒指击打或刮擦头部。敲打双手:现在不仅是老师,连家长也在使用尺子,尤其是塑料尺,敲打手掌、手背、手指(手指必须以闭合的姿势举起),更不寻常的是用尺子的边缘敲打。

电击。有些孩子体验过"带电的灼热鞭子":被短暂地暴露在电流中,或者房间的门把手被通上电。

皮肉伤。击打造成的伤口:徒手(指甲抓伤),拳头(戒指划伤),叉子、刀、勺子、电线、吉他弦(用作鞭子)。被刺破的伤口:缝衣针、织衣针、剪刀。

骨折。孩子被扔到房间另一头,被向后推倒,被扔出窗外,被推下楼梯,被扔上楼梯,被车门撞到,被踢中胸部(肋骨断裂),被踩踏,被拳头击中头部(颅骨骨折),被手掌边缘打到。

烧伤。在身体上熄灭点燃的香烟或雪茄,熄灭燃烧的火柴,在身体上使用电烙铁,用热水浇烫,用电流灼伤,用打火机烧伤。

窒息。用双手、电线、车窗(在孩子伸出头时关上车窗)

等方法使孩子窒息。

挫伤。由撞击、摔车门（使孩子手指、手臂、腿和头部受伤）、踢、打引起。

拔毛。拔头发，拔脖子上的汗毛，拔脸上的汗毛，拔胸毛，拔胡须（青少年）。

倒挂。孩子们报告，父亲惩罚他们，把他们倒挂在墙上，丢下他们好几个小时。

拧或扭。拧一只耳朵，或同时拧两只耳朵；将手臂扭到背后，然后向上推。

按压。用指关节按压太阳穴、锁骨、胫骨、胸骨、耳朵下面、脖子上面。

折弯。孩子躺在父亲的大腿上，被弯曲成"香蕉一样"。

放血（罕见）。一个十岁孩子肘部内侧的静脉被刺破，放血直到他无法保持清醒。孩子失去知觉后，他的罪过才被赦免。

挨冻（罕见）。孩子被暴露在极低的温度下或被放在冷水中，恢复体温时会导致疼痛。

浸没。在浴缸中往外溅水的孩子被按压在水下。

剥夺睡眠（罕见）。一个十一岁女孩被罚连续两晚不准睡觉。每隔三个小时，她就会被叫醒，或在睡梦中被扔进冷水。剥夺睡眠也被用来惩罚尿床者。放在床上的自动装置会在孩子每次尿床时将其唤醒。例如，一个男孩连续三年都无法在夜里睡个安稳觉。他神经紧张到需要服药。他的学业受到了影响。而他的母亲只是偶尔给他吃点药。结果，这个孩子的社会行为越来越混乱，这也成了体罚的理由。

强制劳动。这种方法一般在农村地区使用。作为惩罚，孩子必须整夜工作，清理地窖直至精疲力竭；或者放学后持续一周或一个月工作到晚上十一点，早上五点起床（包括周日）。

强迫进食。孩子被迫吃他吐出来的东西。饭后，用手指塞进孩子的喉咙，让他呕吐。然后，让孩子必须吃他呕吐的东西。

注射（罕见）。将盐溶液注射进孩子的臀部、手臂或大腿。一位牙医曾使用过这种方法。

针刺。孩子们多次报告，他们的父母在购物时戴着别针。当孩子们想从货架上拿东西时，父母表面上爱怜地拍拍他们的头，实际上是在戳他们的脖子。

喂药。为了解决孩子难以入睡的问题，父母给他们服用大剂量的安眠药。一个十三岁孩子每天早上都感觉昏沉沉的，学习也很困难。

喂酒。将啤酒、白酒或甜酒倒入孩子的杯子里。这样他们更容易入睡，不会因为哭声打扰邻居。

撞头。一个男孩报告，父亲把他的头靠近自己的头，然后快速地撞击自己的头。父亲炫耀他的技术——这必须经过千锤百炼，才不会感到疼痛。

被砸。被物体砸中可以伪装成意外。孩子被要求帮助搬运重物，大人突然放手，当重物落在孩子身上时，孩子的手指、手或脚就会受伤。

酷刑室。一个孩子向祖母报告，父亲在废弃的煤窖里设置了一间酷刑室。他把孩子绑在"木架"上，用鞭子抽他。鞭子的选择与惩罚的程度相匹配。孩子经常整夜被绑着。

为什么几乎所有收到这些骇人报告的期刊，那些主要关注"社会问题"的期刊，都选择以沉默作为回应？他们在保护谁？在保护什么？为什么瑞士公众不应该知道，在这片美丽的土地上，无数孩子正遭受着孤独的劫难？沉默能带来什么？对施虐的父母来说，了解到受虐孩子（他们曾经的身份）的痛苦终于得到关注和重视，难道不会有帮助吗？就像于尔根·巴尔奇犯下的谋杀案一样，许多针对儿童的犯罪都是在无意识地向公众传递罪犯过去的信息，而他们自己往往很少意识到这一点。一个人不被允许"意识到"自己身上发生的事情，就没有办法来讲述它，只能不断地去重演它。我们认为，那些声称竭力改善社会的媒体，一旦不再选择闭目塞听，是能够学会理解这种语言的。

结　语

看到三个生命历程如此不同的人被放在一起（克里斯蒂亚娜，一位吸毒者；阿道夫·希特勒；于尔根·巴尔奇，一个儿童谋杀犯），读者可能会感到非常奇怪。但正是由于这种不同之处，我才选择把这些人相提并论——尽管他们有所不同，但他们也有许多人共有的某些特征。

1. 在这三个案例中，我们都发现了极端的破坏性。克里斯蒂亚娜将破坏性指向自己；希特勒将它指向他亦真亦幻的敌人；于尔根·巴尔奇将它指向了小男孩，他在小男孩身上不断地杀死自己，同时也夺走了他人的生命。

2. 我将这种破坏性解释为长期压抑的童年仇恨的释放，它被转移到其他客体或自体身上。

3. 在童年时期,这三个人都受到了严重的虐待和羞辱;不是孤立事件,更像是家常便饭。他们从小就在残酷的环境中长大。

4. 对这种遭遇的健康且正常的反应,应该是激烈的自恋暴怒。但由于这三个家庭都采用了独裁的教养方式,这种愤怒不得不被猛烈压制。

5. 在他们的整个童年和青年时期,这三个人基本上都没有遇到一个可以倾诉的成年人,特别是倾诉他们的仇恨。(克里斯蒂亚娜是个例外,因为她在青春期遇到了两个可以交谈的人。)

6. 这里描述的三个人都有一种强烈的冲动,想把他们的痛苦告诉世界,想以某种方式表达自己。他们都表现出了言语表达的特殊才能。

7. 由于基于信任感的言语交流对他们来说被阻塞了,所以他们能够与世界交流的唯一方式,就是通过无意识付诸行动。

8. 直到剧终,他们的行动才唤起世人的震惊和恐惧。不幸的是,公众在听到虐童报道时,并没有这种强烈的感受。

9. 正是由于这些人的强迫性重复,他们才成功地用自己的行动赢得了公众的关注——然而,这些行动最终也导致了自己的毁灭。同样,一个经常挨打的孩子也成功地赢得了关注,尽管是以有害的体罚形式。

10. 这三个人都只是作为父母的自体客体(self-object)和财产而得到爱,从来没有作为自己而得到过爱。对爱的渴望,加上童年压抑的破坏性情感的爆发,导致了他们在青春期宿命般的行动(就希特勒而言,这些行动贯穿了他的一生)。

这里描述的三个人不仅仅是个体，而且是某些群体的代表。如果把一个人的命运追溯到他童年时隐秘的悲剧，我们就能更好地理解这些群体（例如，吸毒者、罪犯、自杀者、恐怖分子，甚至是某种类型的政客）。这些人表现出各式各样的行为，在本质上是寻求理解的呐喊，但其方式使他们注定不会得到社会的同情。强迫性重复的悲剧部分就在于，一个人希望最终找到一个比他童年经历过的更好的世界，事实上却一直在制造同样不受欢迎的状态。

如果一个人不能谈论童年遭受的虐待——因为经历它的时间太早，超出了记忆的范围——他就必须演示这种虐待。克里斯蒂亚娜通过自我毁灭来做到这一点，其他人则通过寻找受害者。对那些有孩子的人来说，受害者就在眼前，可以肆意施虐，而不会引起公众的注意。但如果一个人没有孩子，像希特勒那样，被压抑的仇恨可能会发泄到数百万人身上。受害者和法官将面对这样的兽行，而对其起源一无所知。自从希特勒提出把人类像害虫一样毁灭的想法，已经过去数十载，与此同时，实现这一计划所需的技术当然已经炉火纯青。因此，对我们来说，更重要的是跟上时代步伐，深入了解希特勒这种强烈和永不满足的仇恨的根源。恕我直言，尽管有历史学、社会学和经济学的解释，但打开毒气让孩子窒息的官员和这一设想的提出者都是人类，而他们自己也曾是孩子。除非公众意识到，每天都有无数孩子在遭受灵魂谋杀，而整个社会必定因此遭受苦难，否则我们就是在黑暗的迷宫中摸索——尽管我们为实现各国裁军做出了巨大的努力。

当我构思这本书的主体部分时，我没有想到它会把我引向世界和平的问题。最初,我唯一关心的是告诉父母们我在二十年的精神分析实践中了解的教育学。因为我不想讨论我的病人,所以选择了公众熟知的人物。然而,写作就像一段充满冒险的旅程,一开始并不知道目的地。因此,如果我触及了战争与和平的话题,那也只是泛泛而谈,因为这些话题超出了我的能力范围。但是,我对希特勒一生的研究——从精神分析的角度,试图阐释他后来的行为是他童年遭受的贬低和羞辱的产物——并非没有影响。这不可避免地把我带到了寻求和平的话题上。而其结果,既有悲观的一面,也有乐观的一面。

我眼中悲观的一面是,我们对个人(不仅是对制度)的依赖远远超过了我们的自尊愿意承认的程度,因为如果一个人学会利用现有制度为自己服务,他就可以获得对大众的控制。那些在童年受到"教育学"操纵的人,成年后并不知道自己身上发生了什么。就像个人专制的父亲一样,作为大众眼中的父亲的领导人物,实际上却是复仇的孩子的化身,需要大众来实现自己的复仇目标。而第二种形式的依赖——"大人物"对他童年的依赖,对他内心不可预测的、未经整合的、巨大的潜在仇恨的依赖——无疑也是一种巨大的危险。

然而,也不能忽视调查中乐观的一面。近年来,在我读过的所有关于罪犯乃至杀人狂的童年资料中,我无法在任何地方找到那种"野兽",那种教师们认为必须将其教育成"好人"的邪恶孩子。相反,到处都能发现手无寸铁的孩子,他们因教养的名义被虐待,并且往往是为了至高无上的理想。我的乐观基于这样一种希望——一旦公众认识到以下两点,将不再能容忍以教养的名义掩盖虐童:

1. 教养基本上不是为了孩子的福祉，而是为了满足父母对权力和报复的需求。

2. 受影响的不仅仅是孩子个人，我们都有可能成为这种虐待的潜在受害者。

第三部分

走上和解之路

焦虑、愤怒和悲伤——但不要内疚感

无意的虐待也会造成伤害

翻阅过去两百年关于教养的文献，我们发现一些方法被系统地使用，使孩子们不可能意识到，也不可能在后来记起父母实际上如何对待他们。为什么这种旧式教养方法至今仍被广泛采用？本书试图从行使权力的强迫性重复的角度来理解和解释这个谜团。与流行的观点相反，一个人经历的不公、羞辱、虐待和胁迫并非没有影响或后果。悲剧的是，尽管受害者本人在意识层面不记得这种虐待，但其影响仍旧会传递给新的和无辜的受害者。

如何才能打破这种恶性循环？宗教说，我们必须宽恕遭受的不公正，只有这样，才能自由地去爱，并消除仇恨。这话不假，但如何找到真正的宽恕之路？如果几乎不知道别人对我们做了什么、为什么会这么做，我们还能谈宽恕吗？这就是我们童年时代的真实处境。我们不明白自己为什么会被羞辱、被冷落、被恐吓、被嘲笑、被当作物品，像玩偶一样被戏弄或暴打（有时兼而有之）。更重要的是，我们甚至不被允许意识到发生在自己身上的一切，因为任何虐待都被当作对我们有益的必要行动。如果谎言出自心爱的父母之口，即使最聪明的孩子也无法识破，毕竟父母也向他展示了爱的一面。他必须相信，父母对待他的方式是正确的，对他有益，而他也不会因此反对父母。但成年之后，他将以同样的方式对待自己的孩子，试图向自己证明父母的行为是恰当的。

按照父母辈的传统"心怀爱意地"惩罚孩子，并教育他们要尊重父母——这不正是大多数宗教所谓的"宽恕"吗？但是，以否认真相为基础的宽恕，以毫无防备的孩子为发泄怨恨的出口，这并不是真正的宽恕。这就是为什么宗教没能以这种方式消除仇恨，反而在不知不觉中加剧了仇恨。孩子对父母的强烈愤怒被严格禁止，被转移到自己或他人身上，而没有被消除。相反，由于允许把这种愤怒转移到自己的孩子身上，它就像瘟疫一样在全世界蔓延。正因如此，尽管"宗教战争"看上去像是自相矛盾的词语，但我们不应该对其存在感到惊讶。

真正的宽恕不是否认愤怒，而是直面愤怒。只有能够对自己遭受的不公感到愤怒，能够认识到自己遭受的迫害，能够承认并憎恨迫害者所做的一切，通往宽恕的道路才会向自己敞开。只有揭开童年早期受虐待的历史，被压抑的愤怒和仇恨才会停止延续。然后，它们会转化为悲伤和痛苦，哀叹往事竟至于此。这种痛苦，将使愤怒与仇恨让位于真正的理解——这是成年人的理解，这个人现在洞察了父母的童年，并最终将自己从仇恨中解放出来，终于可以体验真正的、成熟的同情。这种宽恕不能被规则和戒律所强迫。当（因被禁止而）受压抑的仇恨不再毒害灵魂时，它才主动化作宽恕。太阳不需要被人告知才会发光，当乌云散去，它就会光芒万丈。但如果确实乌云遮日，却对之视而不见，那便是自欺欺人。

如果一个成年人足够幸运，能够回溯童年所受委屈的根源，并在意识层面上去体验它，那么他迟早会自己意识到——最好不要施加任何教育或宗教式的规劝——在大多数情况下，父母折磨或虐待他，并不是为了自己的快乐或纯粹为了展示力量，而是因为他们本身不能自已，因为他们本身也曾是受害者，因此信奉旧式的教养方法。人们很难相信这样一个简单的事实，即每个迫害者都曾经是受害者。然而，很明显，一个从小就被允许感受自由以及强大的人，没有必要去羞辱另一个人。在保罗·克利的日记中，提到了这样一段逸事：

> 我经常捉弄一个小女孩，她长得不漂亮，双腿还穿戴着矫正器。我认为她全家都是劣等人，尤其是她母亲。我会表现得彬彬有礼，装成好孩子，以求被允许带着这个小女孩去散步。首先，我们手牵手平静地走着，然后，也许在附近那片马铃薯花朵盛开、金龟子遍地的田野里，或者更近一点，我们就开始一前一后地走。在适当的时候，我会轻轻推一下这个"小宠儿"。这个可怜的家伙摔倒在地，我把哭泣的她带回到她母亲面前，并若无其事地解释说："她摔倒了。"我不止一次地耍这种把戏，而恩格尔太太从未怀疑过真相。我一定是把她拿捏得死死的。（那时我五六岁。）

毫无疑问，小保罗此时是在重复别人对他做过的事情，很可能是他父亲做的。在他的日记中，只有一段关于他父亲的简短描述：

> 在很长一段时间里，我完全相信爸爸，把他的话（"爸爸无所不能"）当作福音。我唯一不能忍受的就是他的嘲笑。有一次，我以为周围没有人，正在玩假想的游戏。突然，我听到一声轻蔑的"哼"，这伤害了我的感情。我已经不是第一次听到这种"哼"了。

被自己爱戴和钦佩的人嘲笑，总令人痛苦。我们可以想象，小保罗被父亲的这种行为深深伤害了。

因为了解了伤害的起源，就说我们强迫性地施加给他人的伤害不会让人受伤，就说小保罗没有伤害那个女孩，这么想是不对的。认识到这一点使悲剧更显而易见，但同时也提供了改变的可能性。就算拥有世上最善良的意愿，我们也并非无所不能，我们会受到强迫性重复的影响，我们不能以自己想要的方式去爱孩子，意识到这些，可能会让我们悲伤，但不应该唤起内疚感，因为后者意味着我们没有力量和自由。如果我们自己背负着内疚感，也会让孩子背负上同样的感觉，并将他们与我们终生捆绑。而哀悼我们的过去，则可以让孩子重获自由。

区分哀悼和内疚，也有助于打破两代人关于纳粹时期罪行的沉默。哀悼是内疚的对立面，哀悼是表达悲伤和痛苦，因为事情已经发生，过去无法改变。我们可以与孩子分享这种痛苦，而不必感到羞耻，内疚感则是我们试图压抑或转移给孩子的东西。

因为悲伤会重新激活麻木的情感,让年轻人意识到父母带着好意训练他们从小就学会服从。这可能会导致子女合理的愤怒,并痛苦地认识到年过半百的父母仍在捍卫他们的老教条,无法理解成年子女的愤怒,并且会因子女的指责而受伤。然后,这个孩子会希望收回说过的话,撤销发生过的一切,因为那种熟悉的恐惧又回来了,害怕这些责备会把父母送进坟墓。如果孩子从小就经常被父母告知"你迟早会害死我的",那么这些话将伴随他们一生。

然而,即使年迈的父母依然和从前一样顽固不化,这个人只能再次独自面对被唤醒的愤怒,但仅仅在意识层面承认这种感受,就可以使他走出自我疏离的死胡同。这样,真正的孩子,健康的孩子,最终才能存活下来,这个孩子根本无法理解为什么父母要伤害他,同时又禁止他在痛苦中流泪、哭泣,甚至说话。能适应父母要求的天才儿童总是试图理解这种荒谬,并将其视为理所当然的事情。但他必须为这种理解的假象付出代价——忽略自己的感受和需求,忽略自己的真实自我。这就是为什么曾经的他正常、愤怒、顽皮且叛逆,但现在却变得了无生气。当成年人内心中的小孩得到解放时,他才会发现自己的生命根基与力量。

能够自由地表达童年早期的怨恨,并不意味着变得苦大仇深,而是恰恰相反。正因为被允许体验这些针对父母的情感,所以才不必为了发泄而寻找替代者。如果仇恨针对的仅仅是替身,那它将永不满足、永不停息——就像我们在希特勒身上看到的那样——因为在意识层面上,这种感觉与它原本针对的人毫不相干。

基于这些原因,我相信自由地表达对父母的怨恨是个极好的机会。它提供了通往真实自我的途径，重新激活了麻木的情感，为哀悼与和解（幸运的话）开辟了道路。在任何情况下，它都是心灵疗愈过程中必不可少的一部分。但如果有人认为我是在责备年迈的父母，那就完全误解了我的意思。我既没有权利也没有理由这样做。我不是他们的孩子，没有被他们强迫保持沉默，没有被他们抚养长大；而且作为成年人，我知道他们和所有父母一样，别无选择，只能那样去做。

因为我鼓励成年人内心中的小孩承认他的感受，包括怨恨，而不让他免除这些感受，同时我又不把责任归咎于父母，这显然给许多读者制造了困难。如果说全是孩子的错，或全是父母的错，或者责任可以分担，那问题就简单多了。但这正是我不想做的，因为作为成年人，我知道这不是应该怪谁的问题，而是为何别无选择的问题。然而，孩子们无法理解这一点，这样做的企图将使他们失去生气，因为他们接触不到自己的感受。只有当成年人内心中的小孩停止理解的徒劳尝试，他才能开始感受自己的痛苦。我相信，如果成年人最终敢于面对自己的感受，他们的孩子将会因此受益。

即使是这样的解释，也可能无法澄清在这方面经常出现的误解，因为这些误解并非基于智力层面。如果一个人从小就习惯了感到内疚，认为他的父母无可指责，我的观点必然会让他感到焦虑和内疚。观察年长者，我们可以发现他从小被灌输的态度有多么强烈。一旦老人发现自己在生理上处于无助和依赖的状态，他们就可能会为每件小事感到内疚，要是成年的子女不再像以前那样顺从，他们甚至会把子女视作严厉的法官。结果，成年的子女觉得必须体谅父母，因为担心伤害父母，他们再次沉默了。

由于许多心理学家从来没有机会让自己摆脱这种恐惧，也没有机会发现父母并不会因为听到孩子的真话而死去，所以他们往往鼓励病人尽快与父母"和解"。然而，如果潜在的愤怒没有被体验到，那么和解就是虚幻的。它只会掩盖病人无意识尘封起来或转向他人的愤怒，并且会强化病人的虚假自我，甚至以牺牲他的孩子为代价（因为孩子肯定会感受到父母的愤怒）。然而，尽管存在这些障碍，但在越来越多的图书中，年轻人比以前更自由、更公开、更诚实地面对他们的父母。这一事实唤起了人们的希望，即批判性的作家将培养出批判性的读者，这些读者将拒绝专业文献（教育、心理、伦理或传记等领域）中的"有毒教育"，不让自己感到内疚（或更加内疚）。

西尔维娅·普拉斯：一个被禁止痛苦的例子

> 你问我为何一生都在写作？
> 我找到了娱乐吗？
> 它值得吗？
> 最重要的是，它有回报吗？
> 如果不是，那理由何在？……
> 我写作只是因为
> 我内心有个声音
> 不肯罢休。
>
> 西尔维娅·普拉斯

每个人的生活和童年都充满了挫折，无人幸免，因为即使是最好的母亲也不能满足孩子所有的愿望和需要。然而，导致情感疾病的并不是挫折引起的痛苦，而是父母禁止孩子体验并表达受伤时感受到的痛苦；通常这种禁止是为了保护父母。如果成年人受到欺骗、忽视、不公正的惩罚，或是面对过分的要求或谎言，他们可以自由地指责上帝、命运、当局或社会。孩子们却不被允许责备他们的"神"——父母和老师。他们的不满无从表达。相反，他们必须压抑或否认自己的情绪反应，这些情绪一直在内心积聚，直到成年后才最终宣泄出来，却不是针对最初的对象。这种宣泄形式可能包括通过教养来迫害自己的孩子，各种程度的情绪疾病，以及成瘾、犯罪、甚至自杀。

对社会而言，最被接受和最有利的宣泄形式是文学，因为它不会让任何人背负内疚感。在这种媒介中，作者可以自由地进行各种可能的指责，因为在这里，指责可以归咎于虚构的人物。西尔维娅·普拉斯的生活就是一个例证，因为在她的案例中，除了诗歌和精神崩溃的事实，以及她后来的自杀，还有她在信中所做的个人陈述以及她母亲的评论。在谈到西尔维娅自杀时，人们总是强调她承受的巨大且持续的压力。她母亲也反复指出这一点，自杀者的父母总是试图让自己关注外部原因，这可以理解，因为他们的内疚感阻碍了他们看到事情的真相，也阻碍了他们体验悲伤。

西尔维娅的生活并不比其他数百万人的生活更艰难。大概是由于她的敏感，她比大多数人更强烈地体验到童年的挫折，但她也更强烈地体验到了快乐。然而,她绝望的原因不是她的痛苦，而是她无法诉说痛苦。在所有的信件中，她都向母亲保证她过得很好。人们怀疑她母亲没有将负面信件公开发表，这恰恰忽略了普拉斯一生的深刻悲剧。这个悲剧（以及对她自杀的解释）就在于她不可能写任何其他类型的信件，因为她的母亲需要安慰，或者至少因为西尔维娅相信，离开这种安慰母亲就无法生活。如果西尔维娅能够给母亲写出充满攻击和不愉快的信件，她就不必自杀了。如果母亲能够为自己无法理解女儿深渊般的生活而感到悲伤，她就不会发表这些信件了，因为信中女儿写的生活多么顺利的安心话会令她心痛难忍。母亲奥雷利娅·普拉斯无法为此哀悼，因为她心怀内疚；而这些信件恰好可以证明她的无知。以下摘自《家书》（*Letters Home*）的段落为她的合理化提供了例证。

下面这首诗写于十四岁，灵感来自西尔维娅刚完成的一幅粉彩静物画被意外弄糊了。当时，她正在给我们展示这幅画。沃伦、外祖母和我正在欣赏它时，门铃响了。外祖母脱下围裙，扔到桌子上，然后去开门，她的围裙拂过粉彩画，弄糊了一部分。外祖母很伤心。然而，西尔维娅轻描淡写地说："别担心，我可以把它修补好。"就在那天晚上，她写了人生第一首带有悲剧色彩的诗。

我以为我不会受伤

我以为我不会受伤；
我以为我一定
不受痛苦的影响——
免于精神之苦
或生死挣扎

我的世界被四月的阳光温暖
我的思绪闪耀着绿色和金光;
我的灵魂充满欢乐,也有
浓烈而甜蜜的痛苦,
唯有欢乐能将其承受。

我的精神翱翔在海鸥之上,
它们呼啸掠过,屏息高翔,
挥舞着双翼,嗡嗡作响,
直抵苍穹之冠。

(人心是多么脆弱啊——
跳动着、颤抖着——
宛如易碎而闪亮的
水晶乐器,要么哭泣,
要么歌唱。)

突然,我的世界变得灰暗,
黑暗抹去了我的欢乐。
留下沉闷而痛苦的空虚,
无情的双手已经伸出
欲摧毁

我的幸福之网。
不料,这双手骤然停下,

眼见我的苍穹化为废墟
因为爱我，他们开始哭啼。

（人心是多么脆弱啊——
思想的镜池，如此之深
又如战栗的
玻璃乐器，要么歌唱，
要么哭泣。）

她的英语老师克罗克特先生把这首诗给一位同事看，那位同事说："令人难以置信，一个如此年轻的人竟然经历了如此骇人的事情。"当我重复克罗克特先生的这段谈话时，西尔维娅顽皮地笑着说："一首诗一旦公之于众，解读的权利就属于读者了。"

粉彩画的命运是一种象征。如果像西尔维娅那样敏感的孩子直觉到母亲必定将女儿的痛苦仅仅理解为画作被损坏的后果，而看不出它源自女儿的自我及其表达被破坏，那么这个孩子就会尽最大努力向母亲隐藏她的真实感受。这些信件是她构建的虚假自我的证词（而她的真实自我，则透过《钟形罩》[1]诉说）。随着这些信件的出版，母亲为女儿的虚假自我树立了一座宏伟的纪念碑。

我们可以从这个例子中了解到自杀的真正含义：表达真实

---

[1] 《钟形罩》(*The Bell Jar*)，西尔维娅·普拉斯所著的自传体小说。——译者注

自我的唯一可能途径——以生命本身为代价。许多父母都像西尔维娅的母亲一样。他们拼命地试图"正确地对待"自己的孩子，并从孩子的行为中寻求他们是好父母的证据。试图成为理想的父母，也就是说正确对待孩子，正确抚养孩子，不给予太少或太多，本质上是试图成为自己父母的理想孩子——表现良好，尽职尽责。但正由于这些努力，孩子的需求被忽视了。如果内心只想着做一个好母亲，我就不能带着同理心倾听我的孩子，就不能接受孩子告诉我的一切。这种情况可以从父母的诸多态度中观察到。

父母经常意识不到孩子的自恋创伤，他们没有注意到这些问题，因为他们从小就学会了不把它们当回事。他们也可能意识到了这些问题，但相信让孩子保持无知会更好。他们会试图说服孩子放弃许多早期的认知，让他忘记最早的经历，并相信这都是为了孩子好，因为他们认为他将无法忍受真相，并且因此会生病。而事实恰恰相反，孩子之所以痛苦，正是因为真相被掩盖，他们被蒙在鼓里。这一点在一个有严重先天缺陷的婴儿身上得到了显著体现。她从出生起，在喂食时就必须被绑住，喂食方式就像是酷刑。后来，母亲试图对成年的女儿保守"秘密"，使其"免受"童年往事的影响。因此，母亲无法帮助女儿承认这种早期经历，而这种经历正通过各种症状表现出来。

上述第一种态度完全基于对自己童年经历的压抑，而第二种态度包含着一种荒谬的希望，即通过保持沉默以改写过去。

在第一种态度中，我们遇到的原则是，"不应该发生的事情不会发生"；而在第二种态度中，则是"只要我们不说，那么它就没有发生"。

一个敏感孩子的顺从性几乎是无限的，父母的所有要求都被其心理接纳。孩子可以完美地适应它们，但有些东西还是会残留，我们可以称之为"身体记忆"，它允许真相在身体疾病或感觉中显现，有时也会在梦中显现。如果出现精神病或神经症，这是让灵魂说话的另一种方式，尽管是以一种没人能理解的方式，这对患者来说是一种负担，对社会来说也是如此，就像他儿时对创伤的反应是父母的负担一样。

正如我反复强调的那样，疾病的根源并不是创伤本身，而是由于不被允许表达自己遭受的痛苦而导致的无意识的、压抑的、极度的绝望，由于不被允许表达和无法体验自己的愤怒、生气、屈辱、绝望、无助和悲伤。这导致许多人选择自杀，因为如果他们无法表达这些属于真实自我的强烈感受，生活似乎也就没有什么意义了。当然，我们不能要求父母面对他们无法面对的事情，但我们可以让他们知道这一点——让他们的孩子生病的不是痛苦本身，而是对痛苦的压抑，这一点对父母来说至关重要。我发现，这些知识经常会让父母"恍然大悟"，这为他们提供了哀悼的可能性，因而有助于减轻他们的内疚感。

对遭受的挫折感到痛苦，并没有什么好羞愧的，也没有什么害处。这是人类的自然反应。但是，如果像"有毒教育"所做的那样，口头或非口头地禁止，甚至暴力地加以压制，那么自然的发展就会受到阻碍，病理的发展就会乘虚而入。希特勒曾自豪地说，有一天，他没有流泪，也没有哭，而是数着父亲打了他多少下。希特勒觉得父亲从那以后再也没有打过他。我认为这是他的凭空想象，因为阿洛伊斯打儿子的理由不可能某一天就消失了，因为他殴打的动机与孩子的行为无关，而是与他自己未解决的童年羞辱有关。然而，希特勒的想象告诉我们，他从那时起就不记得父亲的殴打了，因为他必须通过认同攻击者来对抗精神上的痛苦，这也意味着后来的殴打记忆被压抑了。我们经常在病人身上观察到这种现象：由于他们重新接触到自己的感受，现在记起了以前坚决否认发生过的事情。

未体验的愤怒

1977年10月，哲学家莱谢克·科拉科夫斯基被授予德国书商协会和平奖。在获奖感言中，他谈到了仇恨，特别提到了当时许多人印象深刻的事件——一架汉莎航空公司的飞机被恐怖分子劫持飞往摩加迪沙。

科拉科夫斯基说，完全没有仇恨的人屡见不鲜，这些人因此证明，不带仇恨也可以生活。如果一个哲学家认为人性就是意识，那么他这样说不足为奇。但是，对一个每天都面对无意识心灵现实的人来说，对一个不断看到忽视这一现实的后果有多严重的人来说，把人分为好的或坏的、爱的或恨的，将不再是理所当然的事情。这样的人知道，说教的观念更容易掩盖真相，而不是揭示真相。仇恨是一种正常的人类情感，这种情感本身从未杀死过任何人。对于虐待儿童、强奸妇女、折磨无辜者的事件——尤其是在犯罪动机仍未查明的情况下——还有比愤怒甚至仇恨更合适的反应吗？一个人若一开始就被允许用愤怒来应对挫折，他将会内化有同理心的父母，以后就能够处理他所有的情感，包括仇恨，而不需要心理分析的帮助。我不知道是否真有这样的人，反正我从来没有见过。我所看到的是，许多人不承认自己的仇恨，而是无意识地将其转嫁给别人，甚至不知道自己在这么做。在某些情况下，他们会患上严重的强迫性神经症，并伴有破坏性的幻想；或者如果他们没有出现这种情况，他们的孩子也会患上神经症。他们经常因身体疾病而接受多年的治疗，而这些疾病实际上是心因性的。有一些人患上了严重的抑郁症。但是，一旦他们有机会在分析中体验童年早期的仇恨，他们的症状就会消失，而恐惧也会随之消失——他们害怕仇恨可能会伤害别人。导致暴力和破坏性行为的不是被体验过的仇恨，而是必须借助意识形态来回避和封存的仇恨，这种情况在希特勒身上一目了然。每一种被体验过的情感都会及时让位于另一种情感，即使是对父亲最极端的有意识的仇恨，也不会导致一个人去杀人，更不用说去摧毁整个民族了。但是，希特勒完全回避了他的童年情感，继而摧毁了许多人的生命，因为"德国需要更多的生存空间"，因为"犹太人是对世界的威胁"，因为他"想让年轻人变得残酷，这样就可以创造出新的东西"——所谓的原因举不胜举。

尽管在过去的几十年人们的心理学意识不断增强，但在德国的民意调查中，仍有三分之二的人认为体罚对孩子来说是必要、健康且合适的，我们该如何解释这样的现象？剩下的三分之一呢？其中又有多少父母感到不得不违背自己更好的判断去打孩子（尽管他们的初衷是好的）？如果考虑到以下因素，就可以理解这种情况。

1. 对父母来说，要意识到他们对孩子做了什么，他们必须知道在自己童年时，他们身上发生了什么。但这正是他们小时候被禁止的事情。如果这方面的认知被切断了，父母就可能会羞辱和殴打孩子，或以其他方式折磨和虐待孩子，而没有意识到自己在如何伤害孩子。他们只是被迫这样做。

2. 如果一个人的童年悲剧仍然隐藏在理想化背后，那么对实际情况的无意识认知将通过间接的途径寻求表达。一般是通过强迫性重复来实现的。人们会由于他们不理解的原因，一次又一次地制造一些情境，建立一些关系，在其中他们折磨自己的伴侣，或者被伴侣折磨，有时兼而有之。

3. 由于折磨孩子是教养的合法组成部分，这就为父母身上压抑的攻击性提供了最明目张胆的发泄通道。

4. 因为几乎在所有宗教中，对父母的情感和身体虐待回以攻击都是被禁止的，所以这个发泄通道成了唯一可用的。

社会学家说，家庭成员之间的性吸引是一种自然的冲动，所以才会有乱伦禁忌。这就是为什么这种禁忌存在于每一个文明国度，并且从一开始就是教养的组成部分。

我觉得这一观点和传统上处理孩子对父母的攻击性情绪有相似之处。我不知道在其他文化中，那些没有像我们一样在第四诫条下长大的人，是如何解决这个问题的；但无论看向哪里，我都能看到孝敬父母这一诫条的标志，而没有一条诫条要求尊重孩子。是不是可以类比乱伦禁忌，因为孩子对父母的自然反应可能非常激烈，以至于父母不得不担心会被孩子殴打，甚至被他们杀害，所以才要尽早向孩子灌输孝敬的观念？

我们经常听说时代的残酷性，但在我看来，在审视和质疑传统禁忌的趋势中，似乎还有一线希望。如果父母从一开始就需要第四诫条来阻止孩子表达自然合理的攻击性，结果孩子唯一的选择就是把这条诫条传递给下一代，那么这一禁忌有朝一日被废除，将是巨大的进步。如果人们能意识到这个机制，被允许意识到父母对自己做了什么，他们肯定会试图将反应指向上一代，而不是下一代。这就意味着，如果希特勒在童年有可能直接反抗父亲的残暴，那么他就不需要屠杀数百万人了。

希特勒在父亲手中遭受了无尽的屈辱和虐待，却不被允许做出回应，这是他永不满足的仇恨的原因。我这样说很容易引起误解。有人可能会反驳，一个人不可能如此大规模地毁灭整个民族，是魏玛共和国遭受的经济危机和屈辱促成了这场灾难。确实如此，但造成杀戮的不是"危机"和"制度"，而是人类——这些人的父亲自豪地指出，孩子从小就被管得服服帖帖。

几十年来，我们以道德义愤和无法理解的厌恶来回应的许多事实，都可以从这个角度来理解。例如，美国教授怀特多年来一直在进行大脑移植实验。在接受《电视》(Tele)杂志采访时，他报告说，他成功地用一只猴子的大脑替换了另一只猴子的大脑。他毫不怀疑，在可预见的未来，有可能对人类做同样的事情。读者在这里有一个选择：他们可以对巨大的科学进步感到兴奋，也可以猜想这种荒谬的事情何以发生，这样的追求有何意义。但一条看似不重要的信息可能会让人"恍然大悟"，因为怀特教授谈到了与他的追求有关的"宗教情感"。在接受采访时，他解释说，他在非常严格的天主教环境中长大，在他的十个孩子看来，他就像一个"老古董"。我不知道这是什么意思，但我可以想象，这个形象与古老的教养方法有关。那么，这和他的科学研究有什么关系呢？也许这就是怀特教授进行实验的无意识背景：他把所有的热情和活力集中于有朝一日能够移植人类大脑的目标，实际上他正在实现自己长期以来的童年愿望，即能够替换父母的大脑。虐待狂并不是一种突然袭来的传染病；它在童年时期就早已潜伏，源于在绝望中寻找出路的孩子的疯狂幻想。

每个有经验的治疗师都熟悉牧师的孩子，他们从不被允许有所谓的坏想法，而他们也设法消除任何坏想法，甚至因此患上了严重的神经症。如果在治疗中最终允许幼稚的幻想浮出水面，它们通常都会有残忍和施虐的成分。在这些幻想中，在成长过程中受到折磨的孩子的早期复仇幻想，与内化的父母的残忍行为融合在一起——这些父母试图通过提出不可能的道德要求来扼杀（或实际上已经扼杀了）孩子的活力。

每个人都必须找到自己的攻击性形式，以避免让自己沦为被别人操纵的傀儡。只有不让自己沦为他人意志的工具，我们才能满足自己的需求，并捍卫自己的合法权利。但是，对许多人来说，这种恰当形式的攻击是无法实现的，因为他们从小就荒谬地相信，一个人要善良、乖巧和温顺，同时还要诚实和真诚。为了满足这种不可能的要求，那些敏感的孩子可能会被逼到疯狂的边缘。难怪他们试图通过施虐性的幻想将自己从牢笼中解放出来。然而，这种尝试也被禁止，必须加以压制。因此，这些幻想中可理解和共情的部分，一直被完全阻挡在意识之外，被令人惊恐的、分裂出来的残酷墓碑所掩盖。尽管这块墓碑并非完全不可见，但它被小心翼翼地避开，让人终生恐惧。然而，在这个世界上，除了靠近这块被回避许久的墓碑之外，没有其他通往真实自我的道路了。因为在能够发展出适当的攻击性之前，人们必须发现并体验早年的复仇幻想——这些幻想因为被禁止而遭到压抑。只有这些幻想能够把人带回真正的童年愤怒，只有在愤怒之后，才会出现哀悼与和解。

瑞士作家弗里德里希·迪伦马特的职业生涯可以作为一个

例子，他可能从未接受过心理治疗。他成长于新教牧师家庭，作为一名年轻作家，他做的第一件事就是让读者面对这个世界的荒诞、虚伪和残酷。即使他故作冷漠，即使他愤世嫉俗，也无法完全抹去他早期经历的痕迹。就像博斯[1]一样，迪伦马特描绘了他经历过的地狱，尽管他可能已经失去了对它的清晰记忆。

当一个人与仇恨的对象有着密切的联系时，仇恨就会得到最强烈和最残酷的表达。如果他没有亲身体会到这一点，那么他不可能创作出《老妇还乡》[2]。尽管他深深地感受到了这一切，但年轻的迪伦马特始终表现出一个孩子习得的冷酷无情，这个孩子必须向周围人隐藏自己的感情。为了使自己从牧师家庭的道德束缚中解放出来，他必须首先拒绝那些被高度颂扬的美德，比如他已经不再信任的怜悯、利他和仁慈，最后再用夸张变形的手法表达他被禁止的残酷幻想。在他更成熟的岁月里，迪伦马特似乎已经不那么被迫隐藏真实情感。在他后来的作品中，我们感受到的不再是早期作品的挑衅，我们看到了为人类提供帮助的迫切需要，以让他们面对令人不安的真相。因为，作为孩子，迪伦马特一定罕见地看穿了他周围的世界。他能够以一种创造性的方式描述他的见闻，因而也帮助读者变得更加清醒。既然读者已能透过他的视角去看待事物，就没有必要再屈从于意识形态的愚蠢影响了。

这是消解童年仇恨的一种方式，可以直接造福人类——它不需要个体首先被"社会化"。同样，那些从精神分析中获益的

---

1 耶罗尼米斯·博斯（Hieronymus Bosch，1450—1516），荷兰画家，多数画作描绘了人类的罪恶与道德的沉沦。——译者注
2 《老妇还乡》(*The Visit*)是迪伦马特的戏剧作品，剧中，返乡的亿万富婆试图用巨款买下当年恋人的人头，而这位恋人曾抛弃过她。——译者注

人，一旦面对了自己童年的"施虐倾向"，就没有必要再去伤害他人。恰恰相反，如果他们能够接受自己的攻击性，而不是与之对抗，他们就会变得不那么具有攻击性。这不是升华，而是正常的成熟过程——当某些障碍被移除后，成熟就开始了。它不再需要任何巨大的努力，因为被回避的仇恨得到了体验，而不是被肆意发泄。这些人变得比以前更勇敢：他们不再把敌意指向"下面的人"（例如他们的孩子），而是直接对准"上面的人"（那些伤害了他们并因此引起愤怒的人）。他们不再害怕与上级对抗，也不再被迫羞辱自己的伴侣或孩子。他们体验了自己作为受害者的角色，现在不必把他们无意识的受害过程分裂开来，并投射到其他人身上。然而，仍然有无数人在利用这种投射机制。父母把它用在孩子身上；精神科医生把它用在精神病患者身上；科学家把它用在动物身上。没有人对此感到惊讶或愤慨。怀特教授对猴子大脑所做的研究被誉为科学，他自己也为此感到自豪。他和在奥斯维辛集中营进行人体实验的门格勒医生又有何区别呢？由于犹太人被视为非人类，门格勒的实验被认为"合乎道德"。若要理解门格勒为何摘除健康人的眼睛和其他器官，只需要了解在童年时他身上发生了什么。我相信，外人看来几乎不可思议的可怕事情将被揭露，而他自己无疑认为这是世界上最好的教养，在他看来，他"得益于这种教养"。

一个人可以选择各种对象为其童年苦难发起报复，但孩子几乎是自然而然的发泄对象。在所有旧式育儿手册中，强调的都是如何打击婴儿的任性和专横，以及如何用最严厉的措施惩罚婴儿的"顽固"。曾经被这些方法虐待过的父母，渴望通过替代物尽快摆脱过去的负担，这是可以理解的。在孩子的愤怒中，他们再次体验到了自己暴虐的父亲，但这一次，他们终于让他听从自己的摆布，就像怀特教授和他的猴子一样。

治疗师经常被这样的事实所震惊：他们的病人认为自己很苛刻，只因为他们有最微不足道但至关重要的需求，而且他们为此憎恨自己。例如，一个男人为妻儿买了房子，可能会发现没有自己的房间，尽管他热切地希望拥有一间。可他觉得那要求太高，或者太奢侈。但因为没有自己的空间，他感到窒息，他考虑抛妻弃子，隐居荒漠。一个女人做了一系列手术，后来接受精神分析，她认为自己特别苛刻，因为她对生活所给予的一切还不够感激，还想要更多。在分析中发现，多年来，她一直有一种冲动——不断购买她实际上并不需要，也很少穿的新衣服，这种行为在一定程度上补偿了她从未得到的自主权。当她还是个小女孩的时候，母亲就不断告诉她她有多不知足。她非常羞愧，一生都努力节俭。由于同样的原因，她甚至没有考虑过精神分析。直到在手术中摘除了好几个器官，她才允许自己负担分析的费用。然后，事情逐渐明朗起来：这个女人展示了一个舞台，在这个舞台上，她的母亲试图对抗外祖父，维护自己的权利。面对这个专横的男人，母亲没有任何反抗的可能。但从一开始，她的女儿就接受了一种行为模式，即让她所有的愿望和需求看起来夸张和奢侈，然后她母亲则会义愤填膺地加以反对。结果，她在自主方面的任何冲动都伴随着内疚感，她试图向母亲隐瞒这些。她最强烈的愿望是变得知足、节俭，但与此同时，她又强迫自己购买和囤积不需要的东西，从而证明她具备母亲认为的不知足的本性。她必须经历许多艰难的分析过程，才有可能摆脱她专横的外祖父这个角色。然后就很清楚了，这个女人对物质方面基本上没什么兴趣——现在，她能够意识到自己真正的需求，并且富有创造力。她不再被迫购买自己不需要的东西，以便让母亲相信她多不知足，也不再需要在暗地里为自己夺取自主权，她终于能够认真对待自己真正的精神和情感需求，而不感到内疚。

这个例子说明了本章中提出的几个观点：

1. 即使孩子表达的需求无害且正常，但如果父母有个专横的父亲，曾经受到他的伤害，那么父母也会在孩子身上看到不知足、专横与威胁。

2. 面对这些"标签"，孩子可能回以来自虚假自我的苛求行为，从而反映出父母正在寻找的充满攻击性的父亲。

3. 在驱力层面对孩子或病人的行为做出反应，甚至试图帮助他们学会"抑制驱力"，意味着忽视这种悲剧性替代背后的真实历史，让病人独自承受痛苦。

4. 如果理解了攻击性甚至破坏性行为的个人根源，就没有必要尝试"抑制驱力"或者"升华死亡本能"，因为到那时，只要不试图"教育"病人，精神能量本身就会转化为创造力。

5. 哀悼已经发生的事情，哀悼不可逆转的过去，是这一进程的先决条件。

允许自己知道

父母当然不是纯粹的迫害者。但重要的是，我们要知道，在许多情况下，他们扮演着这个角色，并且往往不自知。一般来说，这是个鲜为人知的事实；当它为人所知时，也颇具争议，甚至在分析师当中也一样。正因如此,我在这里要加以强调。有爱心的父母,尤其想知道他们在不知不觉中对孩子做了什么。如果他们回避这个话题,并强调他们的父母之爱,那么他们就不是真正关心孩子的幸福,而是在努力保持问心无愧。这种他们从小就在做的努力,阻止了他们自由展现对孩子的爱,也阻止了他们从这种爱中有所学习。"有毒教育"的态度并不局限于过去旧式的教养手册。在过去,它们被有意识地、毫不掩饰地表达出来。而在今天,它们的传播更加低调、更加微妙;然而,它们仍然渗透进我们大部分的生活领域。它们无处不在,让我们熟视无睹。它们就像有害的病毒,我们从小就学会了与之共存。

因此,我们往往没有意识到,没有这种病毒我们也可以生活,而且我们可能会过得更好、更幸福。那些受过教育且心地善良的人,例如,A的父亲(参见第104页)可能在不知不觉中就被感染了。如果他们不碰巧接受治疗,就没有机会发现病毒,也没有机会在以后的生活中质疑他们在童年早期就从父母那里获得的坚定信念。尽管他们努力创造民主的家庭环境,但他们却忍不住歧视孩子,否认孩子的权利,因为根据自己的早期经验,他们很难想象任何其他态度。这些态度很早就印在了无意识中,因而持久且稳定。

还有一个因素也起到了稳定的作用。大多数成年人本身也是父母。他们借助装满自己童年经历的无意识仓库来抚养自己的孩子,他们别无选择,在任何事上都只能参照他们的父母。但是,当突然意识到年幼的孩子可能会受到最严重和最持久的伤害时,他们常常充满难以忍受的内疚感,这可以理解。在"有毒教育"原则下长大的人,一想到自己可能不是完美的父母,就会特别痛苦，因为他们内化的父母从来不会犯错。因此，他们往往回避新思想，更想在旧式的教养规则背后寻求庇护。他们会强调，责任、服从和克制感情才是通往美好而高尚的生活的大门，只有学会咬紧牙关，才能成为成年人。他们会发现，有必要回避所有关于童年早期经历的知识。

而我们需要的知识往往近在咫尺，甚至"就在我们的眼皮底下"。当我们有机会观察今天的孩子（他们在更少的约束下长大），可以了解到许多关于情感生活的真实本质，而老一辈则缺少这样的途径。举个例子：

在游乐场，一位母亲带着她三岁的女儿玛丽安娜，女孩攥着自己的裙子，哭得快要心碎。玛丽安娜拒绝和其他孩子一起玩。当我问是怎么回事时，这位母亲带着对女儿的极大同情和理解告诉我，她们刚从火车站回来，准备去见小女孩的爸爸，但他不在那里，只有英格丽德的爸爸下了火车。我对玛丽安娜说："哦，那你一定很失望吧！"那孩子看着我，大颗大颗的泪珠顺着脸颊滚落下来。但很快，她就偷偷地瞄了一眼其他孩子，两分钟后，就和他们一起追逐打闹了。因为她体验了深切的痛苦，没有压抑，便可以转向其他更快乐的感觉。

如果看到这一场景的人足够开放，能从这件事中学到一些东西，那么他会为此感到悲伤，并且会怀疑所做的许多牺牲根本没有必要。如果一个人可以自由地表达，愤怒和痛苦当然可以很快过去。有没有可能，一直以来根本就没必要与嫉妒和仇恨做斗争，我们内心与之针锋相对的力量也是一种恶性增长——越压抑，越疯狂？有没有可能，压抑那些感情，历经千辛万苦获得的冷静且克制的"平衡"，根本就不是人们习惯于认为的"优点"，实际上只是可悲的贫乏？

如果看到上述场景的人，到目前为止还为这种自我控制感到骄傲，那么其中一部分骄傲可能会转化为愤怒，因为他意识到自己一直以来都被欺骗，无法自由地体验情感。而这种愤怒，如果它真正被承认和体验过，就可以转化为悲伤，哀悼毫无意义又无法避免的牺牲。从愤怒到悲伤的转变，可以打破重复的恶性循环。那些从小就信奉勇敢和自我约束原则的人，从来没有意识到自己是受害者，很容易不自知地向下一代发起报复，因为他们自己也在不知不觉中成了受害者。但是，如果他们在愤怒之后，为自己作为受害者感到悲伤，那么他们也可以为父母曾是受害者的事实哀悼，这样他们就不必再迫害自己的孩子了。这种悲伤的能力将使他们与孩子更加亲近。

这同样适用于父母与成年子女的关系。我曾经和一个刚刚第二次试图自杀的年轻人交谈过。他对我说："我从青春期开始就患有抑郁症，我的生活毫无意义。我以为这都怪我的学业，因为它们包含了太多无意义的东西。但现在我已经完成了所有的考试，空虚感却比以往任何时候都更强烈。但这些抑郁的情绪与我的童年没有任何关系，我母亲告诉我，我有一个非常幸福且被呵护的童年。"

几年后，我们再次见面。在此期间，他母亲接受了心理治疗。我们的两次会面可谓天壤之别。这个年轻人不仅在职业上，而且在整个人生观上都变得富有创造性，毫无疑问，他现在正在过自己的生活。在谈话过程中，他说："当母亲在治疗的帮助下放松下来时，她仿佛忽然看清了真相，看到了她和父亲对我所做的一切。起初，她不断向我谈起此事——显然是为了减轻自己的负担或者赢得我的原谅——说在我年幼时，他们用好意的方式教养我，实际上却扼杀了我，这些话让我颇感沉重。一开始我不想听，我回避她，对她很生气。但我渐渐注意到，不幸的是，她告诉我的全是真的。我内心的某个部分一直都知道，但我的意识却不被允许知道。现在，我母亲表现出了直面过去的力量，不给自己找借口，不否认或歪曲任何事情，因为她觉得自己也曾经是受害者——此刻，我也能够承认我对过去的认识。不用再假装了，这是多么大的解脱。令人惊奇的是，尽管现在我们都知道她有很多缺点，但我感觉与母亲反而更亲近了，我发现她比以前更讨人喜欢，更有活力，更平易近人，更温暖。而且，我和她在一起时也更加真诚和自然。我不用再做虚伪的努力。她不再需要向我证明她爱我，以此掩饰她的内疚。我感觉到她喜欢我，爱我。她也不再需要为我制定行为规则，而是让我做自己，因为她自己也是如此，因为规则和规矩带给她的压力减轻了。我卸下了沉重的负担。我开始享受生活，不需要进行冗长的分析，这一切就发生了。但现在我不会再说我的自杀企图与我的童年无关。不被允许看到这种联系，肯定加剧了我的绝望。"

这个年轻人描述的情况，在许多精神疾病的发展中都起着作用：意识的压抑可以追溯到童年早期，可能会在身体症状、强迫性重复或精神崩溃中表现出来。约翰·鲍尔比写过一篇文章，题为《知道你不该知道的，感受你不该感受的》，他在文章中报告了类似的经历。

结合这个年轻人的故事，我得到了如下启示：即使在严重的案例中，只要父母能够打破沉默和否认的禁令，并向长大的孩子保证他的症状不是纯粹的捏造，也不是由于过度劳累、"疯狂"、娇气、读错书、交错朋友或内心"驱力冲突"造成的，那么对年轻人而言，精神分析可能没有必要。如果父母能够停止与自己的内疚感做斗争，并因此不需要把它们发泄到孩子身上，而是愿意接受自己的命运，他们就会给予孩子自由，让孩子接纳过去而不是与之抗争。这样，成年子女情感和身体的智慧就能与其智力知识相协调。如果这种哀悼是可能的，父母将与孩子更加亲近，而不是疏远——这一事实并不为人所知，因为很少有人尝试这样做。但是，一旦哀悼成功，教养的虚假要求就会销声匿迹，对生命的真正理解将取而代之。任何准备好信赖亲身经验的人，都能获得这种理解。

后 记

在完成这本书的手稿并把它寄给出版商后,有一次,我和一位非常有同理心的年轻同事谈论育儿的问题,我非常欣赏他的工作,他自己也是两个孩子的父亲。他说,精神分析学至今没有制定出任何人性化教育的准则,真是太遗憾了。我怀疑是否有人性化教育这种东西,因为在分析工作中,我认识到了那些冒充教育学的更精致和微妙的操纵形式。然后,我解释了我的坚定信念:只要孩子在童年早期有一个可靠的人,可以利用这个人(用温尼科特的话说),而且不用担心表达了自己的感情就会失去这个人或者被抛弃,那么所有的教育学都是多余的。以这种方式被认真对待、尊重和支持的孩子,可以按照自己的方式体验自身和世界,而不需要成年人的强行介入。我的同事完全同意,但他认为有必要给父母提供更具体的建议。然后,我引用了本书第148页的一句话:"如果能够像对待自己父母一样,给予孩子同样的尊重和宽容,就一定会为孩子以后的人生提供最好的基础。"

我的同事情不自禁地笑了,然后严肃地看着我,沉默片刻后说:"但这不可能。""为什么不可能呢？"我问。"因为……因为孩子不会对我们使用强制措施,当我们表现不好时,他们不会威胁要离开我们。即使他们这么说,我们也知道他们不会这么做……"他越来越陷入沉思,然后缓缓说道:"你知道,现在我在想,所谓的教育学是否仅仅是权力问题,我们是否应该更多地谈论和书写隐匿的权力斗争,而不是绞尽脑汁寻找更好的教养方法。""这正是我在刚完成的书中试图去做的。"我说。

受过"良好教养"的人的悲剧在于,如果他们小时候不被允许知道,那么长大之后,他们根本不知道别人对他们做过什么,他们又对自己做过什么。我们社会中无数的制度都得益于这一事实,尤其是极权主义政权。在这个一切皆有可能的时代,心理学可以为个人、家庭和整个国家的操控提供毁灭性的支持。制约和操纵他人永远是当权者手中的武器和工具,即便这些武器被伪装成所谓的"教育"和"治疗"。由于对他人使用和滥用权力通常有助于抑制自己的无助感——这意味着权力的行使往往是无意识的——所以,理性的辩论无法阻止这一过程。

科技被用来帮助第三帝国在短时间内进行大规模屠杀,同样,基于计算机数据和控制论的更精确的人类行为知识,也可以比早期的直觉心理学更迅速、更全面、更高效地谋杀人类灵魂。没有任何措施可以阻止这种发展。精神分析做不到这一点,事实上,它本身就有被培训机构用作权力工具的危险。在我看来,我们能做的,就是支持那些被操纵的人类对象,帮助他们意识到自己的顺从性,学会表达自己的感受,这样他们就能利用自身的资源来保护自己,抵御威胁他们的灵魂谋杀。

走在时代前列的不是心理学家,而是文学作者。在过去十年里，自传体作品的数量越来越多，而且很明显，年轻一代的作家越来越不倾向于将父母理想化。战后一代寻求童年真相的意愿明显增强，而且他们承受真相的能力也明显增强。在克里斯托夫·梅克尔、埃丽卡·布尔卡特、卡琳·斯特鲁克和露特·雷曼等作家的书中，以及芭芭拉·弗兰克和玛戈·朗等人的报告中，对父母的描述在三十年甚至二十年前几乎不可想象。在美国也是如此，最近出现了越来越多关于童年的著作——如路易丝·阿姆斯特朗、夏洛特·韦尔·艾伦、米歇尔·莫里斯、弗洛伦丝·拉什等人的书——展现出前所未有的真诚和诚实。我从中看到了巨大的希望，这是通往真理之路的步伐，同时也证实，即使是对教养原则的略微放松，也富有成效，至少能让我们的作家有所意识。其他的学科必然滞后，这是个不幸但众所周知的事实。

就在这十年里，作家们发现了童年在情感上的重要性，并揭示了在教养的伪装下秘密行使权力带来的毁灭性后果；而心理学专业的学生在大学里花了四年时间，学习如何把人看作机器，以便更好地理解他们是如何运作的。当我们考虑到，在这些最好的岁月里他们付出了多少时间和精力，浪费了青春年华最后的机会，并通过智力训练来压抑这个年龄特别强烈的情感时，那么，做出这种牺牲的人反过来又伤害他们的病人和来访者，把他们当作纯粹的认知对象，而不是自主的、有创造力的人，也就不足为奇了。在心理学领域，有一些所谓客观的科学出版物的作者，他们的热情和一贯的自我毁灭，让我想起了卡夫卡《在流放地》中的官员。另一方面，在卡夫卡笔下被定罪的囚犯那种毫无戒心、轻信他人的态度中，我们可以看到今天的学生如此热切地相信，在他们四年的学习中，唯一重要的是学业成绩，而非自身的实质投入。

那些活跃于20世纪初的表现主义画家和诗人，比同一时期的精神病学教授更能理解他们那个时代的神经症（或至少是无意识地传达了更多关于神经症的信息）。在那个时期，女性患者歇斯底里的症状也在无意识地重演着她们的童年创伤。弗洛伊德成功地破译了她们的语言，这是传统医生无法理解的。作为回报，他不仅收获了感激，也收获了敌意，因为他敢于触碰那个时代的禁忌。

如果孩子对事物过于敏感，因此受到惩罚，并将这种胁迫内化，他们在成年后会放弃对真相的追求。但是，总有人即使受到胁迫也不放弃这种追求，所以我们有理由希望，尽管心理学知识领域的技术应用在不断增加，但卡夫卡关于流放地的构想，那些高效、有科学头脑的迫害者和被动的受害者，只适用于我们生活的某些领域，而且不会永远如此。因为人类的灵魂坚不可摧，只要肉体还活着，它就能从灰烬中重生。

第二版后记（1984年）

（这段文字原本不是本书的一部分。它写于本书首次出版的四年后。）

1613年，伽利略用数学证明了哥白尼的理论，即地球绕着太阳转而不是相反，这个观点被教会贴上了"错误且荒谬"的标签。伽利略被迫公开认错，后来双目失明。直到三百年后，教会才最终承认错误，并将其作品解禁。

现在，我们发现自己的处境与伽利略时代的教会环境类似，但对我们来说，今天有更多的事情悬而未决。我们相信真理还是相信幻觉对人类生存的影响都比17世纪的情况严峻得多。多年来，有证据表明，儿童心理创伤的毁灭性影响为社会带来了不可避免的损失——这是一个仍未被承认的事实。这一认识关系到我们每一个人，如果得到广泛传播，应该会导致社会的根本变化，最重要的是，会制止暴力的盲目升级。我在此进一步阐明我的观点：

1. 所有孩子生来都会成长、发展、生活、爱，以及表达他们的需求和感受，以实现自我存续。

2. 孩子的发展需要成年人的尊重和保护，需要成年人认真对待他们，爱他们，并真诚地帮助他们适应这个世界。

3. 如果这些至关重要的需求得不到满足，反而孩子因为成年人的需求而受到虐待，被剥削、殴打、惩罚、利用、操纵、忽视或欺骗，而且没有任何见证人的干预，那么他们的完整自我将受到持久的损害。

4. 对这种伤害的正常反应，应该是愤怒和痛苦。然而，由于孩子在这种有害环境中被禁止表达愤怒，而且因为独自体验痛苦令人无法忍受，所以他们被迫压抑自己的感受，压抑所有关于创伤的记忆，并将施虐者理想化。后来，他们就不记得自己身上曾发生过什么。

5. 由于脱离了最初的起因，他们的愤怒、无助、绝望、渴望、焦虑和痛苦的感觉转而表现在别处：针对他人的破坏性行为（犯罪行为、大屠杀），或针对自己的破坏性行为（吸毒、酗酒、卖淫、精神疾病、自杀）。

6. 如果这些人成为父母，他们往往会因为童年受到的虐待，对自己的孩子实施报复，把孩子当作替罪羊。在我们的社会中，只要跟教养扯上关系，虐待孩子就被允许，甚至受到高度重视。可悲的是，父母殴打自己的孩子，是为了逃避他们曾被父母虐待而产生的情绪。

7. 如果不让受虐待的孩子成为罪犯或精神病患者，最重要的是，在他们的一生中至少有一次遇见这样一个人，这个人要明确了解有错的是周围环境，而不是孤立无助、受虐待的孩子。在这一点上，对社会文化的认知或无知就可能拯救或摧毁一个生命。亲属、社会工作者、治疗师、教师、医生、精神科医生、官员和护士，需要大力支持孩子并相信他们。

8. 直到现在，社会一直在保护成年人，指责受害者。一些理论助长了社会的盲目，这些理论与我们曾祖父母的教育原则仍然保持一致：孩子被视为狡猾的生物，被邪恶的欲望支配，他们编造故事，攻击无辜的父母，或对他们有性欲望。在现实中，孩子往往将父母的虐待归咎于自己，并为他们始终深爱的父母免除一切责任。

9. 多年来，新的治疗方法已经可以证明，童年受压抑的创伤经历会被储存在身体里，尽管是无意识的，但在成年后也会产生影响。此外，对胎儿的测试还揭示了一个大多数成年人以前都不知道的事实——婴儿还未出生就能对温柔和残忍做出反应并有所记忆。

10. 鉴于这种新知识带来的光芒，一旦童年的创伤经历不再笼罩在黑暗中，即使是最荒谬的行为，也会暴露出它以前隐秘的逻辑。

11. 我们对孩子受到虐待（迄今为止仍被普遍否认）及其后果的敏感意识，必然会结束代代相传的暴力。

12. 如果一个人的完整自我在童年时期没有受到伤害，并且受到父母的保护、尊重和真诚对待，那么无论在青年时期还是成年时期，他都将聪明、积极、有同情心且高度敏锐。他们会享受生活的乐趣，不会觉得有必要伤害甚至杀死他人（或自己）。他们会用自己的力量保护自身，而不是攻击别人。他们只会尊重和保护那些比自己弱小的人，包括他们的孩子，因为这是他们从自己的经历中学到的,因为这种知识(而不是虐待的经验)从一开始就储存在他们的身体里。上一辈人不得不建立庞大的抗争体系,以求在这个世界上感到舒适和安全,这对这些人来说不可思议。由于这些人在生活中不用无意识地回避童年经历的威胁,他们将能够更理性、更有创造性地处理成年生活中的威胁企图。

参考文献

Allen, Charlotte Vale. *Daddy's Girl*. New York, 1980.

Ariès, Philippe. *Centuries of Childhood: A Social History of Family Life*. Translated by Robert Baldick. New York, 1962.

Armstrong, Louise. *Kiss Daddy Good-night*. New York, 1978.

Bowlby, John. "On Knowing What You Are Not Supposed to Know and Feeling What You Are Not Supposed to Feel," *Journal of the Canadian Psychiatric Association*. 1979.

Braunmühl, Ekkehard von. *Antipädagogik* [*Antipedagogy*]. Weinheim and Basel, 1976.

——. *Zeit für Kinder* [*Time for Children*]. Frankfurt, 1978.

Bruch, Hilde. *The Golden Cage: The Enigma of Anorexia*. New York, 1978.

Burkart, Erika. *Der Weg zu den Schafen* [*The Way to the Sheep*]. Zurich, 1979.

Epstein, Helen. *Children of the Holocaust: Conversations with Sons and Daughters of Survivors*. New York, 1979.

F., Christiane. *Christiane F.: Autobiography of a Girl of the Streets and Heroin Addict*. Translated by Susanne Flatauer. New York, 1982.

Fest, Joachim C. *The Face of the Third Reich: Portraits of Nazi Leadership.* Translated by Michael Bullock. New York, 1970.

——. *Hitler.* Translated by Richard and Clara Winston. New York, 1974.

Fromm, Erich. *The Anatomy of Human Destructiveness.* New York, 1973.

Handke, Peter. *A Sorrow Beyond Dreams: A Life Story.* Translated by Ralph Manheim. New York, 1974.

Heiden, Konrad. *Der Führer: Hitler's Rise to Power.* Translated by Ralph Manheim. Boston, 1944.

Helfer, Ray E., and C. Henry Kempe, eds. *The Battered Child,* 3rd ed. Chicago, 1980.

Hitler, Adolf. *Mein Kampf.* Translated by Ralph Manheim. Boston, 1943.

Höss, Rudolf. *The Autobiography of Rudolf Höss : Commandant of Auschwitz.* Translated by Constantine Fitz-Gibbon. New York, 1959.

Jetzinger, Franz. *Hitler's Youth.* Translated by Lawrence Wilson. London, 1958.

Kestenberg, Judith. "Kinder von Überlebenden der Naziverfolgung" [Children of Survivors of Nazi Persecution], *Psyche* 28, 249-65.

Klee, Paul. *The Diaries of Paul Klee: 1898-1918,* Edited with an Introduction by Felix Klee. Berkeley and Los Angeles, 1964.

Kohut, Heinz. *The Analysis of Self.* New York, 1971.

——. "Überlegungen zum Narzissmus und zur narzisstischen Wut" [Reflections on Narcissism and Narcissistic Rage], *Psyche* 27, 513-54.

Krüll, Marianne. *Freud und sein Vater* [*Freud and His Father*]. Munich, 1979.

Mause, Lloyd de, ed. *The History of Childhood.* New York, 1974

——. "Psychohistory: Über die Unabhängigkeit eines neuen Forschungsgebietes" [Psychohistory: On the Independence of a New Area of Research], *Kindheit* 1, 51-71.

Meckel, Christoph. *Suchbild: Über meinen Vater* [*Wanted: My Father's Portrait*]. Düsseldorf, 1979.

Miller, Alice. *Prisoners of Childhood* (published in paperback as *The Drama of the Gifted Child* [1983]). New York, 1981.

———. *Du Sollst Nicht Merken* (to be published in English as *Thou Shalt Not Be Aware*). Frankfurt, 1981.

Moor, Paul. *Das Selbstporträt des Jürgen Bartsch* [*The Self-Portrait of Jürgen Bartsch*]. Frankfurt, 1972.

Morris, Michelle. *If I Should Die Before I Wake*. Los Angeles, 1982.

Niederland, William G.. *Folgen der Verfolgung* [*The Results of Persecution*]. Frankfurt, 1980.

Olden, Rudolf. *Hitler*. Translated by Walter Ettinghausen. New York, 1936.

Plath, Sylvia. *Letters Home: Correspondence 1950-1963.* Selected and edited with commentary by Aurelia Schober Plath. New York, 1975.

———. *The Bell Jar*. New York, 1971.

Rauschning, Hermann. *The Voice of Destruction*. New York, 1940.

Rehmann, Ruth. *Der Mann auf der Kanzel: Fragen an einen Vater* [*The Man in the Pulpit: Questions for a Father*]. Munich and Vienna, 1979.

Rush, Florence. *The Best Kept Secret: Sexual Abuse of Children*. New York, 1980.

Rutschky, Katharina. *Schwarze Pädagogik* [*Black Pedagogy*]. Berlin, 1977.

Schatzman, Morton. *Soul Murder: Persecution in the Family*. New York, 1973.

Schwing, Gertrud. *A Way to the Soul of the Mentally Ill*. New York, 1954.

Sereny, Gitta. *The Case of Mary Bell*. New York, 1972.

Sheleff, Leon. *Generations Apart: Adult Hostility to Youth*. New York, 1981.

Smith, B. F. *Adolf Hitler: His Family, Childhood, and Youth*. Stanford, 1967.

Stierlin, Helm. *Adolf Hitler: A Family Perspective.* New York, 1976.

Struck, Karin. Klassenliebe [*Class Love*]. Frankfurt, 1973.

——. *Die Mutter* [*The Mother*]. Frankfurt, 1975.

Syberberg, Hans-Jürgen. *Hitler, a Film from Germany.* New York, 1982.

Theweleit, Klaus. *Männerphantasien* [*Male Fantasies*]. Frankfurt, 1977.

Toland, John. *Adolf Hitler.* New York, 1976.

Winnicott, D. W. . *Playing and Reality.* New York, 1971.

Zenz, Gisela. *Kindermisshandlung und Kindesrechte* [*Mistreatment of Children and Children's Rights*]. Frankfurt, 1979.

Zimmer, Katharina. *Das einsame Kind* [*The Lonely Child*]. Munich, 1979.

图书在版编目（CIP）数据

为了你好 /（瑞士）爱丽丝·米勒著；余凤霞，郑世彦译. -- 北京：北京联合出版公司，2024.7
ISBN 978-7-5596-7582-8

Ⅰ.①为… Ⅱ.①爱… ②余… ③郑… Ⅲ.①儿童心理学 Ⅳ.① B844.1

中国国家版本馆 CIP 数据核字 (2024) 第 077824 号

北京市版权局著作权合同登记号 图字：01-2024-2042 号

为了你好

作　　者：[瑞士] 爱丽丝·米勒
译　　者：余凤霞　郑世彦
出 品 人：赵红仕
策划机构：明　室
策划编辑：孙皖豫
特约编辑：闫　烁
责任编辑：高霁月
装帧设计：昆　词

北京联合出版公司出版
（北京市西城区德外大街 83 号楼 9 层　100088）
北京联合天畅文化传播公司发行
北京市十月印刷有限公司印刷　新华书店经销
字数 240 千字　880 毫米 ×1230 毫米　1/32　10.75 印张
2024 年 7 月第 1 版　2024 年 7 月第 1 次印刷
ISBN 978-7-5596-7582-8
定价：62.00 元

版权所有，侵权必究
未经书面许可，不得以任何方式转载、复制、翻印本书部分或全部内容。
本书若有质量问题，请与本公司图书销售中心联系调换。
电话：(010) 64258472-800

AM ANFANG WAR ERZIEHUNG
Copyright © Suhrkamp Verlag Frankfurt am Main 1983.
All rights reserved by and controlled
through Suhrkamp Verlag Berlin.
Simplified Chinese edition copyright
© 2024 by Shanghai Lucidabooks Co., Ltd.
All rights reserved